Lv. 6

응용 A

개념과 원리의 탄탄한 이해를
바탕으로 한 사고력만이
진짜 실력입니다.

이 책의 구성과 특징

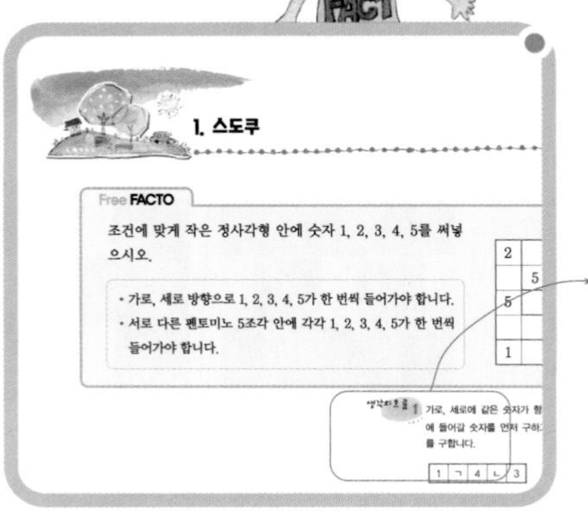

Free FACTO

창의사고력 수학 각 테마별
대표적인 주제 6개가 소개됩니다.
생각의 흐름을 따라 해 보세요!
해결의 실마리가 보입니다.

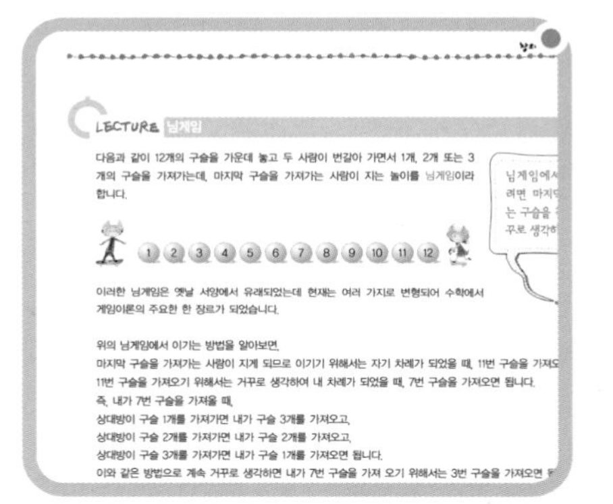

Lecture

문제를 해결하는 데 필요한
개념과 원리가 소개됩니다.
역사적인 배경,
수학자들의 재미있는 이야기로
수학에 대한 흥미가 송송!

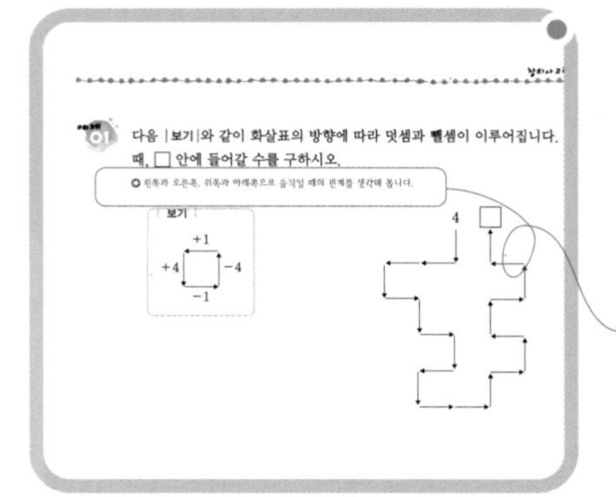

Active FACTO

자! 그럼 예제를 풀어 볼까?
자신감을 가지고 앞에서 살펴본
유형의 문제를 해결해 봅시다.
힘을 내요!
힘을 실어 주는 화살표가 있어요.

Creative FACTO

세 가지 테마가 끝날 때마다
응용 문제를 통한 한 단계 Upgrade!
탄탄한 기본기로 창의력을 발휘해요.

Key Point
해결의 실마리가 숨어 있어요.

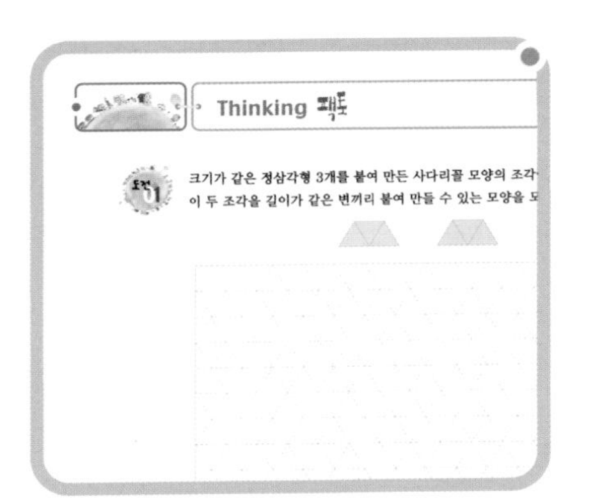

Thinking FACTO

각 영역별 6개 주제를 모두 공부했다면
도전하세요!
창의적인 생각이 문제해결 능력으로
완성됩니다.

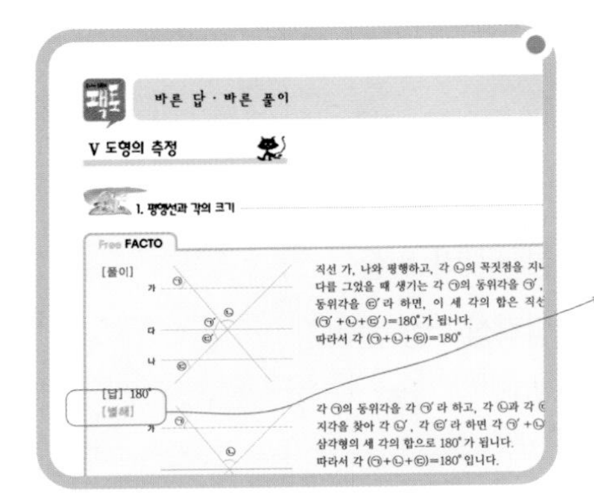

바른 답 · 바른 풀이

바른 답 · 바른 풀이와 함께
논리적으로 정리해요.

다양한 생각도 있답니다.

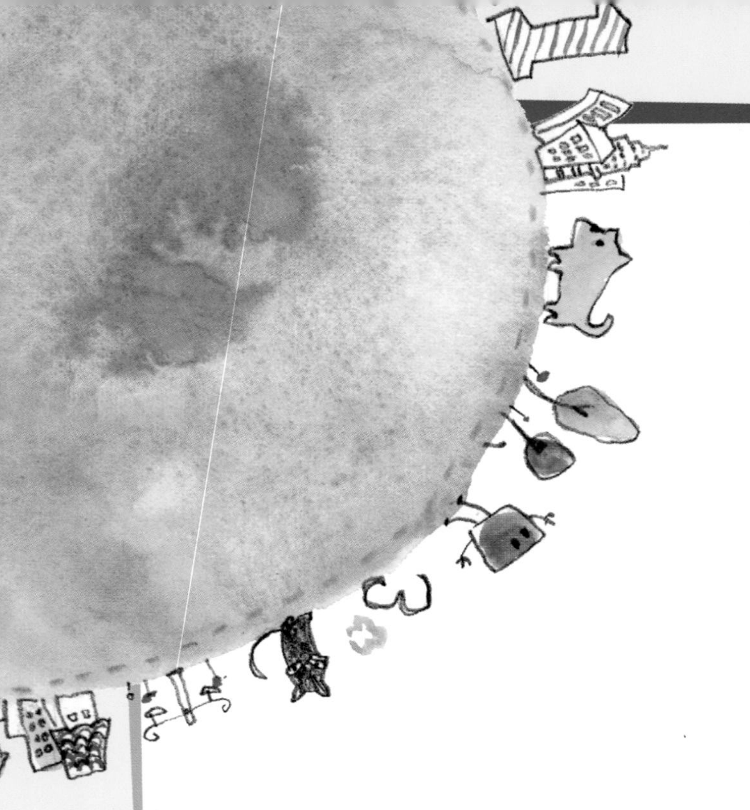

이 책의 차례

Ⅰ. 연산감각

Ⅱ. 퍼즐과 게임

FACT
O

머리말

서로 다른 펜토미노 조각 퍼즐을 맞추어 직사각형 모양을 만들어 본 경험이 있는지요?

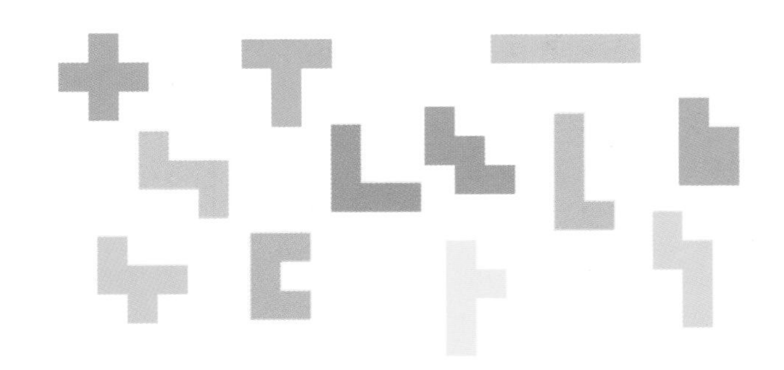

한참을 고민하여 스스로 완성한 후 느끼는 행복은 꼭 말로 표현하지 않아도 알겠지요. 퍼즐 놀이를 했을 뿐인데, 여러분은 펜토미노 12조각을 어느 사이에 모두 외워버리게 된답니다. 또 보도블록을 보면서 조각 맞추기를 하고, 화장실 바닥과 벽면의 조각들을 보면서 멋진 퍼즐을 스스로 만들기도 한답니다.
이 과정에서 공간에 대한 감각과 또 다른 퍼즐 문제, 도형 맞추기, 도형 나누기에 대한 자신감도 생기게 되지요. 완성했다는 행복감보다 더 큰 자신감과 수학에 대한 흥미가 생기게 되는 것입니다.

팩토가 만드는 창의사고력 수학은 바로 이런 것입니다.

수학 문제를 한 문제 풀었을 뿐인데, 그 결과는 기대 이상으로 여러분을 행복하게 해줍니다. 학교에서도 친구들과 다른 멋진 방법으로 문제를 해결할 수 있고, 중학생이 되어서는 더 큰 꿈을 이루는 밑거름이 되어 줄 것입니다.
물론 고민하고, 시행착오를 반복하는 것은 퍼즐을 맞추는 것과 같이 여러분들의 몫입니다. 팩토는 여러분에게 생각할 수 있는 기회를 주고, 그 과정에서 포기하지 않도록 여러분들을 도와주는 친구일 뿐입니다. 자 그럼 시작해 볼까요?
팩토와 함께 초등학교에서 배우는 기본을 바탕으로 창의사고력 10개 테마의 180주제를 모두 여러분의 것으로 만들어 보세요.

I 연산감각

1. 규칙 찾아 계산하기

Free FACTO

다음은 홀수의 합을 계산한 것입니다. 규칙을 찾아 □ 안에 알맞은 수를 써넣으시오.

$$1=1$$
$$1+3=4$$
$$1+3+5=9$$
$$1+3+5+7=16$$
$$\vdots$$
$$1+3+5+7+\cdots+17+19=\square$$

생각의 흐름

1 제곱수는 1(1×1), 4(2×2), 9(3×3)와 같이 같은 수를 두 번 곱한 수를 말합니다. 따라서 1부터 연속하는 홀수의 합은 모두 제곱수임을 알 수 있습니다. 홀수의 개수와 홀수의 합과의 규칙을 찾습니다.

2 1부터 연속하는 홀수의 개수를 구하여 합을 구합니다.

LECTURE 홀수의 합의 규칙

1부터 연속하는 홀수의 합은 다음과 같이 그림으로도 알 수 있습니다.

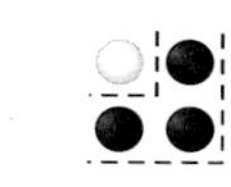
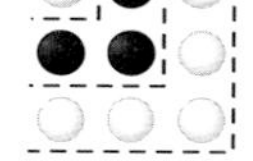
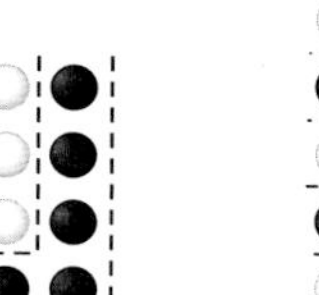
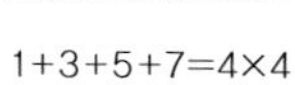

1 | 1+3=2×2 | 1+3+5=3×3 | 1+3+5+7=4×4 | 1+3+5+7+9=5×5

복잡한 계산도 규칙을 찾아 간단하게 계산할 수 있습니다.

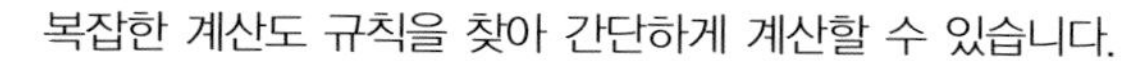

다음을 보고 규칙을 찾아 주어진 식을 계산하시오.

$1=1\times1$, $9=3\times3$, $36=6\times6$, $100=10\times10$, $225=15\times15$, …

$$1\times1\times1=1$$
$$1\times1\times1+2\times2\times2=9$$
$$1\times1\times1+2\times2\times2+3\times3\times3=36$$
$$1\times1\times1+2\times2\times2+3\times3\times3+4\times4\times4=100$$
$$1\times1\times1+2\times2\times2+3\times3\times3+4\times4\times4+5\times5\times5=225$$

$$1\times1\times1+2\times2\times2+\cdots+10\times10\times10=\square$$

다음은 3을 여러 번 곱하여 일의 자리 숫자를 구한 것입니다. 3을 20번 곱하였을 때, 일의 자리 숫자는 무엇입니까?

일의 자리 숫자가 나오는 규칙을 찾습니다.

$3=3 \rightarrow 3$

$3\times3=9 \rightarrow 9$

$3\times3\times3=9\times3=27 \rightarrow 7$

$3\times3\times3\times3=27\times3=81 \rightarrow 1$

$3\times3\times3\times3\times3=81\times3=243 \rightarrow 3$

$3\times3\times3\times3\times3\times3=243\times3=729 \rightarrow 9$

2. 연속수의 합으로 나타내기

Free FACTO

18을 연속하는 수의 합으로 나타내면 다음 2가지 방법이 있습니다.

$$18=5+6+7$$

$$18=3+4+5+6$$

30을 연속하는 수의 합으로 나타내는 방법을 모두 쓰시오. 몇 가지입니까?

생각의 흐름

1 1에서 8까지의 수를 더하면 36이므로 30을 아무리 작은 연속수의 합으로 나타낸다 하더라도 8개가 될 수 없습니다.

2 연속수의 개수를 2개에서 7개라 놓고 각각의 경우 연속수의 합으로 나타낼 수 있는지 알아봅니다.

30=□+□ ← 불가

30=[9]+[10]+[11] ← 가능

30=□+□+□+□

30=□+□+□+□+□

30=□+□+□+□+□+□

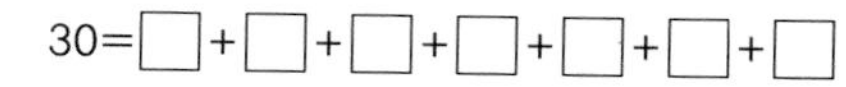

30=□+□+□+□+□+□+□

예제 01 8+9+10+11=38과 같이 8부터 11까지 연속하는 네 수의 합은 38입니다. 만일 연속하는 네 수의 합이 242라면, 네 수 중 가장 작은 수는 얼마입니까?

➲ 연속하는 네 수는 가운데 두 수의 합과 양끝에 있는 두 수의 합이 같습니다.

42를 가능한 한 여러 가지 방법으로 연속하는 수의 합으로 나타내어 보시오.

연속수의 개수를 2개에서 8개라 놓고, 각각의 경우 연속수의 합으로 나타낼 수 있는지 알아봅니다.

LECTURE 연속수의 합

5, 6, 7, 8과 같이 작은 수부터 연속되어 있는 수를 연속수라 합니다. 이러한 연속수의 합을 구해 보면

① 연속수의 개수가 홀수일 때
(연속수의 합)=(가운데 수)×(개수)
(예) 7+8+⑨+10+11=9×5=45 (5개)

② 연속수의 개수가 짝수일 때 (연속수의 합)=(가운데 두 수의 합)×(개수)÷2입니다.
(예) 5+6+(7+8)+9+10=(7+8)×6÷2=45 (3쌍)

이 성질을 거꾸로 이용하면 어떤 수를 연속수의 합으로 나타낼 수 있습니다.

③ 45=9×5이므로 가운데 수가 9인 5개의 연속수의 합으로 나타낼 수 있습니다.
45=9×5=7+8+⑨+10+11 (5개)

④ 45=15×3이므로 가운데 두 수의 합이 15이고, 두 수의 합이 15인 두 수가 세 쌍 있습니다.
45=15×3=(7+8)×6÷2=5+6+(7+8)+9+10 (3쌍)

어떤 수를 연속수의 합으로 나타내려면 어떤 수를 두 수의 곱으로 나타낸 다음, 하나의 수를 가운데 수 (또는 가운데 두 수의 합)라 하고, 또 하나의 수를 개수라 하여 따져 보면 돼.

3. 숫자의 합

Free FACTO

2에서 20까지 짝수의 각 자리 숫자의 합은 47입니다.

$$2+4+6+8+(1+0)+(1+2)+(1+4)+(1+6)+(1+8)+(2+0)=47$$

이와 같이 계산할 때 2에서 100까지 짝수의 각 자리 숫자의 합은 얼마입니까?

생각의 흐름

1 2에서 100까지의 짝수 중에서 각 숫자가 몇 개씩 있는지 구합니다. 이때, 짝수와 홀수로 나누어 생각하면 되고, 숫자의 합을 구하는 것이므로 0은 생각할 필요가 없습니다.

2 각 숫자의 개수와 각 숫자를 곱하여 각 숫자의 합을 구합니다.

3 2에서 구한 합을 더하여 2에서 100까지 짝수의 각 자리 숫자의 합을 구합니다.

LECTURE 숫자의 합

10에서 14까지의 수의 합은
$10+11+12+13+14=60$이고,
숫자의 합은
$(1+0)+(1+1)+(1+2)+(1+3)+(1+4)=15$가 됩니다.
1에서 99까지 수의 합은 가우스 방식을 이용하면 4950을 구할 수 있습니다.
1에서 99까지 숫자의 합을 구해 봅시다.
1에서 99까지의 수를 쓸 때 숫자 1은 다음과 같이 20번 쓰게 됩니다.
일의 자리에 쓸 때:
1, 11, 21, 31, 41, 51, 61, 71, 81, 91로 10개
십의 자리에 쓸 때:
10, 11, 12, 13, 14, 15, 16, 17, 18, 19로 10개
나머지 2에서 9까지의 숫자도 마찬가지로 20번씩 쓰게 됩니다.
즉, 1에서 99까지의 수에서 각 숫자는 20번씩 있게 됩니다. 따라서 숫자의 합은
$(1+2+3+4+5+6+7+8+9)\times20=900$입니다.

1에서 99까지 각 숫자는
일의 자리에 10번
십의 자리에 10번
모두 20번씩 쓰게 되지.
그래서 각 숫자의 합은 1에서 9까지의 합 45에 20을 곱하면 돼!

수 27, 28, 29에서 각 자리 숫자의 합은 $(2+7)+(2+8)+(2+9)=30$입니다. 1에서 25까지 각 자리 숫자의 합은 얼마입니까?

일의 자리와 십의 자리를 나누어 생각해 봅니다.

1부터 9까지 각 자리의 숫자를 더하면 $1+2+3+4+5+6+7+8+9=45$이고, 10부터 13까지의 각 자리의 숫자를 더하면 $1+0+1+1+1+2+1+3=10$입니다. 10부터 99까지 두 자리 수의 각 자리 숫자를 모두 더하면 얼마입니까?

일의 자리와 십의 자리로 나누어 생각해 봅니다.

Creative 팩토

7을 77번 곱한 수의 일의 자리 숫자를 구하시오.

Key Point

일의 자리 숫자를 구하면 되므로 7을 한 번씩 곱해가며 일의 자리의 규칙을 찾습니다.

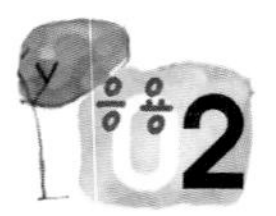

다음과 같이 3×3, 5×5, 7×7, …은 각각 3개, 5개, 7개, …의 연속하는 수의 합으로 나타낼 수 있습니다.

$3\times3=2+3+4$
$5\times5=3+4+5+6+7$
$7\times7=4+5+6+7+8+9+10$
⋮

이와 같은 방법으로 33×33을 연속하는 수의 합으로 나타내어 보시오.

Key Point

3×3은 세 수의 합으로 나타내고 가운데 수가 3, 5×5는 다섯 수의 합으로 나타내고 가운데 수가 5입니다.

100부터 199까지의 수를 모두 더한 값의 일의 자리 숫자와 십의 자리 숫자는 각각 무엇입니까?

Key Point

백의 자리 숫자를 더한 값은 일의 자리, 십의 자리 숫자에 영향을 주지 않습니다.

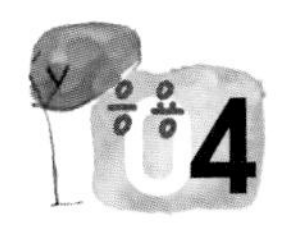

다음 계산 규칙을 찾아, □ 안에 알맞은 수를 써넣으시오.

$$2=1\times2$$
$$2+4=2\times3=6$$
$$2+4+6=3\times4=12$$
$$2+4+6+8=4\times5=20$$
$$\vdots$$
$$2+4+6+\cdots+100=\square\times\square=\square$$

Key Point

더한 짝수의 개수와 곱의 관계를 찾아봅니다.

형민이는 오늘 책을 어느 쪽부터 연속하여 8쪽 읽었는데 읽은 부분의 쪽수를 모두 더해 보니 628이 되었습니다. 형민이는 책을 몇 쪽부터 읽었습니까?

KeyPoint

628을 8개의 연속수의 합으로 나타냅니다.

다음과 같이 [ ]를 각 자리 숫자 중 짝수의 합이라 약속합니다.

[24]=2+4=6	[136]=6
[258]=2+8=10	[5168]=6+8=14

다음을 구하시오.

$$[10]+[11]+[12]+[13]+\cdots+[98]+[99]$$

KeyPoint

10부터 99까지 짝수인 숫자를 모두 더한 것입니다.

연속하는 세 수 3, 4, 5의 곱은 $3\times4\times5=60$입니다. 세 수의 곱이 504가 되는 연속하는 세 수 중 가장 큰 수는 얼마입니까?

KeyPoint

세 수를 짐작하여 계산해 보고, 그 수보다 작아야 하는지 커야 하는지를 생각해 봅니다.

다음 연속하는 네 수의 덧셈을 보고, 250을 연속하는 네 수의 합으로 나타내어 보시오.

$1+2+3+4=10$

$2+3+4+5=14$

$3+4+5+6=18$

$4+5+6+7=22$

⋮

KeyPoint

가운데 두 수의 합은 $250\div2=125$입니다.

4. 계산 결과의 최대, 최소

Free **FACTO**

다음 식의 □ 안에 1에서 9까지의 수 중에서 서로 다른 5개의 수를 넣을 때, 계산 결과가 가장 클 때의 값은 얼마입니까?

$$\square+(\square-\square)\times\square-\square$$

생각의 흐름
1 곱해지는 수가 가장 커지도록 수를 써넣습니다.
2 빼지는 수는 작게, 더해지는 수는 크게 나머지 칸을 채워 계산합니다.

LECTURE 계산 결과가 가장 크게

계산 결과를 크게 하려면 곱하는 수와 더하는 수는 크게, 빼는 수와 나누는 수는 작게 해야 합니다.

① 1이 나오는 경우
■×1=■, ■+1=■+1이므로 더하는 것이 곱하는 것보다 더 큽니다.

② 1이 아닌 경우
곱하는 것이 더하는 것보다 같거나 크므로 계산 결과를 가장 크게 하려면 더하는 수보다 곱하는 수를 더 크게 해야 합니다.

계산 결과를 크게 하려면 곱하는 수와 더하는 수를 크게, 빼는 수와 나누는 수를 작게 해야 돼.
1이 아닌 경우는 곱하는 수를 가장 크게 만들면 돼.

1부터 9까지의 숫자가 적혀 있는 9장의 숫자 카드를 이용하여 다음과 같이 세 자리 수 3개를 사용한 식을 만들 때, 계산 결과가 가장 클 때의 값은 얼마입니까?

➲ 더하는 수는 크게, 빼는 수는 작게 해야 합니다.

□□□ + □□□ − □□□

다음 ◯ 안에 + 또는 ×만을 넣어 계산할 때, 계산 결과가 가장 작을 때의 값은 얼마입니까?

➲ (1+2)는 (1×2)보다 큽니다.

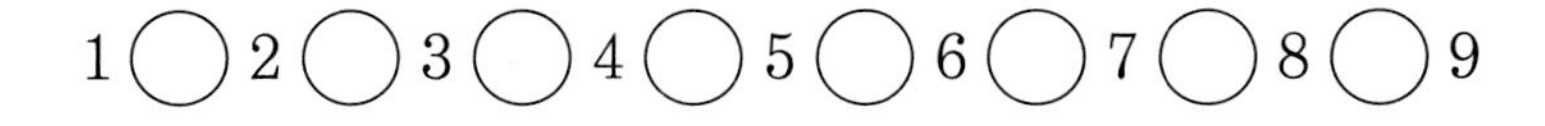

5. 수 만들기

Free FACTO

◯ 안에 +, −를 적당하게 넣어 계산 결과가 100이 되게 만들어 보시오.

$$123 \bigcirc 4 \bigcirc 5 \bigcirc 67 \bigcirc 89=100$$

생각의 흐름

1 모두 +를 넣었다고 했을 때의 합을 구한 다음, 그 합이 100보다 얼마나 큰지 구합니다.

2 1에서 구한 값의 $\frac{1}{2}$ 만큼의 수를 찾아, 그 수 앞의 기호를 +에서 −로 바꿉니다.

LECTURE 100 만들기

1에서 9까지의 숫자를 한 번씩 쓰고 +, −, ×, ÷, ( ) 등을 이용하여 100을 만들 수 있습니다.

① 1, 2, 3을 붙여 123을 만듭니다.

② 나머지 숫자 4, 5, 6, 7, 8, 9로 23을 만들어 뺍니다.

4, 5, 6, 7, 8, 9로 23을 만들어 보면

4+5+6+7+8+9=39이므로 +8을 −8로 만들면

4+5+6+7−8+9=23이 됩니다. 따라서

123−(4+5+6+7−8+9)=100

이외에도 100을 만드는 방법은 여러 가지가 있습니다.

주어진 숫자와 연산 기호를 이용하여 어떤 수를 만들 때에는 간단히 몇 개의 숫자로 어떤 수에 가깝게 만든 다음, 나머지 숫자를 이용하여 어떤 수를 정확하게 만들면 됩니다.

목표수를 만들 때에는 몇 개의 숫자를 붙여 목표수에 가깝게 만든 다음, 나머지 숫자로 목표수와의 차만큼 만들면 돼.

다음은 1에서 9까지의 숫자를 한 번씩 쓰고, 덧셈을 이용하여 여러 가지 수를 만든 것입니다.

$$1+2+3+4+5+6+7+8+9=45$$
$$1+2+3+45+6+7+8+9=81$$

같은 방법으로 1에서 9까지의 숫자를 한 번씩 이용하여 합이 99가 되도록 만들어 보시오.

숫자를 붙여 99에 가까운 수를 먼저 만들어 보고, 합이 99가 넘으면 붙여 만드는 두 자리 수를 줄여 나갑니다.

다음 숫자들 사이에 +를 적당하게 넣어 그 계산 결과가 500이 되도록 만들어 보시오. 단, 숫자와 숫자 사이에 반드시 +를 넣을 필요는 없습니다.

숫자를 붙여 500에 가까운 수를 만듭니다.

4　4　4　4　4　4　4　4=500

6. 벌레먹은셈

Free FACTO

다음 □ 안에 적당한 숫자를 넣어 나눗셈이 성립하게 만들어 보시오.

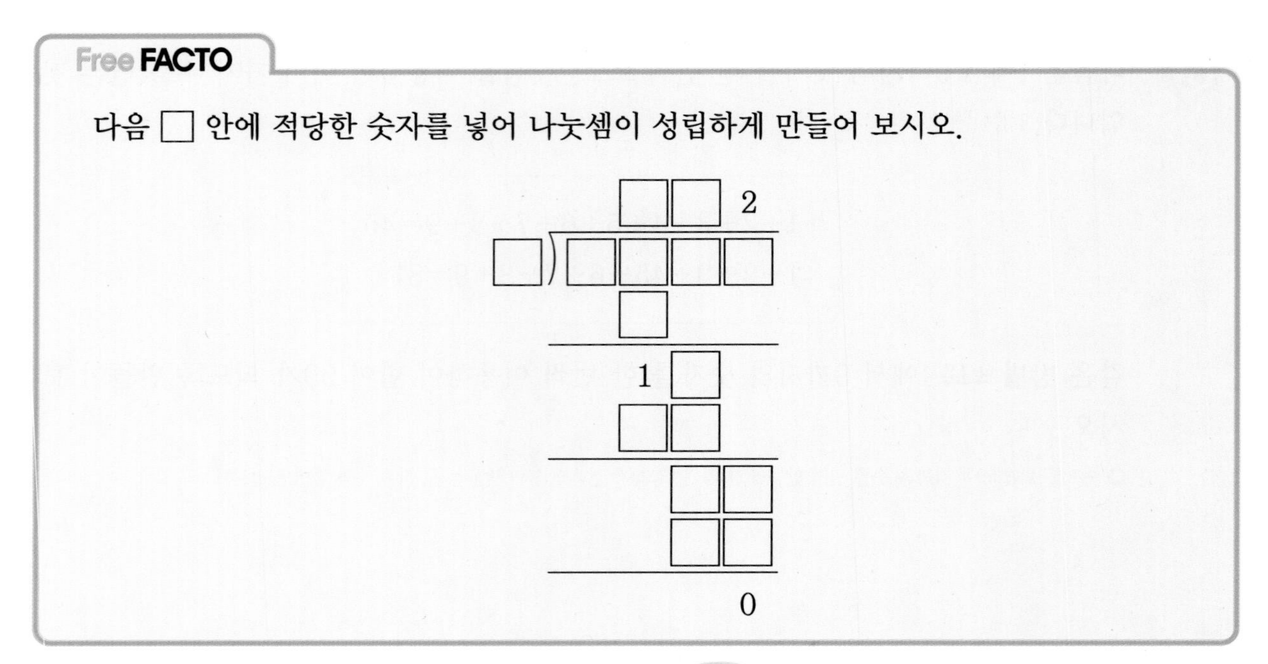

생각의 흐름

1 다음 색칠된 부분의 칸에 들어갈 숫자를 구합니다.

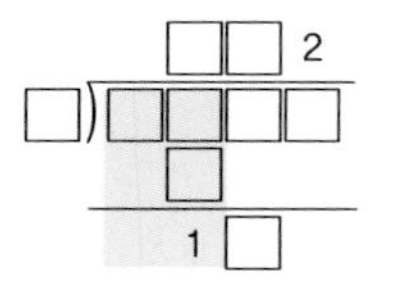

2 나누는 수와 몫의 백의 자리를 구합니다.

3 나머지 빈칸을 채웁니다.

LECTURE 벌레먹은셈

주어진 식이 벌레 먹은 모습과 같다고 해서 벌레먹은셈이라 합니다.

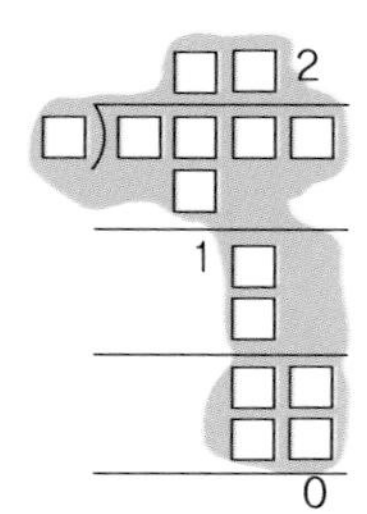

벌레먹은셈에서

① 가장 큰 자리 숫자는 항상 0이 아니고,

② 한 칸에 한 숫자만 들어가므로 주어진 수가 몇 자리의 수인지 알 수 있습니다.

벌레먹은셈을 풀 때에는 주어진 수를 이용하여 먼저 알 수 있는 칸의 숫자를 모두 채운 후, 어떤 수를 가정하여 확인하는 방법을 이용합니다.

□ 안에 알맞은 숫자를 써넣으시오.

9 - □=2에서 □ 하나를 구합니다. 7=1×7 또는 7=7×1의 두 가지 경우를 생각해 봅니다.

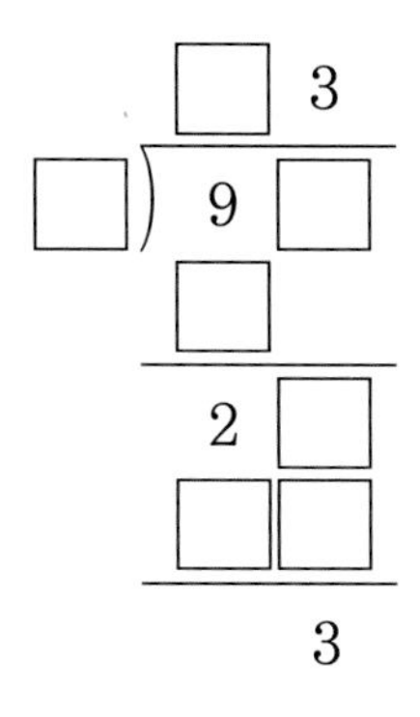

곱셈식이 성립하도록 □ 안에 알맞은 숫자를 써넣으시오.

3에 어떤 수를 곱했을 때 그 곱의 일의 자리 숫자가 1입니다.

		5	□	3
	×		6	□
	3	□	□	1
3	□	3	8	
3	□	□	□	1

Creative 팩토

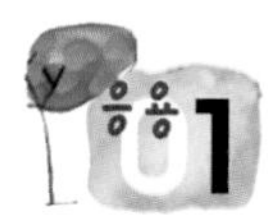

다음 식의 ○ 안에 +, −, ×를 한 번씩만 넣어 계산할 때, 계산 결과가 가장 클 때의 값은 얼마입니까?

$$8 \bigcirc 7 \bigcirc 6 \bigcirc 5$$

KeyPoint

계산 결과가 가장 크려면 빼는 값이 가장 작아야 합니다.

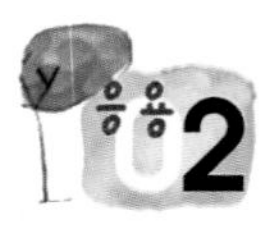

다음 나눗셈에서 알맞은 숫자를 □ 안에 써넣으시오.

$$\begin{array}{r} \square\,9 \\ \square \overline{)\,7\,8} \\ \underline{\square} \\ \square\,8 \\ \underline{3\,\square} \\ 2 \end{array}$$

KeyPoint

아래 두 칸의 수를 가장 먼저 찾을 수 있습니다.

1부터 9까지의 숫자 카드가 한 장씩 있습니다. 다음 곱셈식에 서로 다른 숫자 카드를 넣는다고 할 때, 두 자리 수 ㉠㉡ 중 가장 큰 수를 구하시오. 단, 나머지가 없이 나누어떨어져야 합니다.

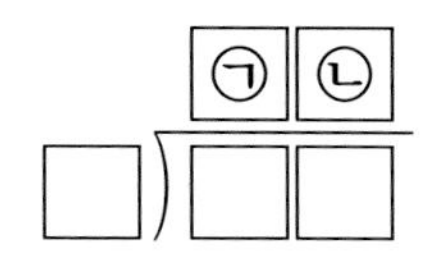

Key Point

나눈 몫이 커지려면 나누어지는 수는 크고 나누는 수는 작아야 합니다.

다음 식의 □ 안에 모두 같은 숫자를 넣어 식이 성립하도록 하려고 합니다. □ 안에 들어갈 숫자를 구하시오.

$$(\square+\square)+(\square-\square)+(\square\times\square)+(\square\div\square)=64$$

Key Point

□ 안에 모두 같은 수가 들어가므로 □-□=0, □÷□=1입니다.

다음 등식이 성립하도록 ◯ 안에 +, −, ×, ÷를 하나씩 써넣으시오.

4 ◯ (7 ◯ 2) ◯ 24 ◯ 8=33

Key Point

여러 가지 방법으로 넣어 보고, 계산 결과를 확인합니다.

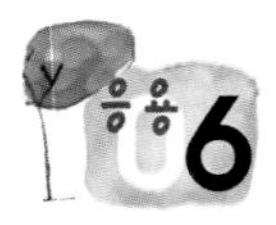

숫자 카드 [1], [2], [3], [4] 를 다음 식에 하나씩 넣어 계산할 때, 계산 결과가 가장 큰 값, 둘째 번으로 큰 값, 셋째 번으로 큰 값을 차례로 구하시오.

□□ × □□

Key Point

가장 큰 값은 41×32입니다.

다음 등식이 성립하도록 ○ 안에 +, −를 써넣으시오.

9 ○ 8 ○ 76 ○ 5 ○ 43 ○ 21=50

KeyPoint

○ 안에 +, −를 넣어 계산 결과가 50보다 큰지 작은지 확인하고, +와 −를 조정합니다.

곱셈식이 성립하도록 □ 안에 알맞은 숫자를 써넣으시오.

$$\begin{array}{r} 9\square \\ \times\ \square\square \\ \hline \square\square \\ \square\square\ \ \\ \hline \square\square\square 9 \end{array}$$

KeyPoint

9□×□의 계산 결과가 두 자리 수입니다.

Thinking 팩토

다음을 보고 규칙을 찾아 □ 안에 알맞은 수를 써넣으시오.

$$9+99=108$$
$$9+99+999=1107$$
$$9+99+999+9999=11106$$
$$9+99+999+9999+99999=111105$$

$9+99+999+9999+99999+\cdots+99999999=$ □

90을 가능한 한 여러 가지 방법으로 연속하는 수의 합으로 나타내어 보시오.

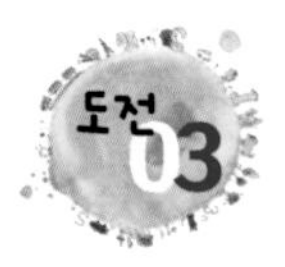

다음 숫자들 사이에 +, −를 적당하게 넣어 그 계산 결과가 200이 되도록 만들어 보시오. 단, 숫자와 숫자 사이에 반드시 +, −를 넣을 필요는 없습니다.

$$1\quad 1\quad 1\quad 1\quad 1\quad 1\quad 1\quad 1\quad 1\quad 1=200$$

다음과 같이 10개의 수를 모두 더했을 때, 합의 천의 자리 숫자는 얼마입니까?

$$\begin{array}{r} 3 \\ 33 \\ 333 \\ 3333 \\ 33333 \\ 333333 \\ 3333333 \\ 33333333 \\ 333333333 \\ +\quad 3333333333 \\ \hline \end{array}$$

숫자 카드 [2], [3], [5], [7], [9]를 다음 식에 하나씩 넣어 계산할 때, 계산 결과가 가장 클 때의 값은 얼마입니까? 단, 나누기를 할 때 나머지가 없이 나누어떨어져야 합니다.

$$\square\square - \square\square \div \square$$

0부터 10까지의 수를 다음과 같이 일렬로 나열할 때, 모든 숫자의 합은 46입니다.

0 1 2 3 4 5 6 7 8 9 1 0

0부터 100까지의 수를 일렬로 나열할 때, 모든 숫자의 합을 구하시오.

0 1 2 3 4 5 6 7 ⋯ 9 8 9 9 1 0 0

나눗셈이 성립하도록 □ 안에 알맞은 숫자를 써넣으려고 합니다. 물음에 답하시오.

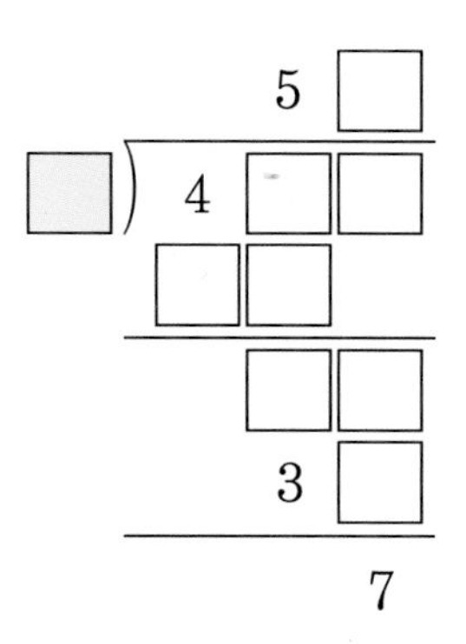

(1) 나눗셈식의 나머지는 7입니다. □ 안에 들어갈 수 있는 두 수를 쓰시오.

(2) (1)에서 구한 두 수 중 작은 수를 ㉠이라고 할 때, □ 안에 알맞은 숫자를 쓰시오.

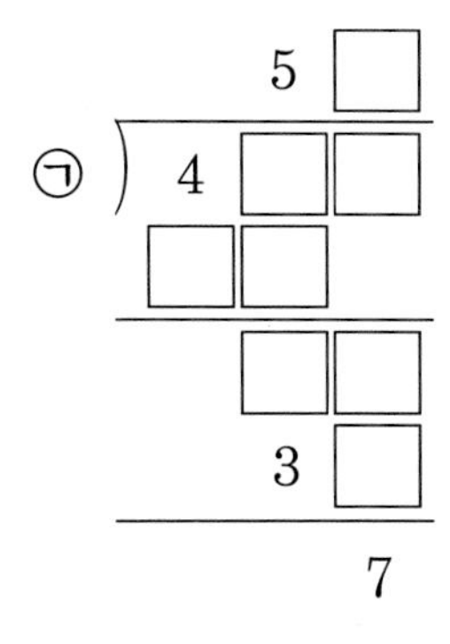

(3) (1)에서 구한 두 수 중 큰 수를 ㉡이라고 할 때, □ 안에 알맞은 숫자를 쓰시오.

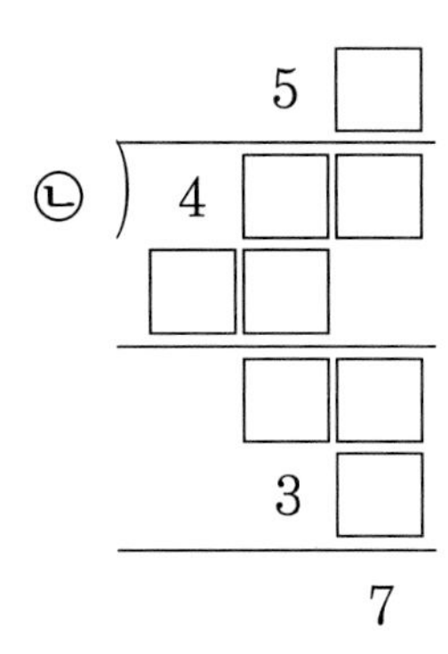

Memo

Ⅱ 퍼즐과 게임

1. 지뢰찾기
2. 여러 가지 마방진의 활용
3. 샘 로이드 퍼즐

   Creative FACTO

4. 게임 전략
5. 성냥개비 퍼즐
6. 직각삼각형 붙이기

   Creative FACTO

   Thinking FACTO

1. 지뢰찾기

Free FACTO

다음 |보기|와 같이 선을 그어 보시오.

보기

- 원 안의 수는 연결된 선분의 개수입니다.
- 선을 이을 때에는 가로, 세로, 대각선 방향으로 하나씩 이을 수 있습니다.

1	3	1	1
2	2	4	1
1	3	3	2
1	2	2	1

1	3	3	1
3	5	1	1
1	3	6	1
2	1	1	3

생각의 흐름
1 6, 1과 연결된 선분을 조건에 맞게 긋습니다.
2 이미 그어진 선분의 개수와 원 안의 수를 보고, 나머지를 완성합니다.

LECTURE 지뢰찾기

지뢰찾기는 컴퓨터에 기본적으로 제공되는 게임인데 그림과 같이 정사각형 안에 그 정사각형을 둘러싼 8개의 정사각형 중에서 지뢰가 있는 정사각형의 개수를 써넣어서 만든 게임입니다. 수가 쓰인 정사각형을 보고 지뢰가 있는 정사각형을 찾아 표시하는 게임으로 1 또는 8과 같이 경우의 수가 작은 경우부터 차례로 빈칸을 채워가며 가능한 경우를 줄여 가는 것입니다.

|보기| 와 같이 주어진 수는 그 수를 둘러싼 4개의 점을 연결하고 있는 선분의 개수를 나타냅니다.

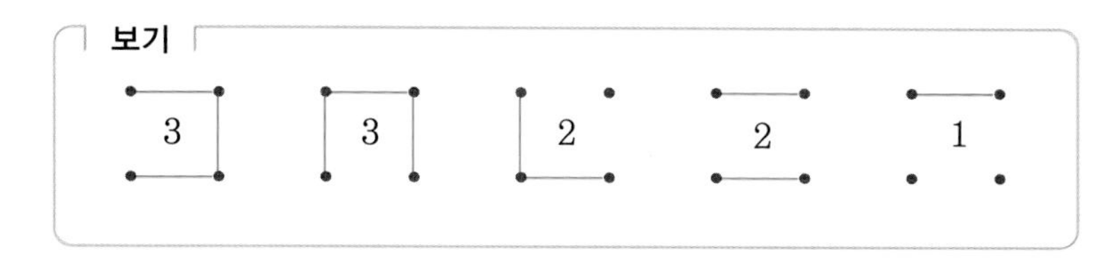

같은 방법으로 다음 그림의 점과 점을 연결하여 도형을 완성하시오. 단, 선분은 끊어진 곳이 없도록 모두 연결되어 있어야 합니다.

➲ 0의 주변에는 선분이 올 수 없으므로 ×0× 로 표시합니다.

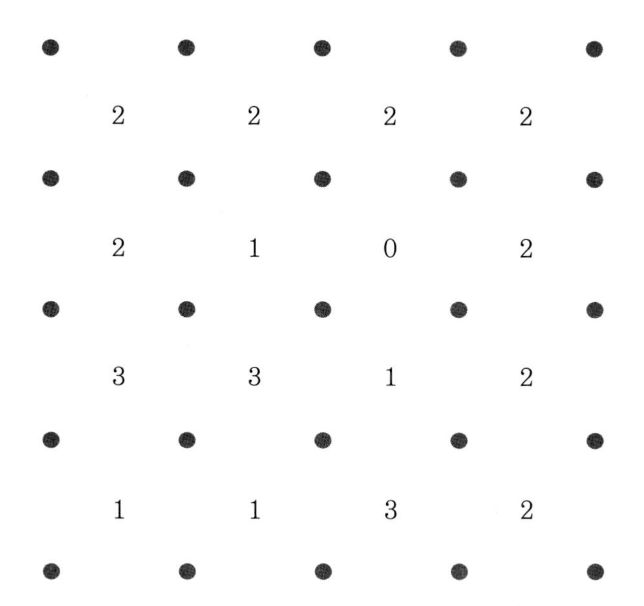

2. 여러 가지 마방진의 응용

Free **FACTO**

다음 ◯ 안에 1에서 12까지 12개의 수를 넣어 사각형의 각 변 위에 있는 네 수의 합이 같게 만들어 보시오. 단, 네 수의 합이 가장 클 때와 가장 작을 때를 각각 만듭니다.

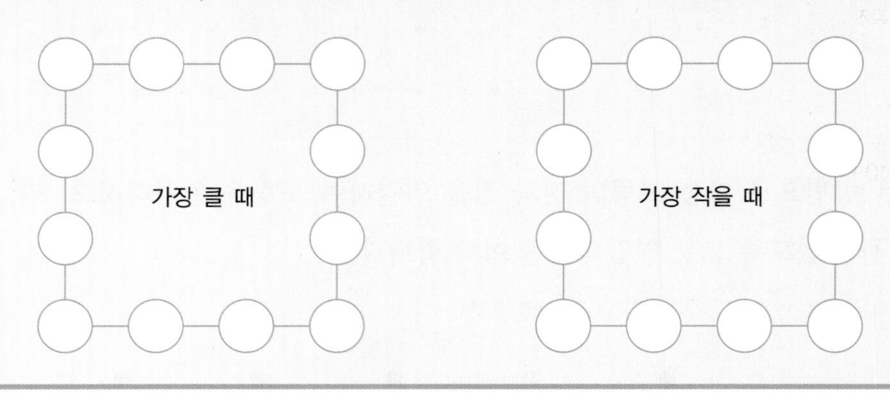

생각의 흐름

1 꼭짓점에 있는 네 수는 한 변의 네 수의 합에 2번씩 들어가게 됩니다.

2 한 변 위의 네 수의 합이 가장 크려면 꼭짓점에 들어갈 수가 가장 커야 합니다. 꼭짓점에 들어갈 수를 정하고 각 변 위의 네 수의 합을 구하여 완성합니다.
(네 수의 합)×4=(1+2+3+⋯+11+12)
+(9+10+11+12)

3 한 변 위의 네 수의 합이 가장 작으려면 꼭짓점에 들어갈 수가 작아야 합니다. 위와 같은 방법으로 모양을 완성합니다.

예제 01

1에서 10까지의 수를 다음 ◯ 안에 써넣어 오각형의 각 변 위에 있는 세 수의 합을 같게 만들어 보시오. 단, 세 수의 합이 가장 크게 만듭니다.

▶ 꼭짓점에 있는 다섯 수는 한 변의 세 수의 합에 두 번씩 들어갑니다.

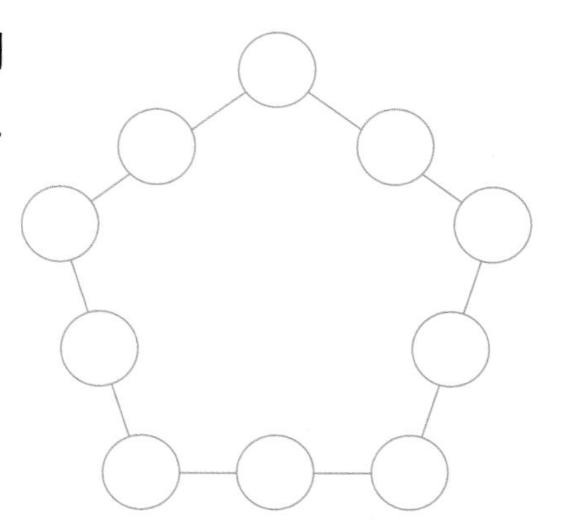

LECTURE 마방진의 풀이 방법

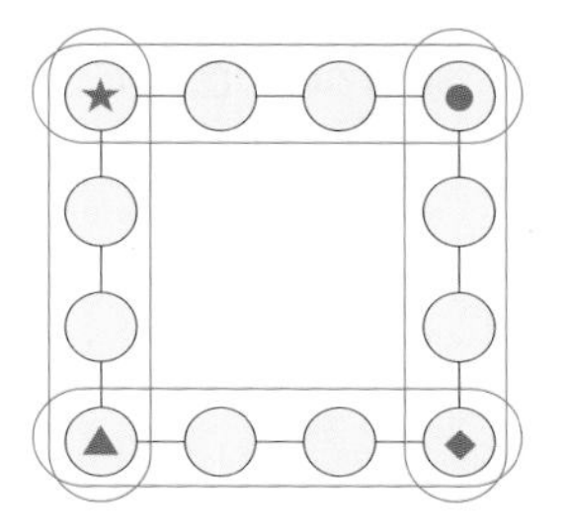

왼쪽 문제에서 각 변 위에 있는 네 수의 합을 □라 하고, 사각형의 네 변의 합을 모두 더하면 꼭짓점에 있는 네 수 (★, ●, ▲, ◆)는 두 번씩 더해지게 됩니다. 따라서,
4×□=(1+2+3+⋯+11+12)+(★+●+▲+◆)=78+(★+●+▲+◆)

꼭짓점에 있는 네 수의 합 (★+●+▲+◆)은 가장 작게는 1+2+3+4=10이고, 가장 크게는 9+10+11+12=42입니다.

★+●+▲+◆=10일 때,
4×□=78+(★+●+▲+◆)=78+10=88
이므로 □=22가 됩니다.

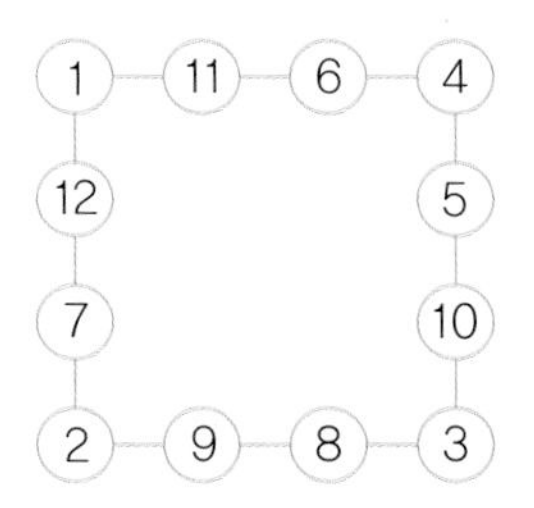

따라서, 꼭짓점에 1, 2, 3, 4를 넣고 각 변 위의 네 수의 합이 22가 되게 만들면 오른쪽과 같습니다.

★+●+▲+◆=11일 때,
4×□=78+(★+●+▲+◆)=78+11=89
이므로 □=$\frac{89}{4}$가 됩니다.

한 변 위의 네 수의 합은 분수가 될 수 없는데 $\frac{89}{4}$가 되어 논리적으로 맞지 않습니다.

따라서 꼭짓점의 네 수의 합이 11이 되게 만들 수 없습니다.

이런 식으로 풀어 나가면 ★+●+▲+◆은 10, 14, 18, 22, 26, 30, 34, 38, 42가 될 수 있고, 각각의 경우 한 변 위의 네 수의 합이 같도록 만들 수 있습니다.

3. 샘 로이드 퍼즐

Free FACTO

넓이가 1인 정사각형 5개로 만든 펜토미노 조각이 있습니다. 이 조각을 3조각으로 잘라 넓이가 5인 오른쪽 정사각형을 모두 덮으려고 합니다. 어떻게 잘라야 하는지 조각 위에 자르는 선을 그으시오.

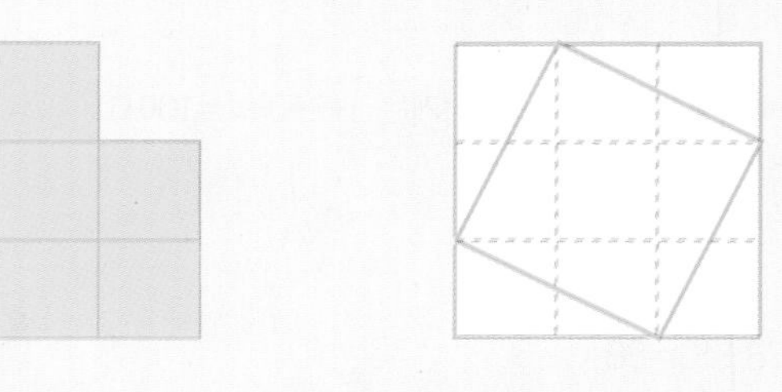

생각의 흐름

1 왼쪽 조각을 오른쪽 정사각형 위에 올립니다.

2 정사각형과 겹치지지 않는 조각의 일부를 잘라 정사각형의 나머지 부분을 채웁니다.

다음은 크기가 다른 정사각형 2개를 붙여 만든 도형입니다. 도형을 3조각으로 잘라 겹치거나 남는 부분이 없이 맞추어 정사각형으로 만들려고 합니다. 어떻게 잘라야 하는지 선을 그어 나타내시오.

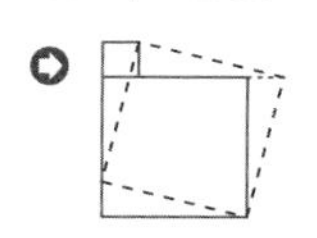

LECTURE 1/n 정사각형 만들기

$\frac{1}{5}$ 정사각형 만들기

정사각형의 각 변의 $\frac{1}{2}$ 지점과 각 꼭짓점을 그림과 같이 이었습니다. 이렇게 만들어진 작은 정사각형은 처음 정사각형의 넓이의 $\frac{1}{5}$ 입니다.

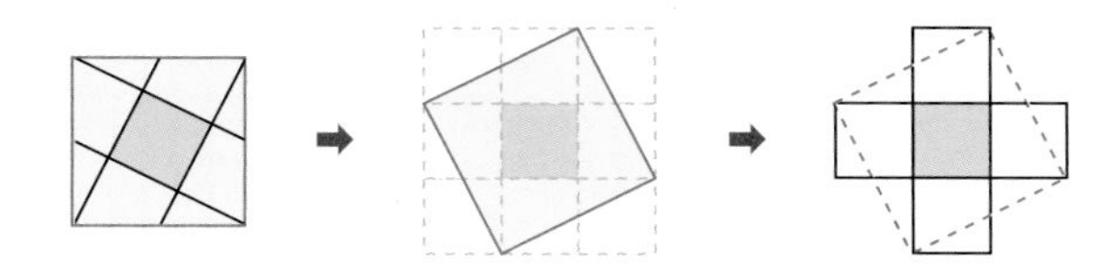

$\frac{1}{10}$ 정사각형 만들기

그림과 같이 정사각형의 각 변의 $\frac{1}{3}$ 지점과 각 꼭짓점을 이어 만든 작은 정사각형의 넓이는 처음 정사각형의 넓이의 $\frac{1}{10}$ 입니다.

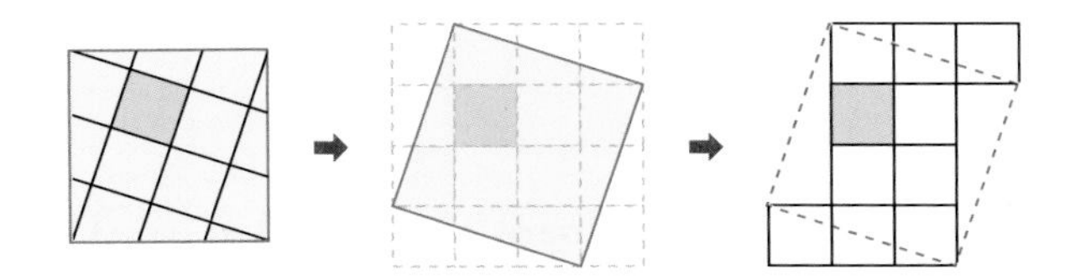

〈샘 로이드 퍼즐〉

Puzzle은 '당황하게 하고, 골머리를 아프게 하는 일' 이란 뜻을 가지고 있습니다.
샘 로이드는 19세기 말에서 20세기 초 그림이나 도구를 사용하여 10000개가 넘는 퍼즐을 만든 최고의 퍼즐리스트입니다.

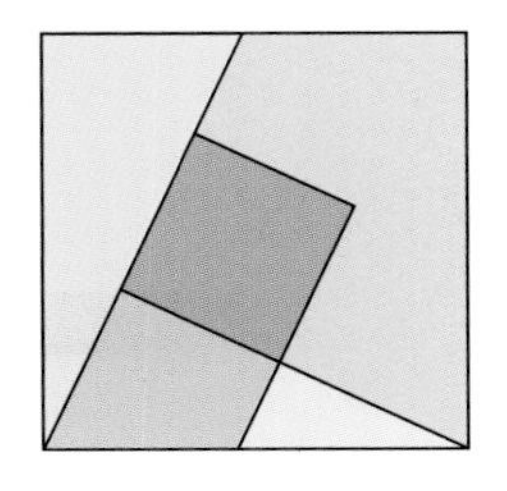

그가 만든 퍼즐을 풀기 위해 가게 주인은 문 여는 것을 잊어버리고, 기관사는 정거장을 지나치고, 항해사들은 배를 난파시켰다고 합니다. 그래서 프랑스에서는 업무 중에는 퍼즐을 금지하기도 했습니다.
오른쪽 그림은 샘 로이드가 만든 퍼즐 중의 하나로 정사각형을 그림처럼 5조각으로 나눈 것입니다. 이 조각들을 다시 이어 붙여 직사각형, 직각삼각형, 평행사변형, 십자가 모양을 만들어 보세요.

Creative 팩토

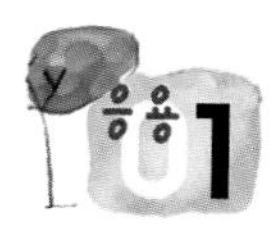

응용 01 다음 |보기|와 같이 점과 점 사이를 선분으로 연결하여 보시오.

보기

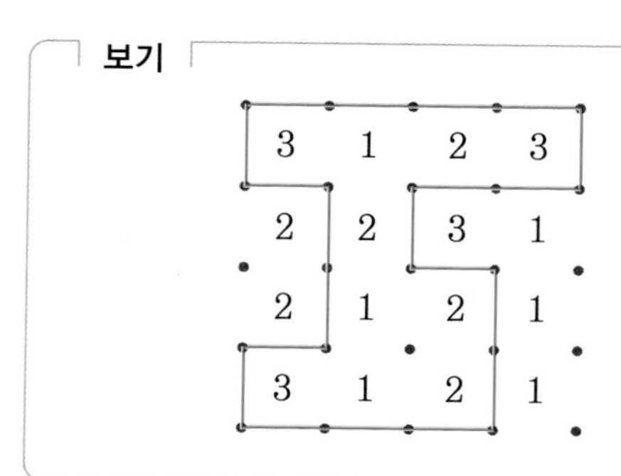

- 점과 점 사이의 수는 그 수를 둘러싼 선분의 개수입니다.

3 2 1

- 시작과 끝이 연결되어야 합니다.

3	1	3	1
2	2	3	1
1	1	2	3
1	3	2	1

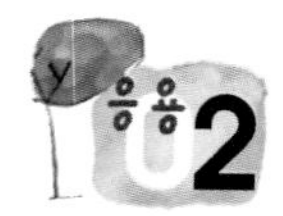

응용 02 다음 ◯ 안에 1에서 6까지의 수를 써넣어 정사각형 모양의 네 수의 합이 13이 되게 만들어 보시오.

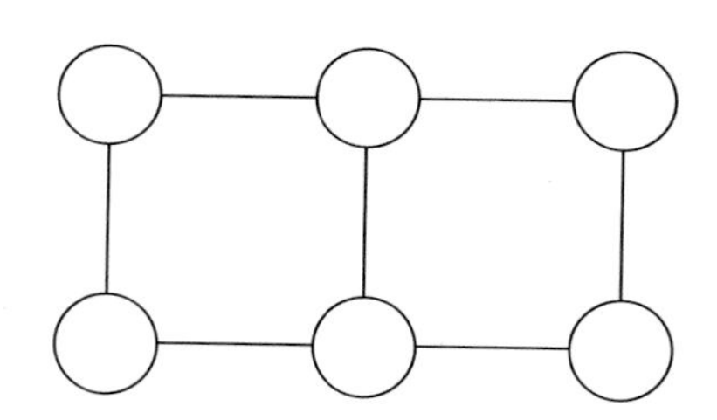

KeyPoint
가운데 두 수를 먼저 구합니다.

1에서 8까지의 수를 ◯ 안에 써넣어 사각형의 각 변 위의 세 수의 합이 같게 만들어 보시오. 모두 몇 가지가 있습니까? 단, 사각형의 변 위의 세 수의 합이 같으면 같은 방법으로 봅니다.

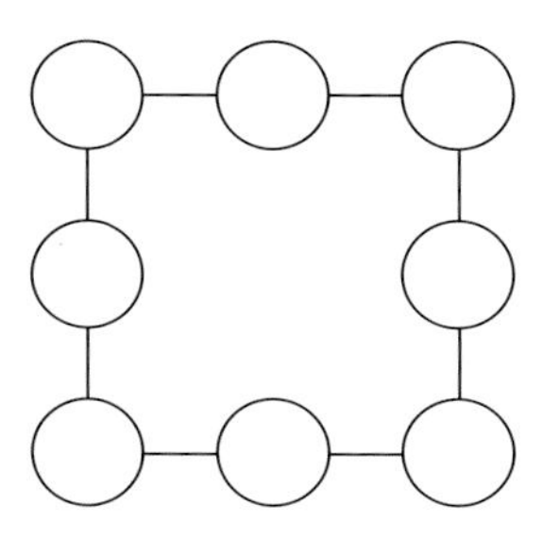

KeyPoint
중복되어 더해지는 꼭짓점 위의 네 수의 합을 구합니다.

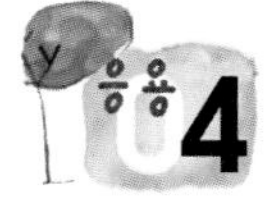

가로, 세로가 각각 2cm, 1cm인 직사각형 6개를 이어 가로 4cm, 세로 3cm인 직사각형을 만들었습니다. 이 직사각형을 선을 따라 두 조각으로 나누어 이어 붙여 오른쪽과 같은 모양이 되도록 만들려고 합니다. 그 방법을 그림을 그려 설명하시오.

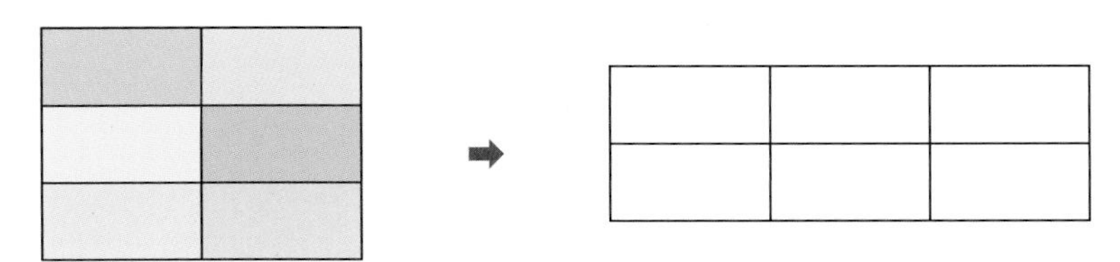

KeyPoint
'ㄱ', 'ㄴ' 모양으로 나눕니다.

다음은 넓이가 1인 작은 정사각형을 붙여 만든 도형을 2조각으로 잘라 붙여 넓이가 4인 정사각형을 만든 것입니다.

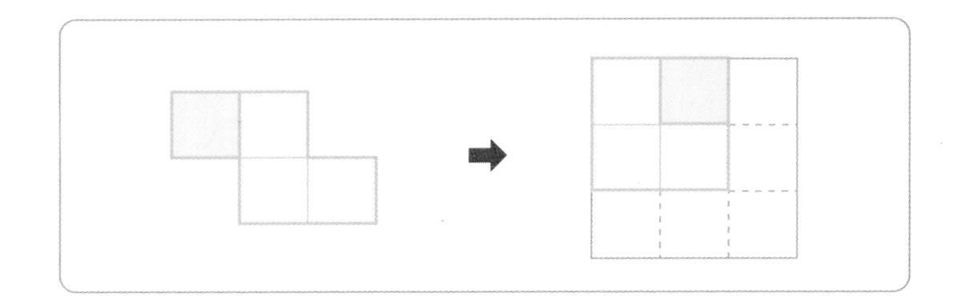

(1) 왼쪽 조각을 3조각으로 잘라 붙여 넓이가 5인 정사각형을 만드시오.

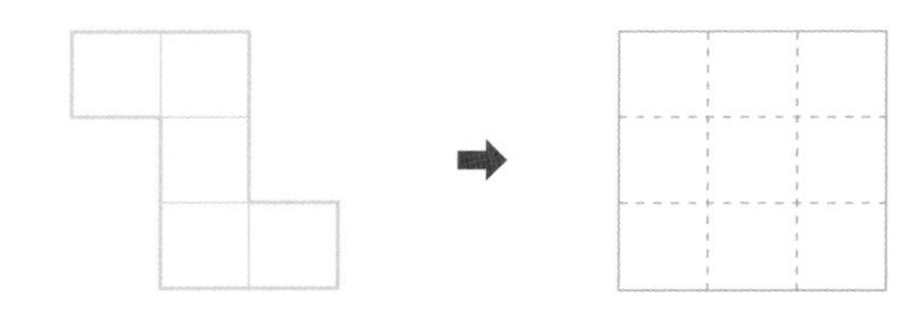

(2) 왼쪽 조각을 3조각으로 잘라 붙여 넓이가 10인 정사각형을 만드시오.

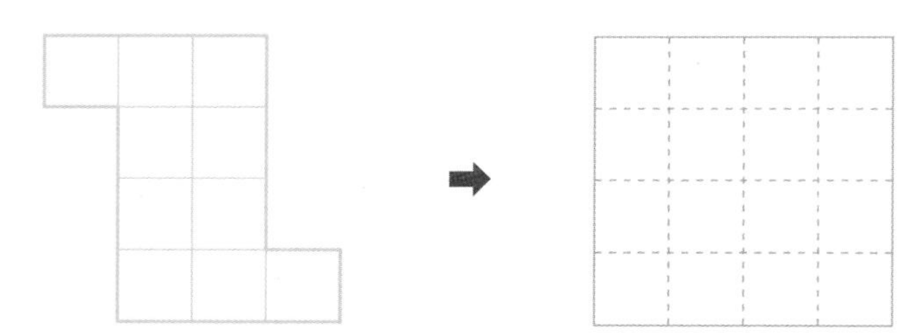

Key Point

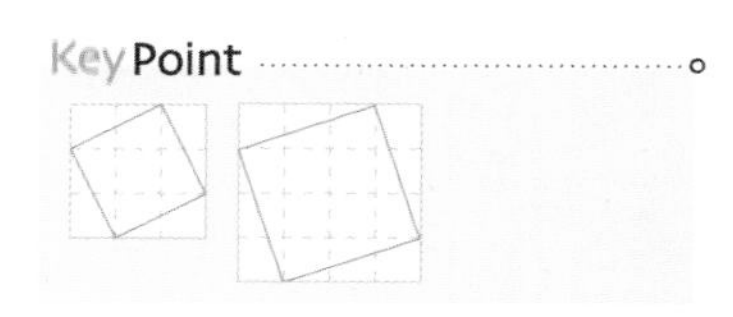

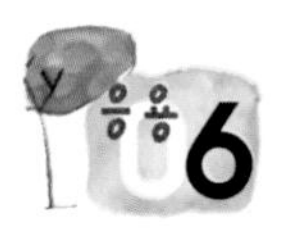

정육면체의 꼭짓점에 1에서 8까지의 수를 넣어 각 면에 있는 네 수의 합이 모두 같게 만들려고 합니다. 물음에 답하시오.

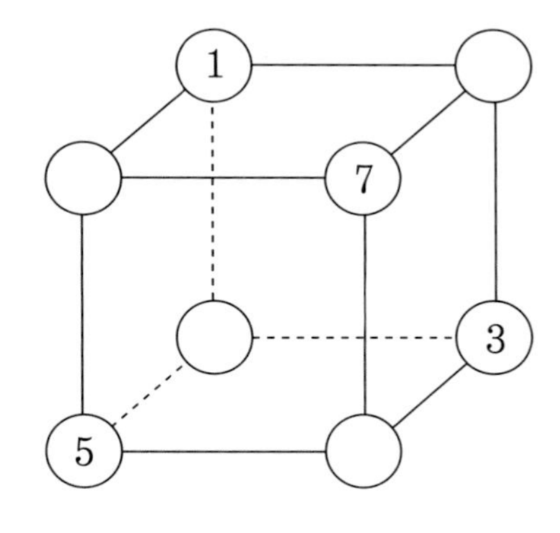

(1) 각 면에 있는 네 수의 합은 얼마가 되어야 합니까?

(2) 가장 큰 수인 8이 들어갈 수 있는 칸을 찾아보시오.

(3) 각 면에 있는 네 수의 합이 같도록 빈칸을 모두 채우시오.

4. 게임 전략

Free FACTO

민수와 희영이가 다음과 같은 원에 점을 10개 찍고 선잇기 게임을 합니다.

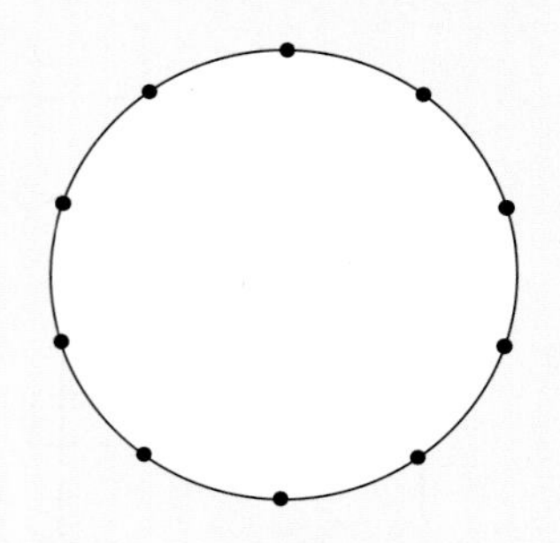

다음과 같이 번갈아 가며 두 점을 잇는 선분을 그리는데, 먼저 그린 선분과 만나서는 안 됩니다. 단, 원 위의 점에서는 만나도 됩니다. 민수가 먼저 시작한다고 할 때, 민수가 항상 이기는 방법을 찾아보시오.

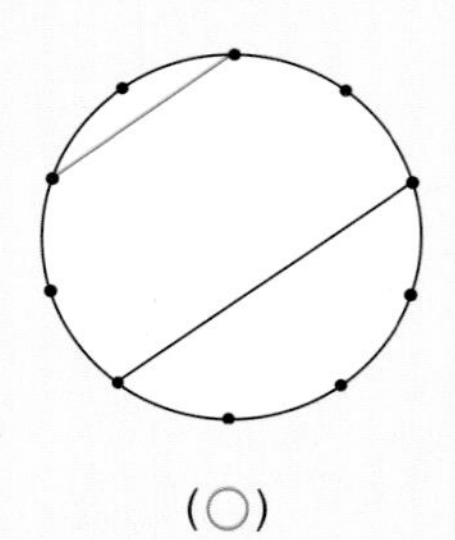

(○)

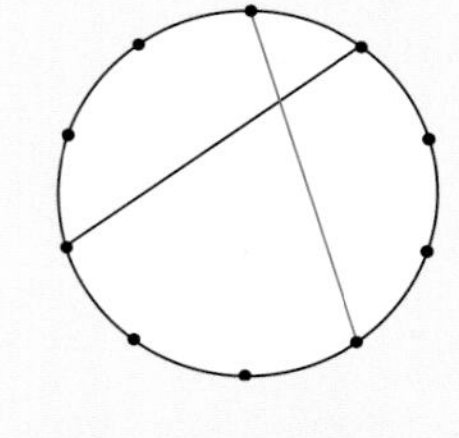

선분과 선분이 만남(×)

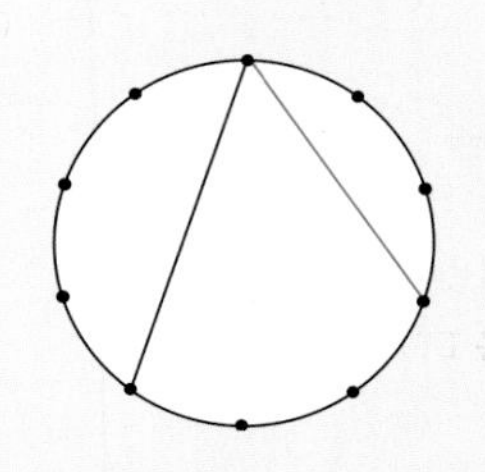

원 위의 점에서 만남(○)

생각의 흐름 1 양쪽의 점의 개수가 같게 한 선분을 그어 나누어 봅니다.

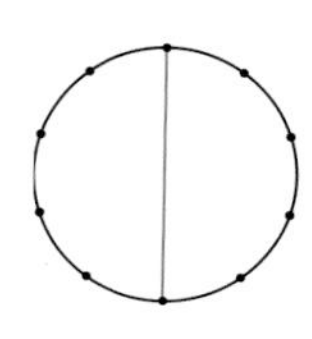

예제 01 꽃잎이 12장인 꽃이 있습니다. 아영이와 미경이가 차례로 꽃잎을 한 장 또는 이웃한 두 장씩 떼어내는 게임을 합니다. 떼어낼 꽃잎이 없는 사람이 집니다. 아영이가 먼저 시작한다면 누가 유리한지 설명하시오.

대칭을 생각해 봅니다.

LECTURE 대칭성을 이용한 게임 전략

다음과 같은 규칙으로 게임을 해 봅시다.

① 아래의 칸에 직사각형(정사각형 포함) 모양으로 격자를 번갈아 가며 칠합니다.
② 한 번에 전체를 칠할 수 없고, 상대방이 칠한 부분에 겹쳐서 칠할 수도 없습니다.
③ 더 이상 칠할 수 없는 사람이 집니다.

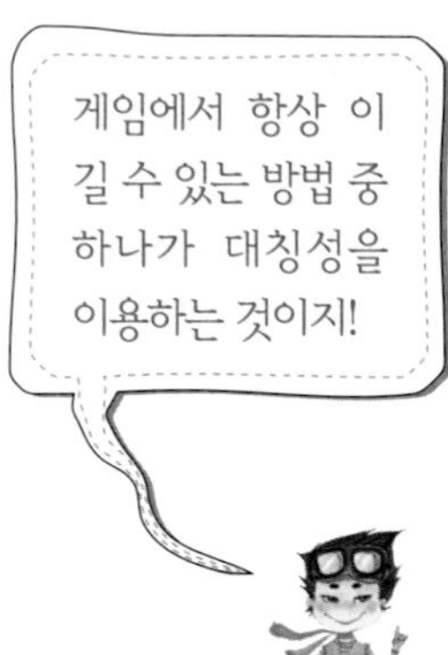

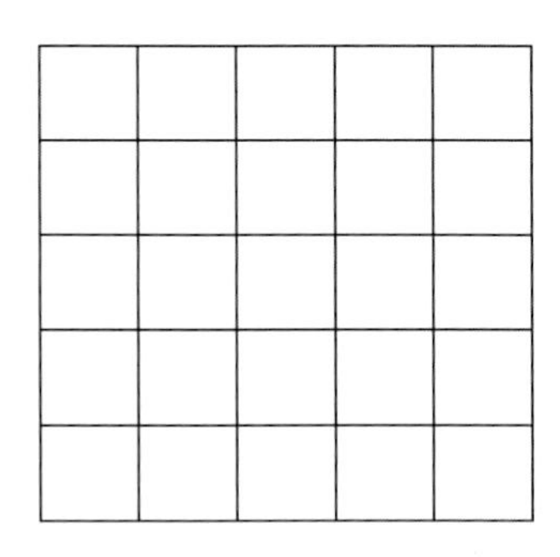

이 게임에서 항상 이길 수 있는 방법은 먼저 시작해서 정가운데의 칸을 칠하는 것입니다.
그 다음부터는 상대방이 칠한 모양대로 대칭이 되게 칠하면 됩니다.
결국 상대방이 칠할 수 있으면 나도 칠할 수 있는 것이므로 게임에서 항상 이길 수 있는 것입니다.
이러한 방법을 대칭성을 이용한 게임 전략이라고 합니다.

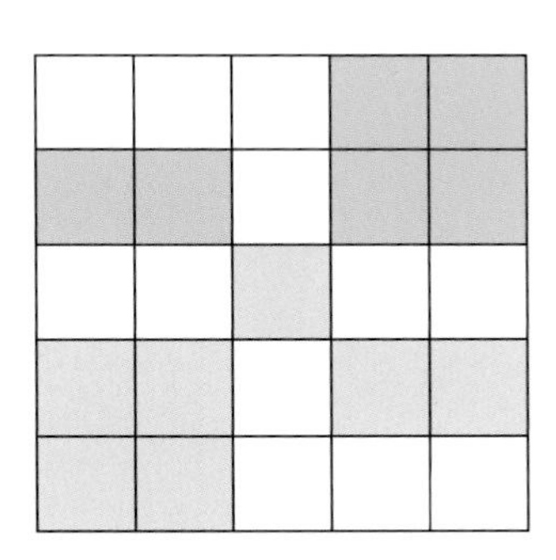

5. 성냥개비 퍼즐

Free FACTO

한 변의 길이가 2cm인 성냥개비 12개로 직각삼각형을 만들었습니다. 성냥개비 4개를 움직여 넓이가 직각삼각형의 넓이의 $\frac{1}{2}$인 도형을 만드시오.

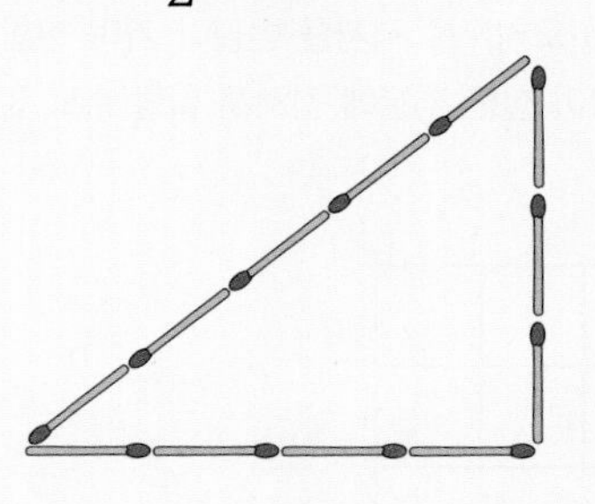

생각의 흐름 **1** 칠해진 부분은 직각삼각형의 넓이의 $\frac{1}{4}$ 입니다.

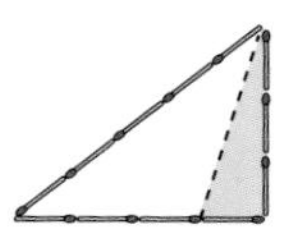

LECTURE 성냥개비로 만든 직각삼각형의 분할

성냥개비 12개로 만든 직각삼각형에서 성냥개비를 4개 움직여 넓이가 절반인 모양을 만들 수 있는 방법은 다양합니다.

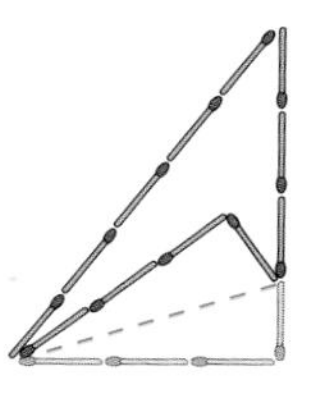

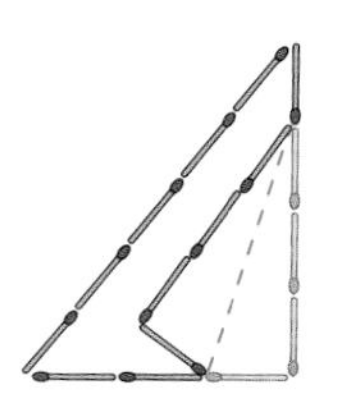

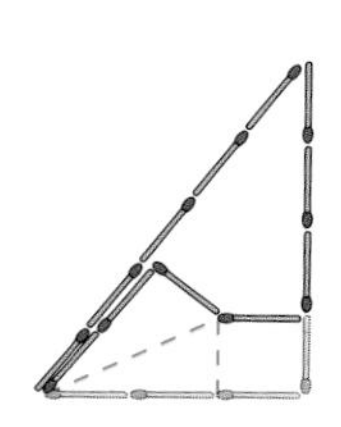

|보기| 와 같이 성냥개비 4개로 만든 정사각형의 넓이를 1이라 합니다. 이때, 오른쪽 직각삼각형에서 성냥개비 3개를 움직여 넓이가 4인 도형으로 바꾸려고 합니다. 그 방법을 설명하시오.

직각삼각형의 넓이를 구하고, 얼마만큼의 넓이가 줄어야 넓이가 4인 도형이 되는지 알아봅니다.

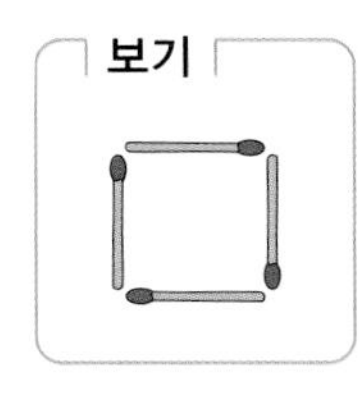

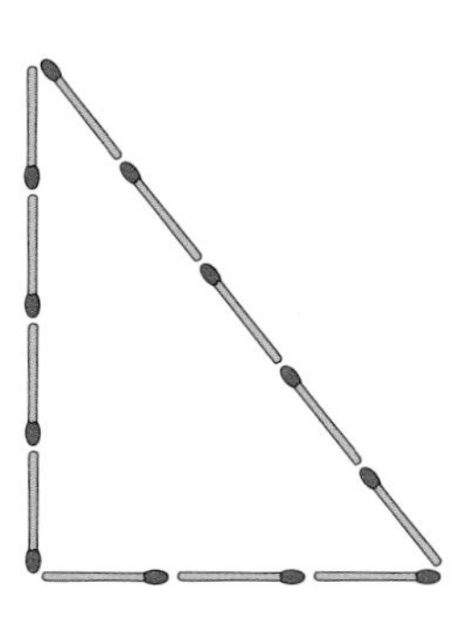

성냥개비 10개로 넓이가 6인 직사각형을 만들었습니다. 성냥개비 4개를 움직여 넓이가 3인 모양을 만드시오.

밑변이 3이고, 높이가 1인 직각삼각형 2개를 잘라낸 모양을 생각합니다.

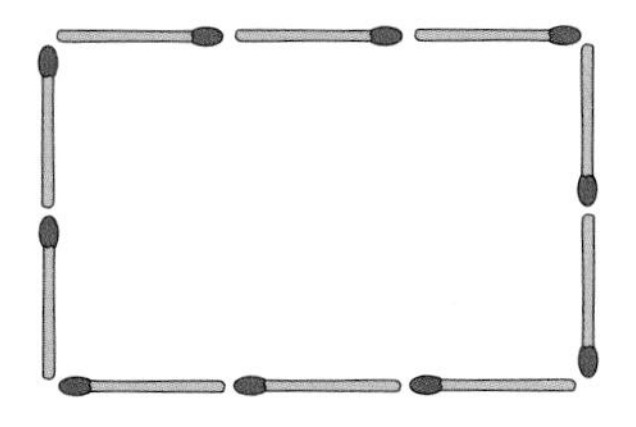

6. 직각삼각형 붙이기

Free **FACTO**

정사각형을 잘라 만든 크기와 모양이 같은 직각이등변삼각형 4개를 길이가 같은 변끼리 이어 붙여 만들 수 있는 서로 다른 모양을 그리시오.

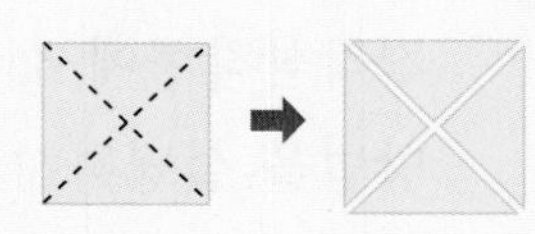

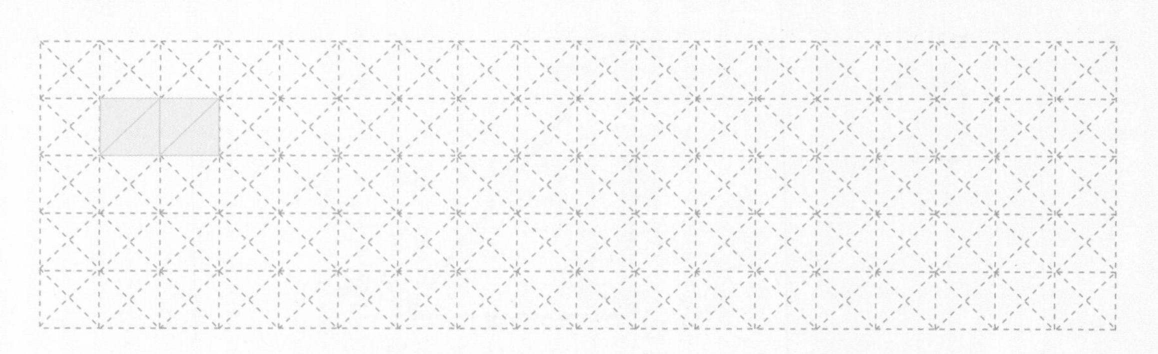

생각의 흐름 1 합동인 직각이등변삼각형 3개를 붙여 만든 모양에 직각이등변삼각형 1개를 더 붙여 서로 다른 모양을 그려 봅니다. 이때, 돌리거나 뒤집어서 같아지는 모양에 주의합니다.

LECTURE 직각삼각형 붙이기

정사각형을 반으로 잘라 만든 직각삼각형을 붙여서 만들 수 있는 모양을 알아봅시다. 도형을 붙일 때에는

① 길이가 같은 변끼리 붙여야 합니다.

② 남는 부분이 있어서는 안 됩니다.

③ 돌리거나 뒤집어서 같은 모양은 한 가지로 봅니다.

직각삼각형 2개를 붙여 만들 수 있는 모양은 다음 세 가지입니다.

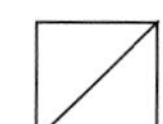 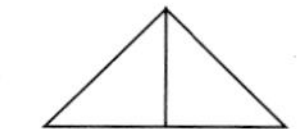 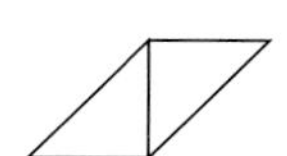

직각삼감형 3개를 붙여서 만든 모양은 위에서 만든 모양에 직각삼각형 하나를 더 붙여서 만들면 됩니다. 이때, 돌리거나 뒤집어서 같은 모양이 생기지 않도록 주의합니다.

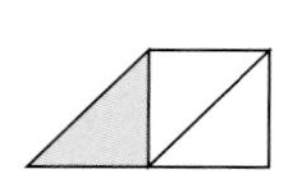 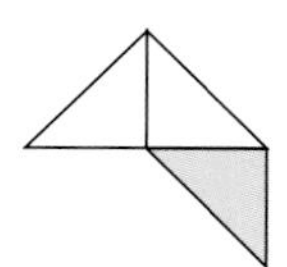 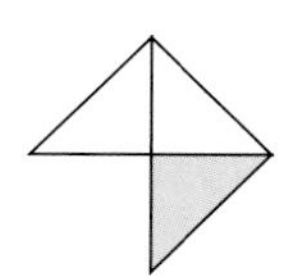 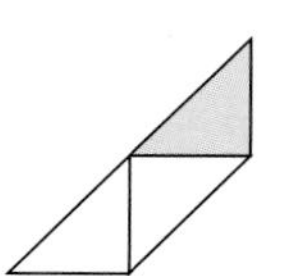

도형을 붙일 때에는 길이가 같은 변끼리, 남는 부분이 없게 붙여야 해. 그리고 같은 모양에 주의해야 해.

(×) (×)

|보기|와 같이 정삼각형 6개를 붙여 만든 도형을 헥시아몬드라고 합니다. 돌리거나 뒤집어서 같은 모양을 뺀 서로 다른 헥시아몬드는 모두 12가지입니다. 주어진 모양을 제외한 헥시아몬드 10가지를 그려 보시오.

정삼각형 5개를 붙여 만든 모양을 먼저 완성합니다.

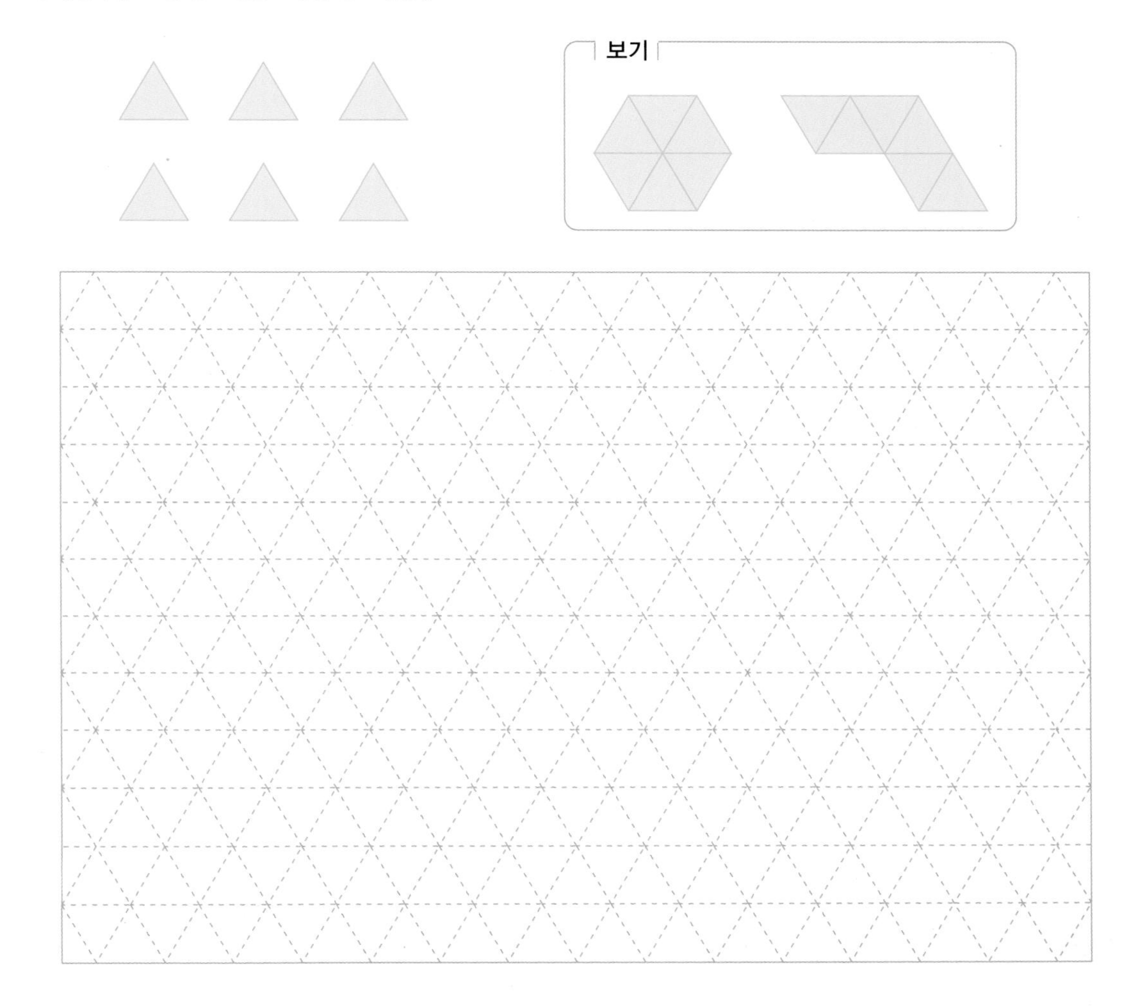

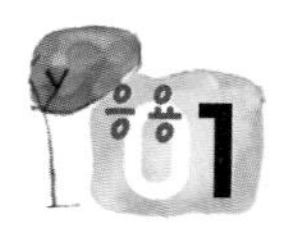

두 사람이 수 맞히기 놀이를 합니다. 1부터 16까지의 수 중에서 먼저 한 사람이 하나의 수를 생각하면 다른 사람이 몇 번의 간단한 질문을 해서 생각한 수를 맞히는 것입니다. 가장 적은 횟수로 질문하여 생각한 수를 찾아내는 방법을 말해 보시오. 단, 질문에 '예', '아니오' 라고만 대답할 수 있다고 합니다.

다음과 같은 도형 2개를 길이가 같은 변끼리 붙여 만들 수 있는 모양을 모두 그려 보시오. 단, 돌리거나 뒤집어서 같은 모양은 한 가지로 봅니다.

성냥개비 9개로 넓이가 9인 정삼각형을 만들었습니다. 성냥개비 2개를 움직여 넓이가 7인 도형을 만들려고 합니다. 그 방법을 그림을 그려 설명하시오.

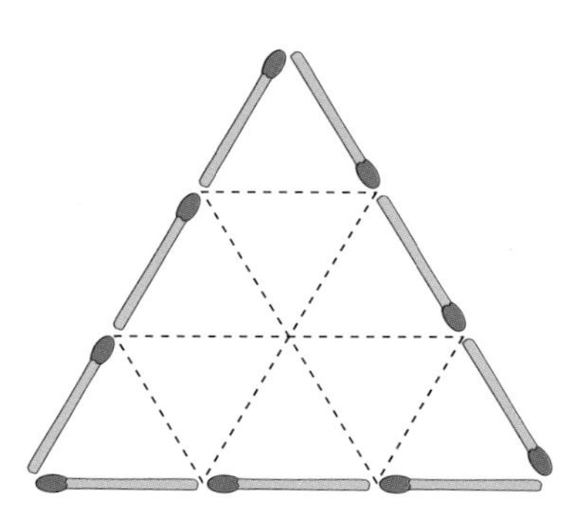

Key Point

작은 정삼각형 1개의 넓이는 1입니다. 따라서 작은 정삼각형 2개만큼 줄어든 도형을 만듭니다.

성냥개비 8개로 정사각형을 만들었습니다. 성냥개비 3개를 움직여 정사각형의 넓이의 $\frac{1}{2}$인 모양으로 만들려고 합니다. 그림을 그려 그 방법을 설명하시오.

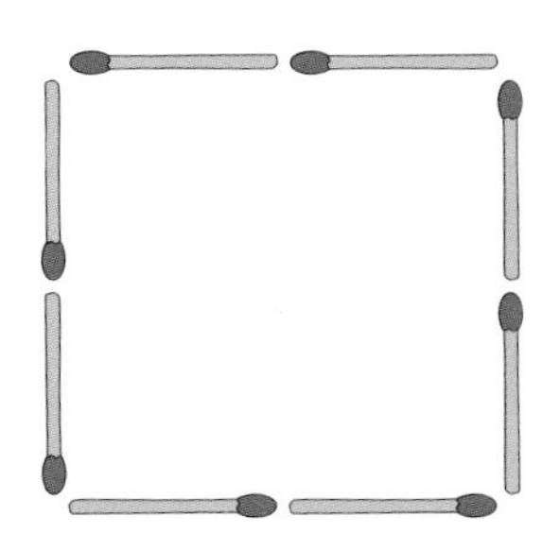

Key Point

정사각형의 넓이를 4라 하면 줄어든 도형의 넓이는 2입니다.

크기가 같은 정삼각형 2개를 붙여 만든 마름모 모양의 조각이 3개 있습니다. 이 세 조각을 변끼리 붙여 만들 수 있는 모양을 모두 그리시오.

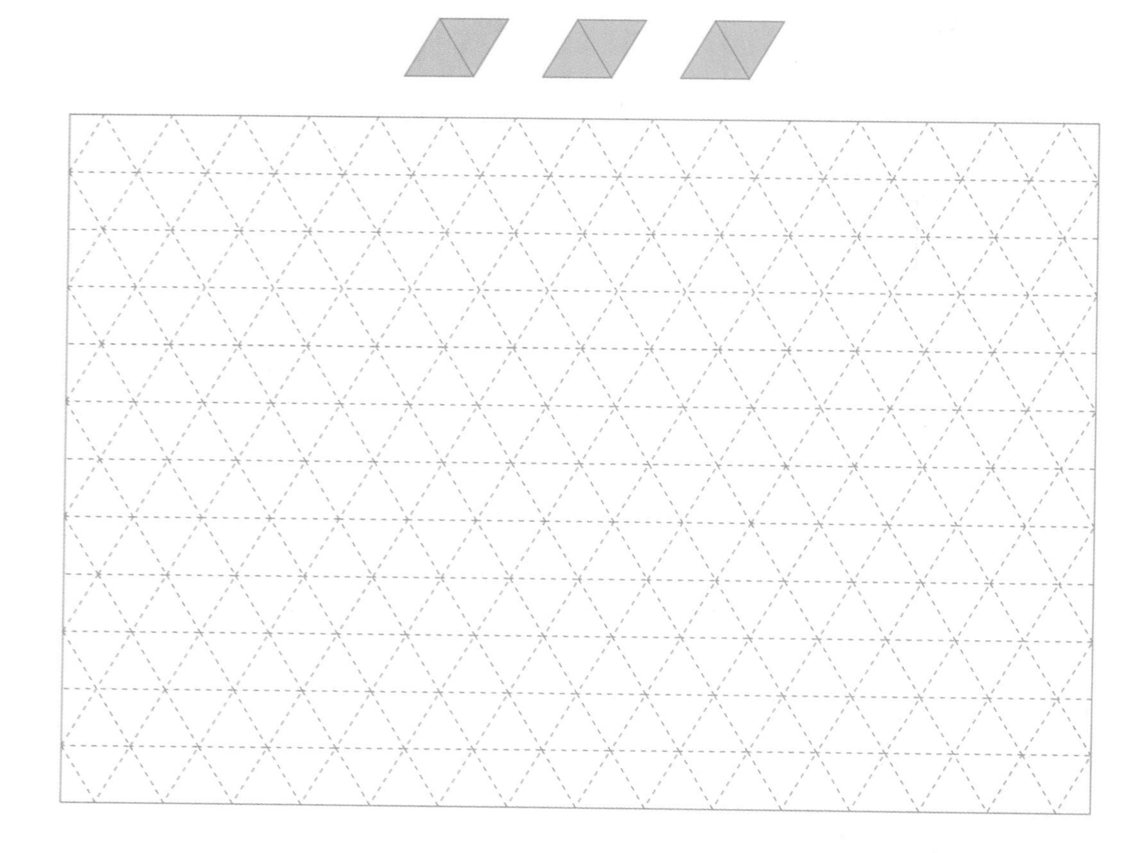

KeyPoint

2개를 붙여 만들 수 있는 모양은

입니다.

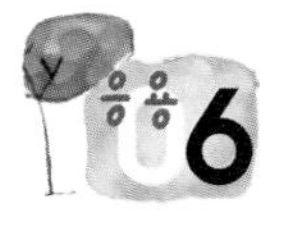

다음 그림과 같이 바둑돌이 놓여 있습니다. 두 사람이 번갈아 바둑돌을 움직이는데, 오른쪽 (→), 아래 (↓), 오른쪽 아래 (↘) 세 방향으로 한 칸씩만 움직일 수 있습니다. 이 바둑돌을 ★이 표시된 칸에 옮기는 사람이 이긴다고 할 때, 이 게임에서 항상 이기기 위해서는 처음에 A, B, C 세 칸 중에서 어느 칸으로 옮겨야 합니까?

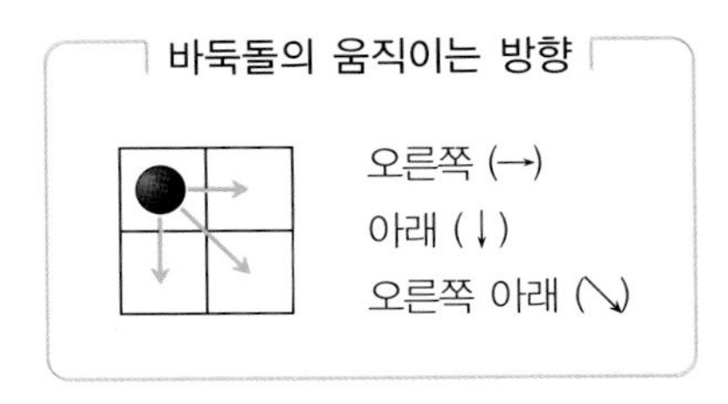

●	A		
B	C		
			★

Key Point
게임에서 이기는 바로 전 단계를 생각합니다.

종수와 수진이는 수 맞히기 게임을 합니다. 먼저 종수가 1에서 50까지의 수 중에서 수를 생각하면 수진이는 질문을 하여 종수가 생각한 수를 맞혀야 합니다. 종수는 수진이의 질문에 '예', '아니오' 만 대답할 수 있다면, 수진이는 종수가 생각한 수를 맞히기 위해서 적어도 몇 번 질문을 해야 합니까? 단, 종수가 어떤 수를 생각하든지 맞힐 수 있어야 합니다.

Key Point
1에서 50까지의 수를 절반으로 나누어 생각합니다.

Thinking 팩토

크기가 같은 정삼각형 3개를 붙여 만든 사다리꼴 모양의 조각이 2개 있습니다. 이 두 조각을 길이가 같은 변끼리 붙여 만들 수 있는 모양을 모두 그리시오.

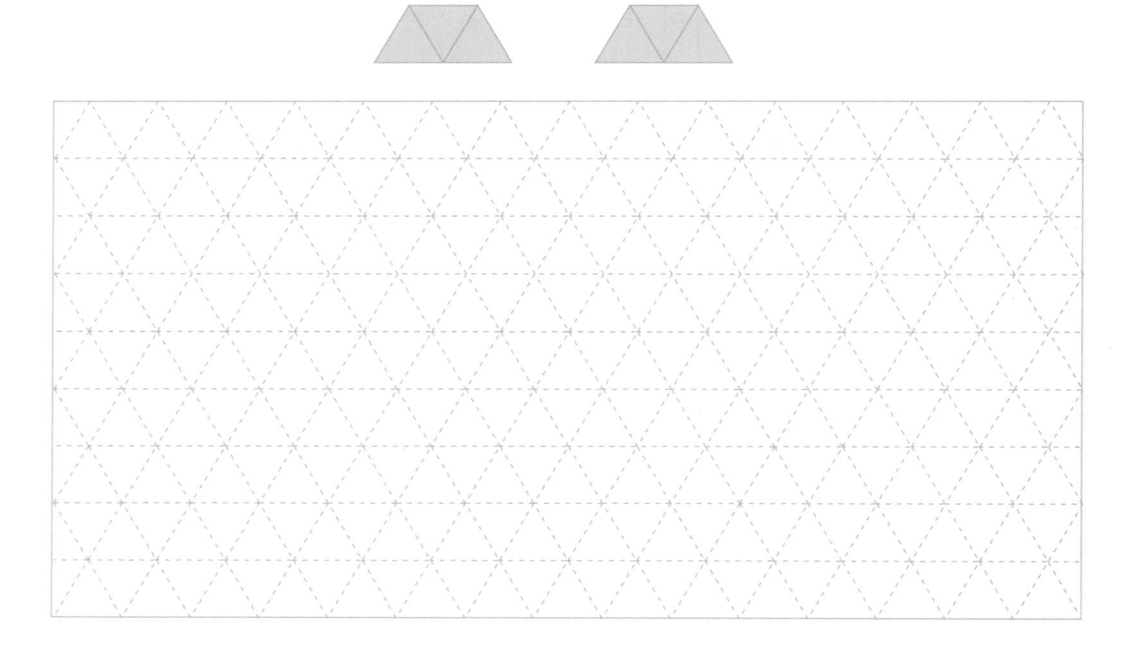

1에서 10까지의 수를 다음 그림의 ◯ 안에 써넣어 각 정사각형의 꼭짓점에 있는 네 수의 합이 모두 21이 되게 만들어 보시오.

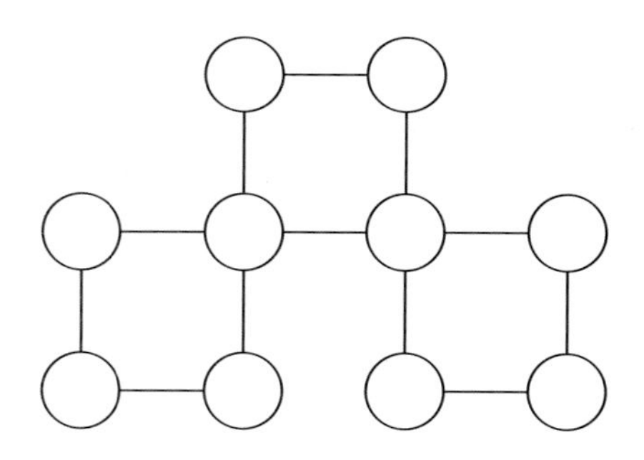

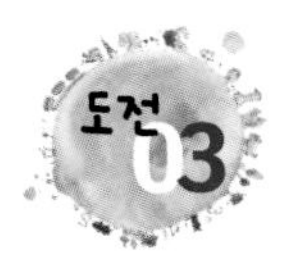

다음 빈칸에 서로 다른 9개의 분수를 넣어 가로, 세로, 대각선 방향으로 세 분수의 합이 1이 되게 만들어 보시오.

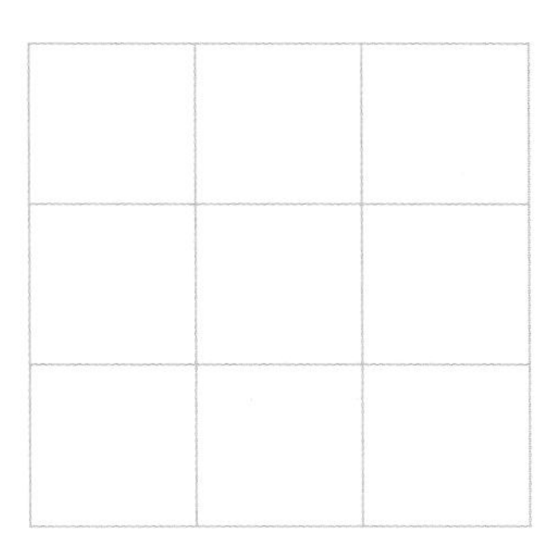

가로가 4cm, 세로가 3cm인 직사각형 모양의 우표 12장이 그림과 같이 붙어 있습니다. 이 우표를 두 부분으로 나누어 오른쪽 그림과 같이 정사각형 모양으로 만들려고 합니다. 어떻게 두 부분으로 나누는지 그림을 그려 나타내시오.

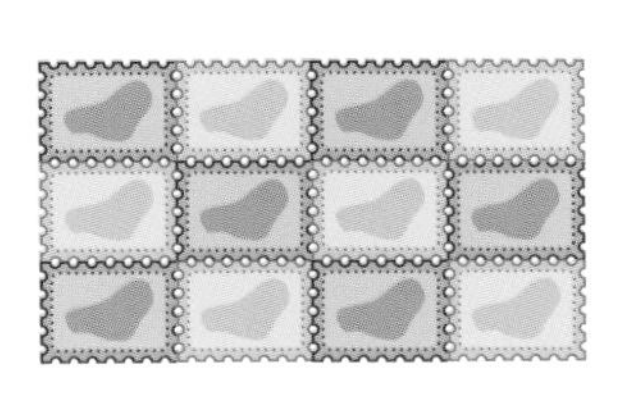

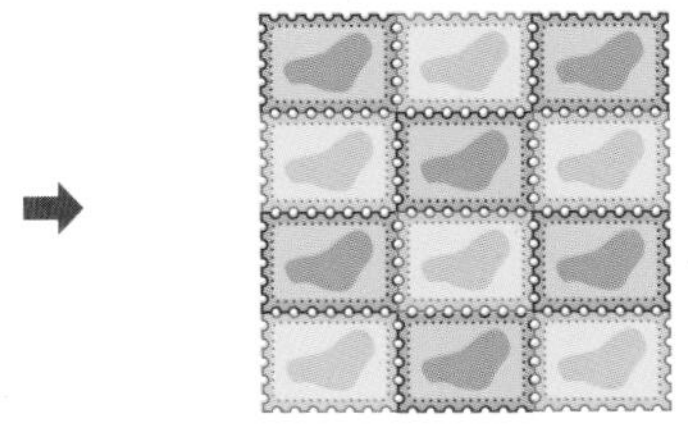

성냥개비 16개로 넓이가 16인 정사각형을 만들었습니다. 물음에 답하시오.

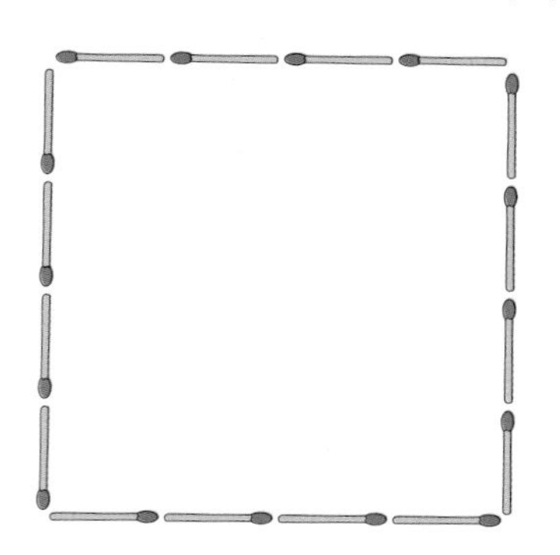

(1) 성냥개비 2개를 옮겨 넓이가 15인 모양을 만드시오.

(2) 성냥개비 3개를 옮겨 넓이가 14인 모양을 만드시오.

(3) 성냥개비 4개를 옮겨 넓이가 12인 모양을 만드시오.

(4) 성냥개비 6개를 옮겨 넓이가 8인 모양을 만드시오.

두 사람이 바둑돌 놓기 게임을 합니다. 바둑돌은 한 번에 오른쪽 또는 왼쪽으로 몇 칸이라도 갈 수 있지만, 뛰어넘거나 겹쳐 놓을 수는 없습니다. 또한, 더 이상 바둑돌을 움직일 수 없으면 진다고 합니다. 물음에 답하시오.

(1) 다음과 같이 바둑돌이 놓여 있을 때, 검은 바둑돌이 이기려면 어느 방향으로 몇 칸 움직여야 합니까?
(예) 오른쪽 2칸

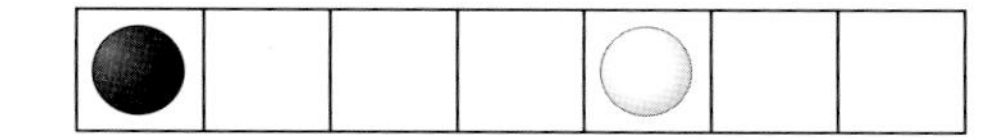

(2) 두 줄로 된 판에서 바둑돌이 다음과 같이 놓여 있고, 지금은 검은 돌을 움직일 차례입니다. 검은 돌이 이기려면 어떤 바둑돌을 어느 방향으로 몇 칸 움직여야 합니까?
(힌트) 대칭성의 원리를 이용합니다.

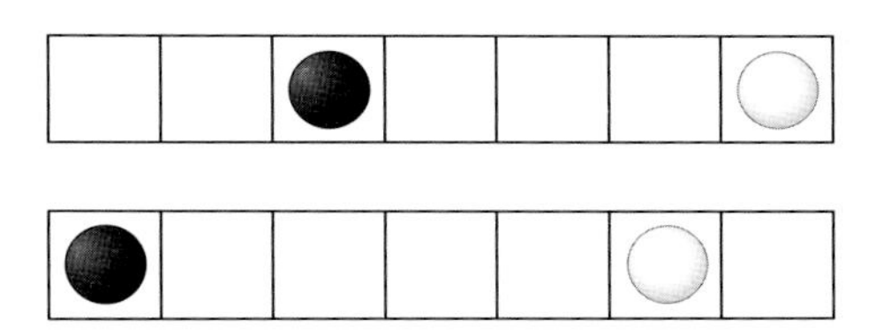

Memo

III 기하

1. 오일러의 정리

Free FACTO

다음 도형의 꼭짓점, 모서리, 면의 개수를 구하고,
(꼭짓점의 수)+(면의 수)−(모서리의 수)의 값을 각각 구하시오.

(1)

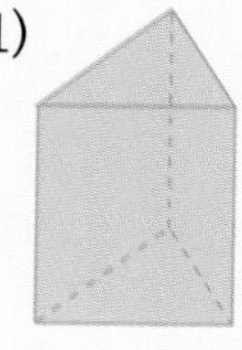

(2)

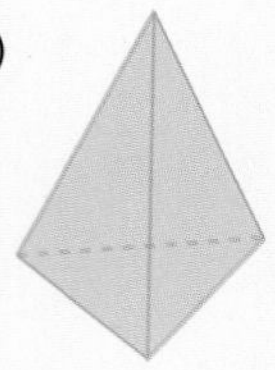

(3)

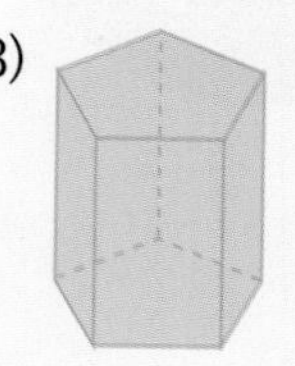

생각의 흐름

꼭짓점
면
모서리

LECTURE 오일러의 정리

입체도형에서 꼭짓점, 면, 모서리의 개수 사이에는 다음과 같은 식이 성립합니다.
(꼭짓점의 수)+(면의 수)−(모서리의 수)=2
이것을 처음 발견한 18세기 스위스의 수학자 오일러의 이름을 따서 오일러의 정리라 합니다.

꼭짓점의 수: 8
면의 수: 6
모서리의 수: 12
➡ 8+6−12=2

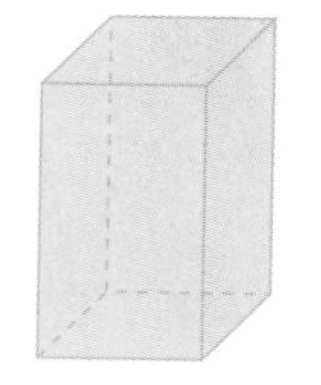

입체도형에서 꼭짓점의 수에서 모서리의 수를 뺀 다음, 면의 수를 더하면 항상 2가 나오지.
이를 '오일러의 정리' 라고 해!

팔각기둥의 꼭짓점과 모서리의 개수를 각각 구하시오.

팔각기둥의 면의 수는 10개입니다.

그림과 같이 각뿔을 밑면과 평행하게 잘라 두 개의 입체도형을 만들었습니다. 이렇게 만든 두 도형의 꼭짓점의 수의 합이 25개라고 할 때, 자르기 전 입체도형의 이름을 쓰시오.

밑면의 변의 개수와 잘라서 만들어진 두 입체도형의 꼭짓점의 개수의 합의 관계를 찾아봅니다.

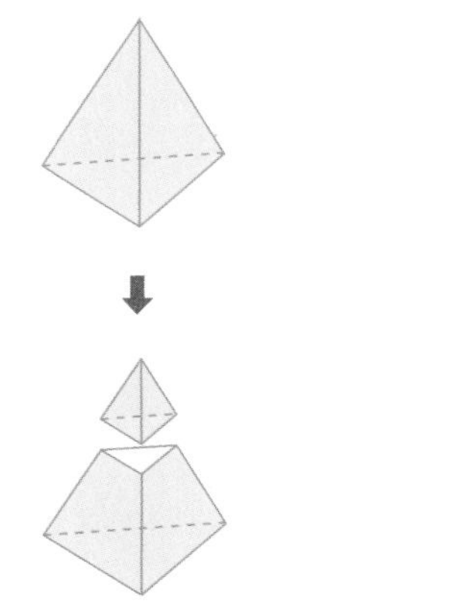

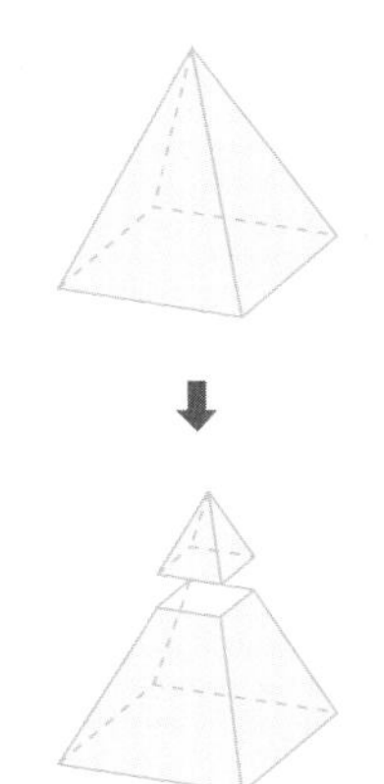

꼭짓점의 수의 합: 10개　　꼭짓점의 수의 합: 13개

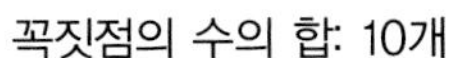

2. 입체도형의 단면

Free FACTO

다음 중 원기둥을 잘랐을 때의 단면의 모양이 될 수 없는 것을 모두 고르시오.

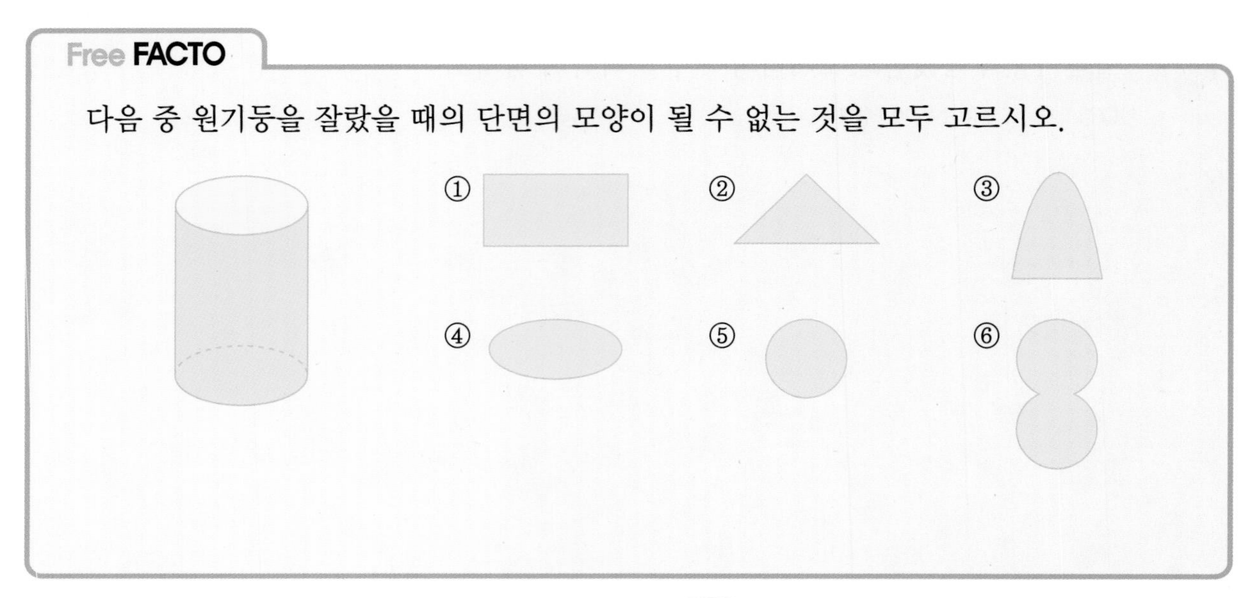

생각의 흐름

1 원기둥을 밑면과 평행하게 또는 수직이 되도록 잘랐을 때의 모양을 찾습니다.

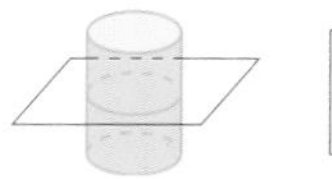 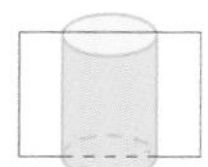

2 원기둥을 옆으로 비스듬하게 밑면을 지나도록 잘랐을 때와 밑면을 지나지 않도록 잘랐을 때의 단면을 찾습니다.

LECTURE 입체도형의 단면

입체도형을 평면으로 잘랐을 때 생기는 면을 단면이라고 합니다.
같은 입체도형이라도 자르는 방향에 따라 단면의 모양이 달라집니다.
다음은 정육면체를 잘랐을 때 나오는 여러 가지 단면의 모양입니다.

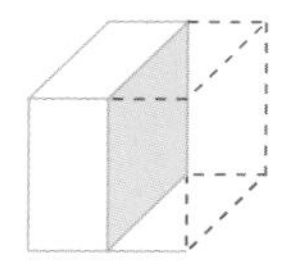
〈정사각형〉

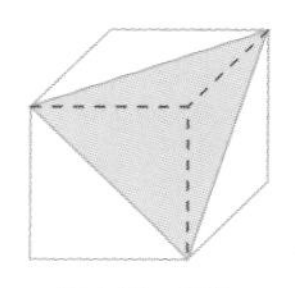
〈정삼각형〉

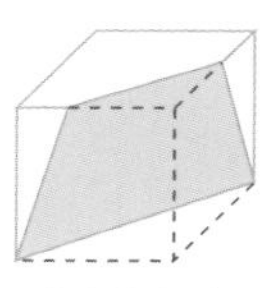
〈사다리꼴〉

머릿속으로 입체도형을 자르고, 잘린 모양을 상상해 보면 돼.

구를 잘랐을 때 나올 수 있는 단면은 어떤 도형입니까?

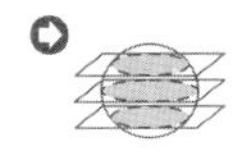 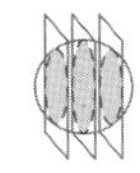 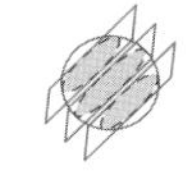

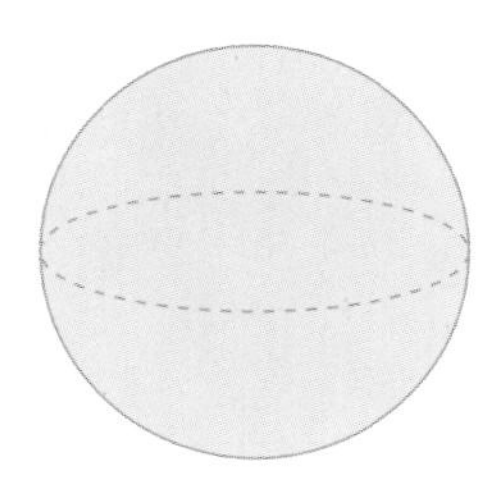

입체도형을 다음과 같이 잘랐을 때의 단면을 그리시오.

밑면과 평행하게 자른 단면은 위에서 내려다본 모양과 같습니다.

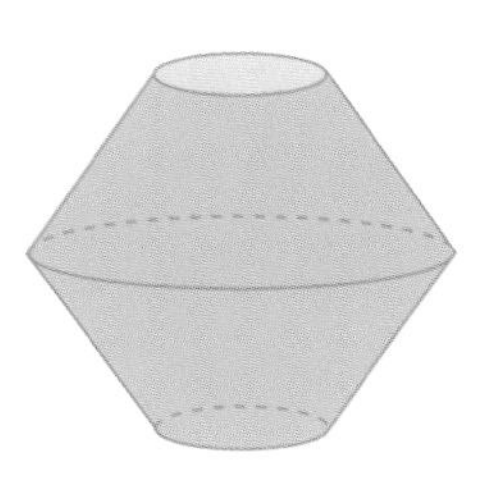

(1) 밑면과 평행하게 자른 단면

(2) 밑면과 수직이고, 밑면의 중심을 지나게 자른 단면

3. 회전체

Free FACTO

다음 회전체는 어떤 평면도형을 회전축을 중심으로 1회전시켜 얻은 것입니다. 회전시킨 평면도형을 그리시오.

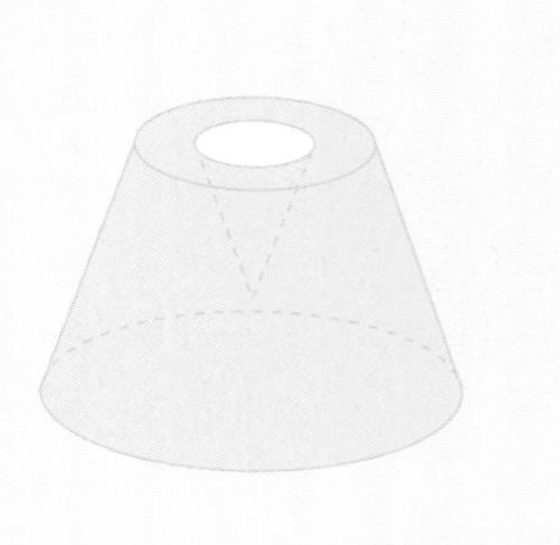

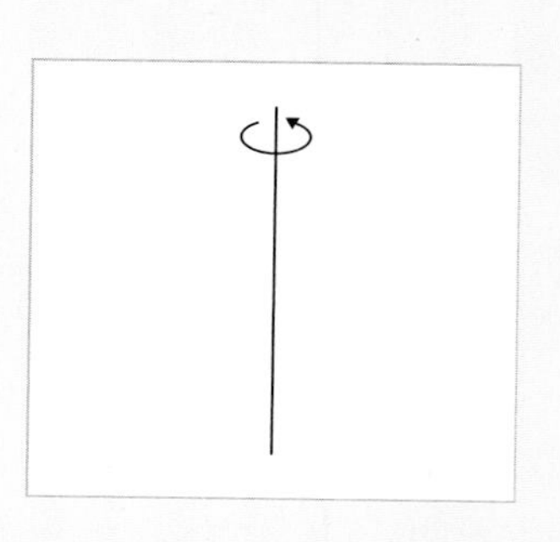

생각의 흐름

1 입체도형을 회전축을 품은 평면으로 자른 단면을 그립니다.

2 회전체의 회전축을 품은 단면은 항상 선대칭도형입니다. 선대칭도형의 대칭축을 찾아 긋습니다.

3 대칭축을 중심으로 한쪽 면의 모양을 회전시키면 위와 같은 입체도형이 됩니다.

LECTURE 회전체

1 회전축을 중심으로 평면도형을 한 바퀴 회전하면 회전체가 만들어집니다. 따라서 회전축을 품은 평면으로 자른 단면은 항상 선대칭도형입니다. 이 성질을 이용하면 회전시킨 평면도형을 찾기 편리합니다. 또한 회전축과 평행도 수직도 아닌 선분은 회전축과 이루는 기울기를 잘 생각해야 합니다.

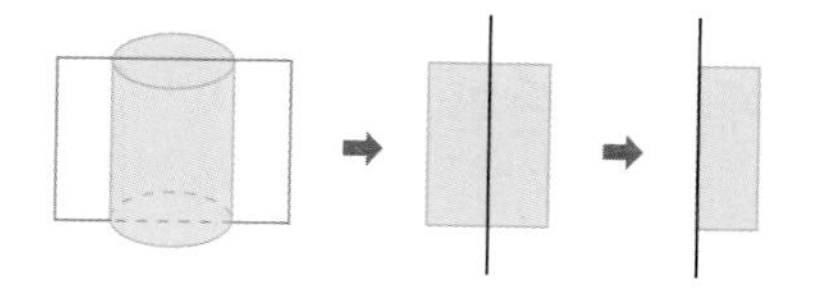

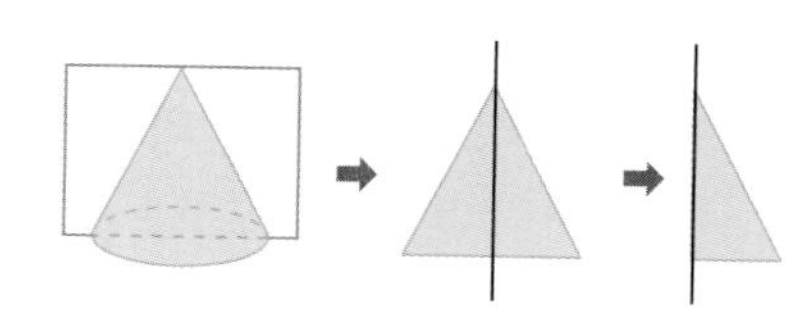

2 회전체를 회전축에 수직인 평면으로 자른 단면은 모두 원입니다.

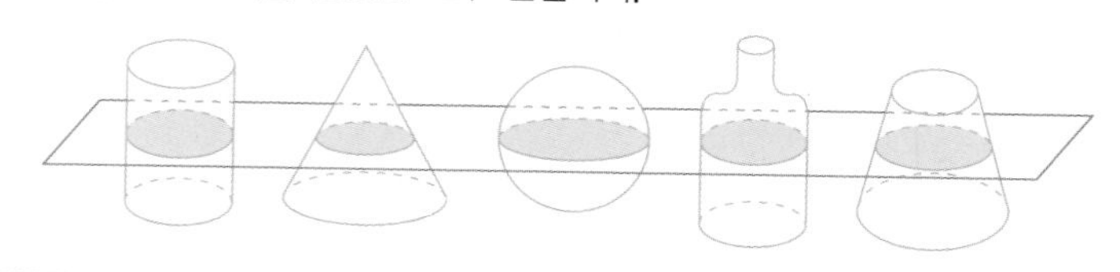

다음은 평면도형을 회전시켜 만든 회전체입니다. 삼각형을 회전시켜 만들 수 없는 모양을 모두 고르시오.

㉠ 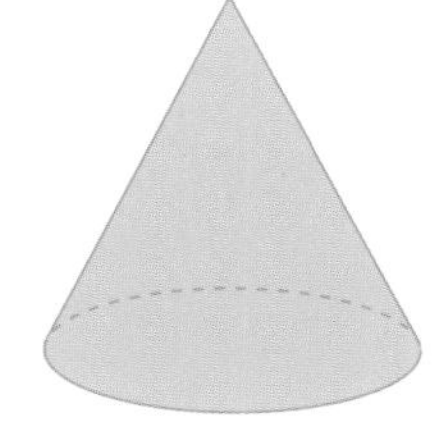

㉡ 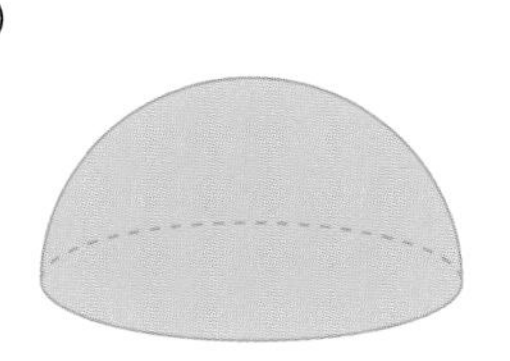

㉢ 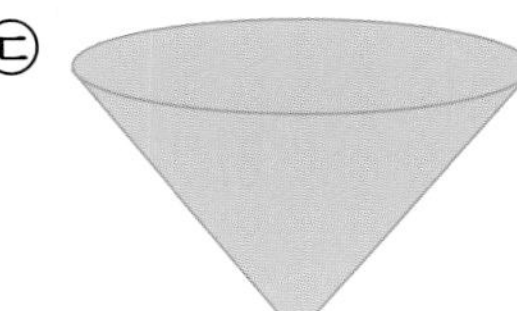

㉣ 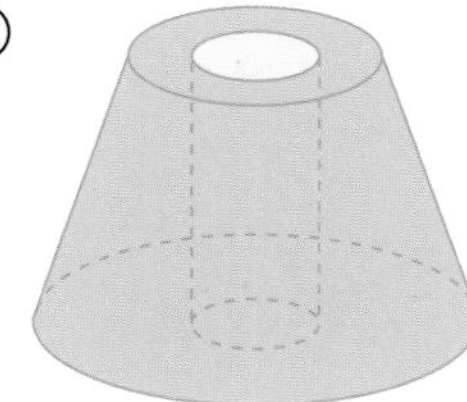

㉤ 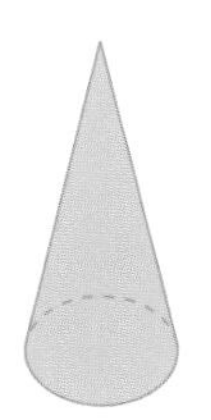

㉥ 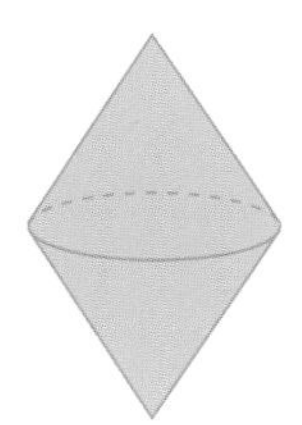

LECTURE 속이 비어 있는 회전체 만들기

회전축과 떨어진 평면도형을 회전시키면 그림과 같이 속이 비어 있는 회전체를 만들 수 있습니다.

 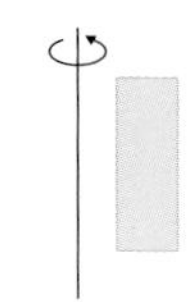 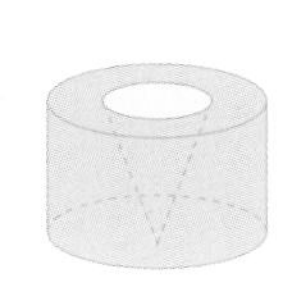 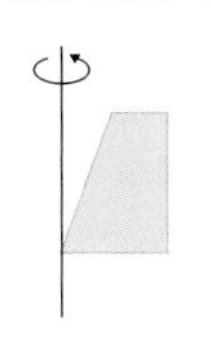

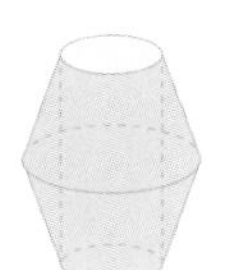 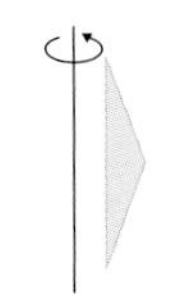 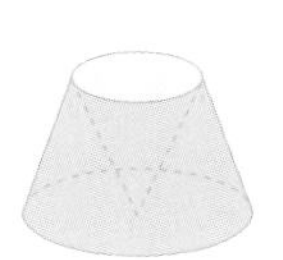 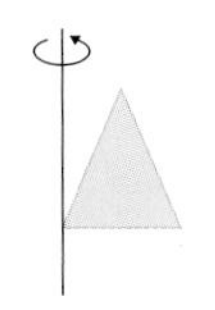

Creative 팩토

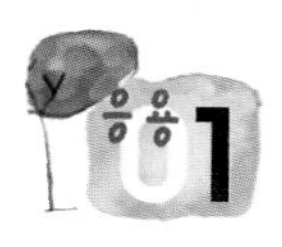

응용 01 면이 10개인 각기둥과 각뿔의 이름을 쓰시오.

KeyPoint
밑면의 변의 개수에 따라 각기둥과 각뿔의 면의 개수가 어떻게 변하는지 생각합니다.

응용 02 다음 입체도형은 어떤 평면도형을 1회전시켜서 얻은 것인지 그리시오.

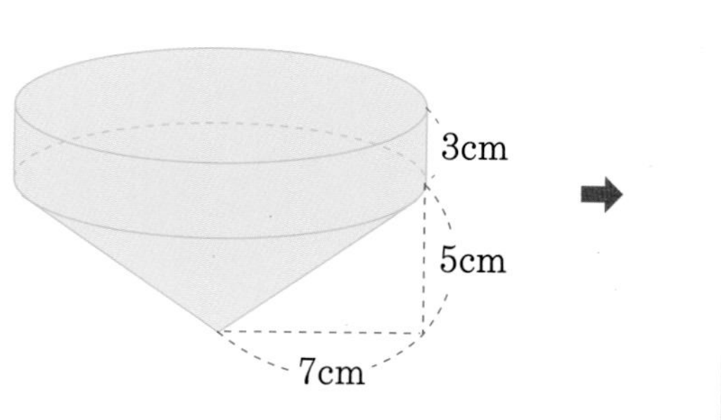

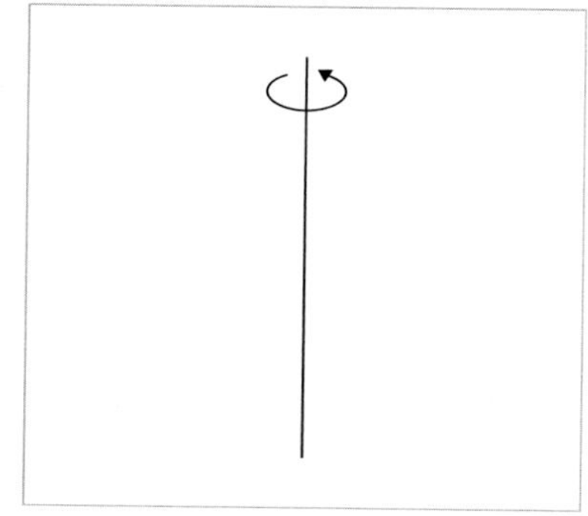

KeyPoint
회전축을 품은 단면을 그린 후 반으로 자릅니다.

그림과 같이 막대 4개와 연결고리 4개로 정사각형 1개를 만들었습니다. 이와 같은 방법으로 막대 12개와 연결고리 8개로 크기가 같은 정사각형 6개를 만들려고 합니다. 그 방법을 설명하시오.

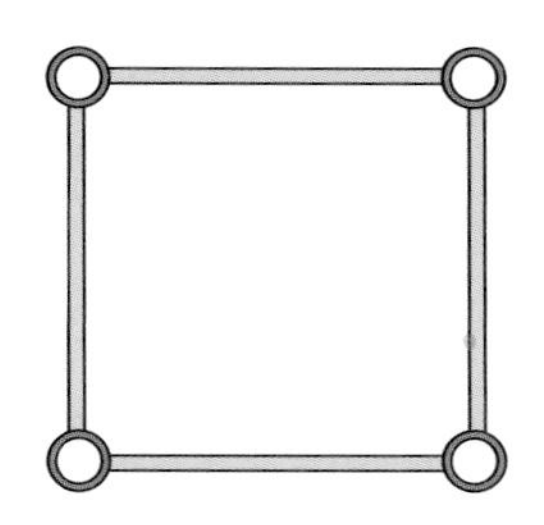

Key Point

막대를 모서리로, 연결고리를 꼭짓점으로 생각합니다.

다음 직육면체를 밑면과 수직인 평면으로 자르려고 합니다. 주어진 선분을 포함하는 평면으로 자를 때, 그 단면의 넓이가 가장 큰 것은 어느 것입니까?

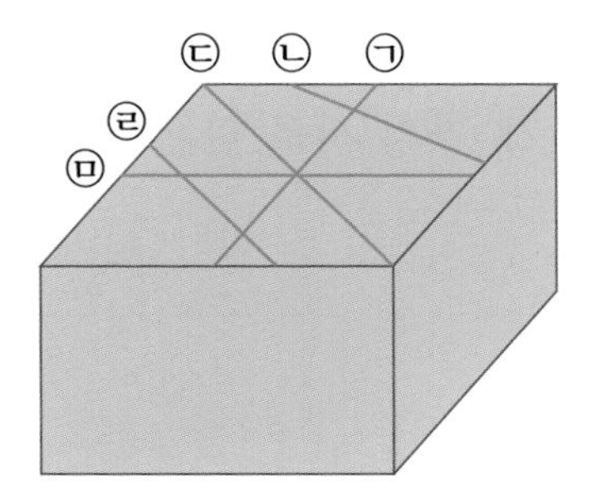

Key Point

밑면과 수직으로 자른 단면의 세로의 길이는 일정합니다.

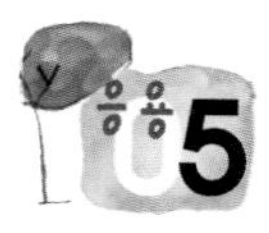

원기둥을 그림과 같이 여러 가지 평면으로 잘랐습니다. 물음에 답하시오.

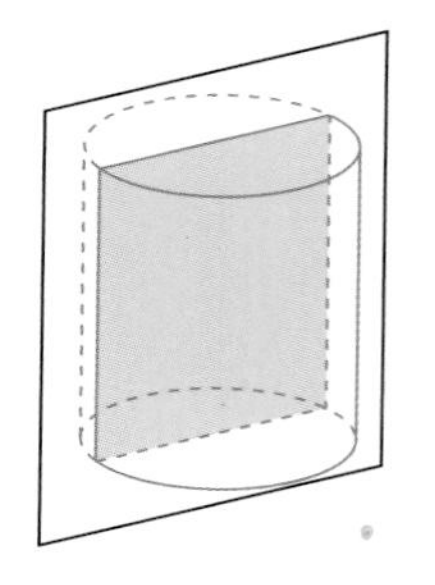

㉮: 회전축을 품은 평면

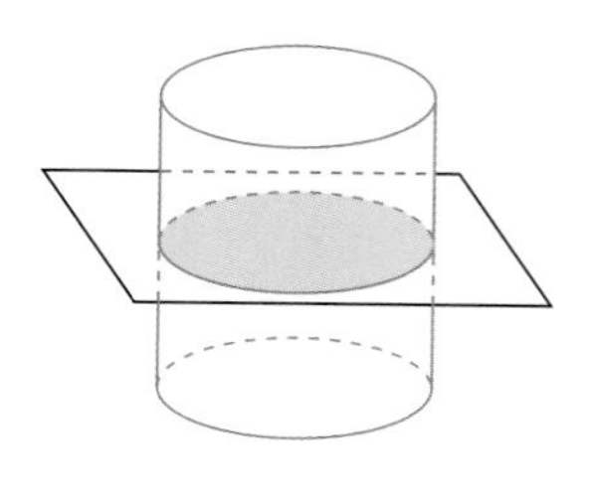

㉯: 회전축과 수직인 평면

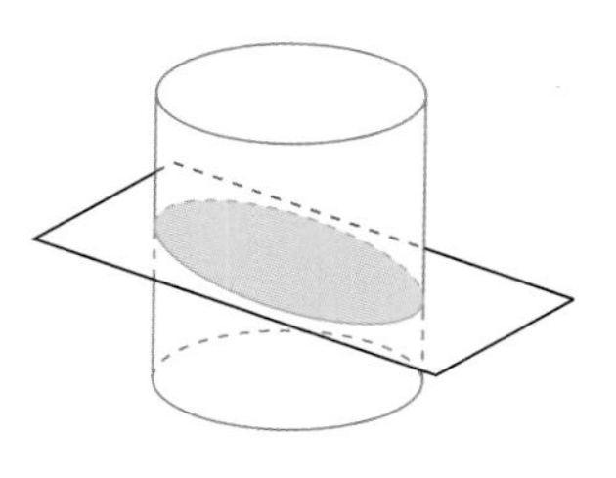

㉰: 밑면을 지나지 않는 비스듬한 평면

(1) ㉮ 평면으로 자른 단면은 어떤 도형인지 쓰시오.

(2) ㉯ 평면으로 자른 단면은 어떤 도형인지 쓰시오.

(3) ㉰ 평면으로 자른 단면은 어떤 도형인지 쓰시오.

(4) 원뿔을 위와 같은 세 가지 서로 다른 평면으로 자를 때, 그 단면의 모양을 그리시오.

㉮: 회전축을 품은 평면

㉯: 회전축과 수직인 평면

㉰: 밑면을 지나지 않는 비스듬한 평면

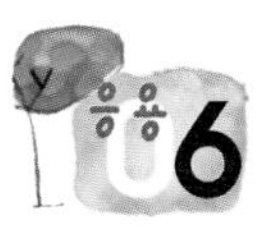

그림과 같이 밑면의 모양이 직사각형인 사각기둥을 밑면과 수직인 한 평면으로 잘랐습니다. 물음에 답하시오.

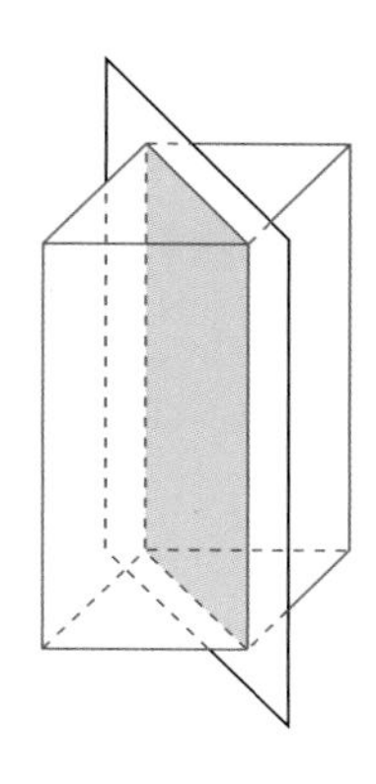

(1) 단면은 어떤 도형입니까?

(2) 사각기둥을 그림과 같이 잘라 만든 입체도형의 이름을 쓰시오.

(3) 사각기둥을 밑면과 수직인 평면으로 두 번 잘라 밑면의 모양이 직사각형인 사각기둥 4개를 만들려고 합니다. 그 방법을 설명하시오.

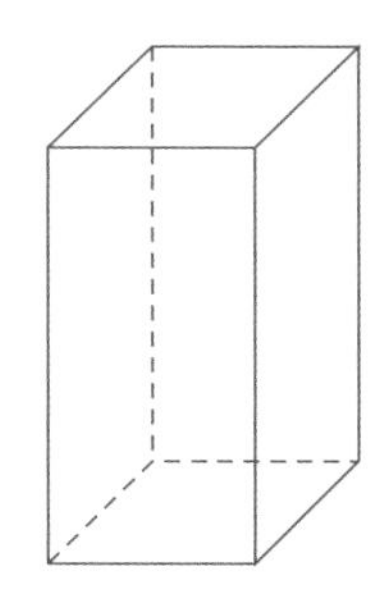

4. 회전체의 부피가 최대일 때

Free FACTO

넓이가 $12cm^2$인 직사각형의 한 변을 회전축으로 회전시켜 원기둥을 만들었습니다. 이 원기둥의 부피가 최대일 때와 최소일 때의 부피를 각각 구하시오. (단, 직사각형의 두 변의 길이는 자연수입니다.)

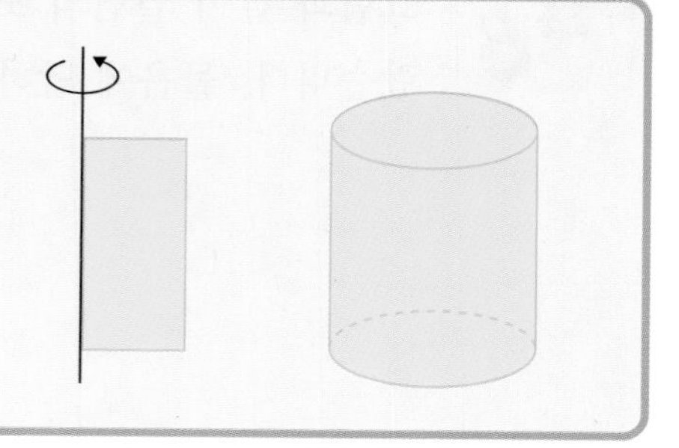

생각의 흐름

1 넓이가 $12cm^2$인 직사각형을 모두 구합니다.

	①	②	③	④	⑤	⑥
가로	1cm	2cm				
세로	12cm					

2 ①번 직사각형을 회전시켜 만든 원기둥은 높이가 12cm이고, 밑면의 반지름이 1cm입니다. **1**에서 구한 각각의 경우에 만들어진 원기둥의 부피를 모두 구합니다.

3 부피가 최대일 때와 최소일 때를 각각 구합니다.

LECTURE 회전체의 부피

넓이가 같은 직사각형을 회전시켜 만든 원기둥의 부피가 최대일 때, 그 부피를 알아보려고 합니다. 먼저 직사각형을 그 세로인 변을 기준으로 회전시켜 만든 원기둥의 밑면의 넓이와 높이, 부피는 다음과 같습니다.

(밑면의 넓이)=(가로)×(가로)×3.14

(높이)=(세로)

(부피)=(밑면의 넓이)×(높이)

=(가로)×(가로)×3.14×(세로)입니다.

이때, 회전시킨 직사각형의 넓이 (가로)×(세로)는 일정합니다.

따라서 원기둥의 부피는 직사각형의 가로의 길이가 길수록 커집니다.

둘레가 6cm인 직사각형을 그림과 같이 회전시켜 회전체를 만들었습니다. 물음에 답하시오.

원기둥이 만들어집니다.

(1) 둘레가 6cm인 직사각형의 가로, 세로를 각각 a, b라 할 때, (a, b)가 될 수 있는 경우를 모두 구하시오. (단, a, b는 모두 자연수입니다.)

(2) (1)에서 만든 둘레가 6cm인 직사각형을 회전시켜 만든 회전체 중 그 겉넓이가 가장 클 때의 겉넓이를 구하시오.

LECTURE 둘레가 일정한 직사각형으로 만든 원기둥의 부피와 겉넓이

변의 길이가 자연수이고, 둘레의 길이가 일정한 직사각형을 회전시켜 만든 원기둥의 부피와 겉넓이

- 부피가 최대일 때: 가로의 길이가 세로의 길이의 2배가 될 때 부피는 최대가 됩니다.
- 겉넓이가 최대일 때: 밑면의 넓이가 크고, 높이는 작은 원기둥이 될수록 겉넓이는 커집니다. 따라서 높이가 1이 될 때 겉넓이는 최대가 됩니다.

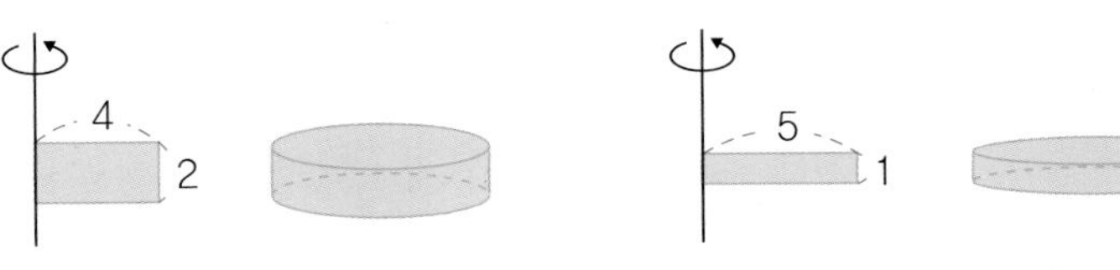

부피가 최대일 때 　　　　 겉넓이가 최대일 때

5. 최단 거리

Free FACTO

그림과 같이 한 변이 10m인 정삼각형 모양의 벽으로 둘러싸인 건물이 있습니다. 이 건물의 A 지점에서 B 지점까지 벽을 따라 선을 연결하려고 합니다. 두 지점을 연결하는 가장 짧은 선의 길이를 구하시오. (단, 밑면의 모양은 정사각형입니다.)

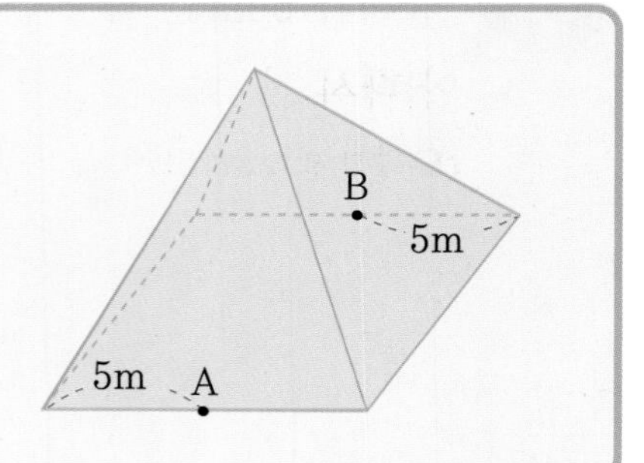

생각의 흐름

1 다음과 같은 세 가지 경우 중 어떤 선이 가장 짧은지 생각해 봅니다.

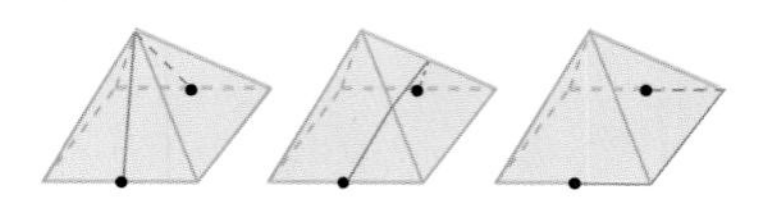

2 피라미드 모양의 입체의 전개도를 그려 점 A와 점 B를 연결하는 가장 짧은 선의 길이를 구합니다.

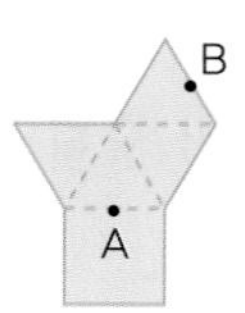

LECTURE 입체도형에서의 최단 거리

입체도형 위의 두 점 A, B를 겉면을 따라 잇는 가장 짧은 선의 길이는 입체도형의 전개도 위에 찍은 점 A, B를 잇는 선분입니다.

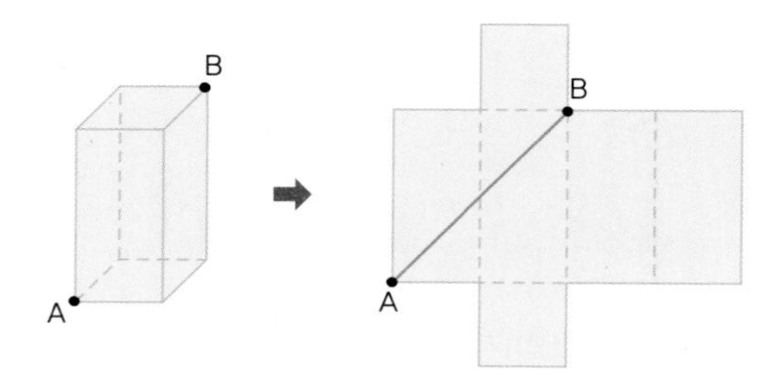

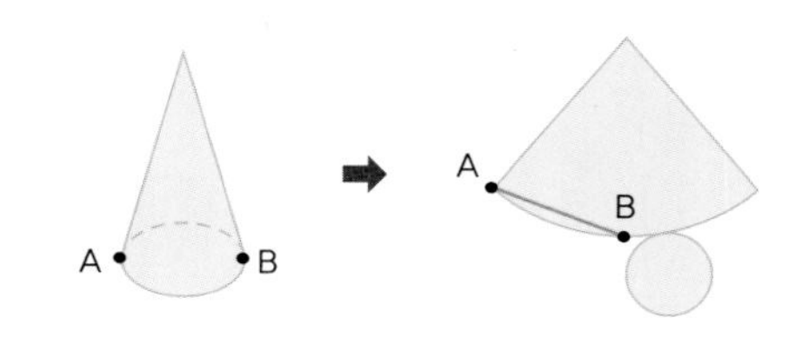

왼쪽 전개도를 접어 오른쪽 원뿔을 만들었습니다. ㄱ에서 출발하여 원뿔을 한 바퀴 돌아 다시 점 ㄱ까지 오는 가장 짧은 선의 길이를 구하시오.

원뿔의 전개도에서 점 ㄱ을 찾아 표시한 후 선분으로 연결합니다.

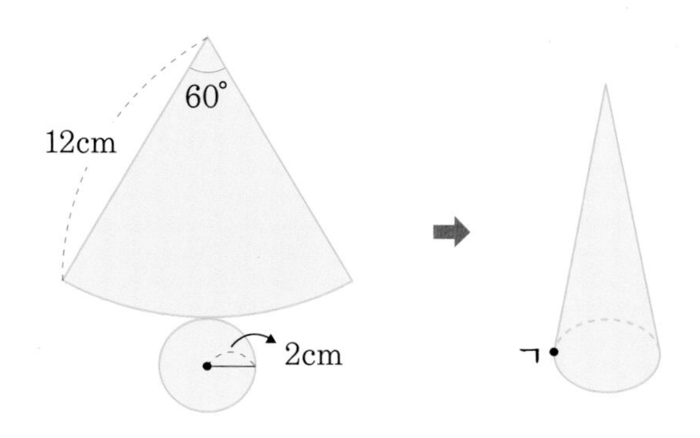

한 모서리가 10cm인 정육면체가 있습니다. 정육면체의 면을 따라 두 꼭짓점 ㅂ과 ㄹ을 연결하는 가장 짧은 선과 모서리 ㄷㅅ이 만나는 점을 점 ㅈ이라 합니다. 이때, 삼각형 ㅈㅂㅅ의 넓이를 구하시오.

정육면체의 전개도를 그려 생각합니다.

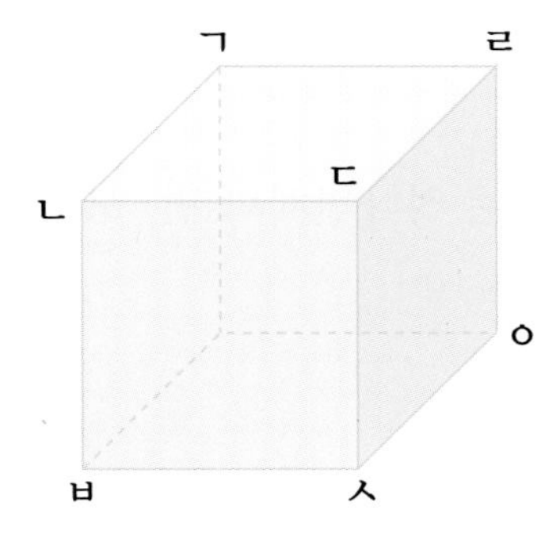

6. 정다면체

Free FACTO

정다면체는 각 면이 서로 합동인 정다각형이고, 각 꼭짓점에 모이는 면의 수가 모두 같은 입체도형을 말합니다. 각 면이 정삼각형인 정사면체, 정팔면체, 정이십면체의 한 꼭짓점에 모인 면의 개수를 각각 구하시오. 또, 정삼각형 6개가 한 꼭짓점에 모여 정다면체를 만들 수 없는 이유를 설명하시오.

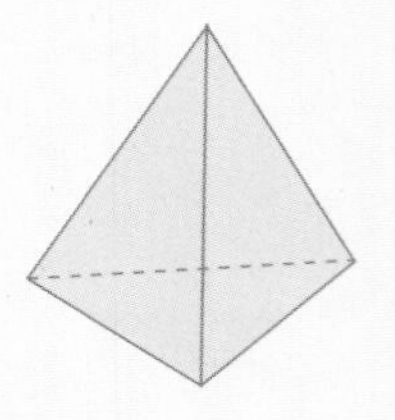
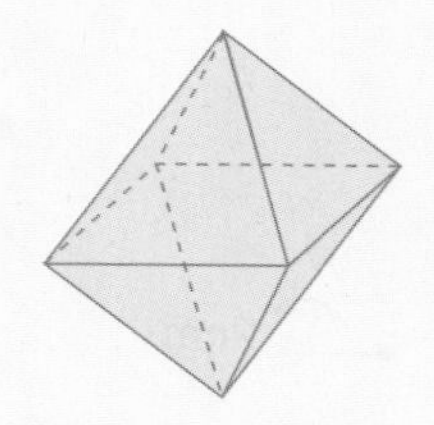
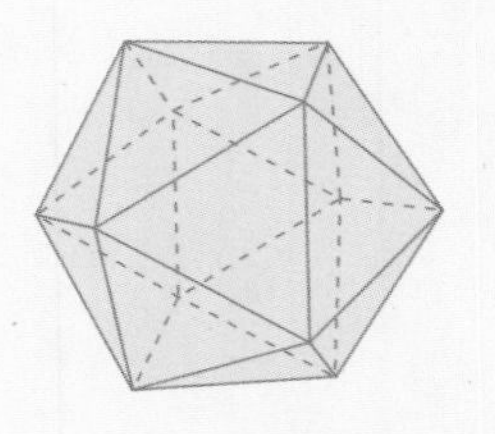

생각의 흐름

1 정사면체, 정팔면체, 정이십면체의 한 꼭짓점에서 몇 개의 면이 만나는지 구합니다.

2 각 입체도형의 한 꼭짓점에서 만나는 면을 펼친 모양은 다음과 같습니다.

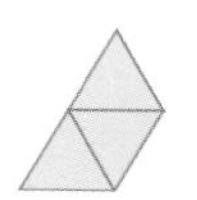
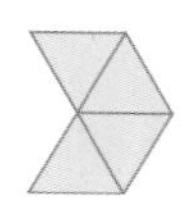
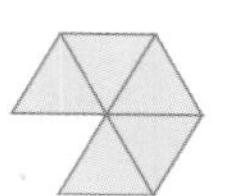

3 그림을 보고 한 꼭짓점에서 정삼각형 6개가 만나는 정다면체를 만들 수 없는 이유를 설명합니다.

예제 01 다음 전개도를 접어 만든 정다면체의 면, 모서리, 꼭짓점의 개수를 각각 구하시오.

정삼각형 4개로 만들어진 정다면체입니다.

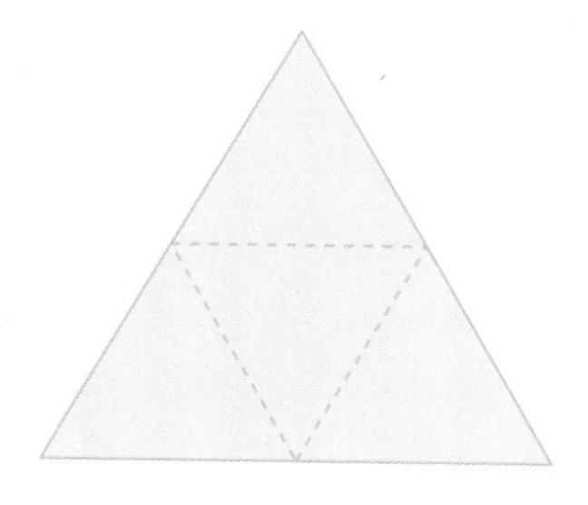

LECTURE 5개 정다면체

각 면이 서로 합동인 정다각형이고, 한 꼭짓점에 모이는 면의 개수가 같은 입체도형을 정다면체라 합니다. 정삼각형을 각 면으로 하는 정다면체를 만들면 한 꼭짓점에 모이는 면이 2개인 경우는 겹쳐지는 경우밖에 생기지 않으므로 입체도형이 만들어지지 않습니다.
따라서 정다면체를 만들기 위해서는 한 꼭짓점에 모이는 면이 3개 이상이어야 합니다.

정다면체는 각 면이 정삼각형인 정사면체, 정팔면체, 정이십면체, 각 면이 정사각형인 정육면체, 각 면이 정오각형인 정십이면체 5가지뿐이야!

1 한 꼭짓점에 정삼각형을 3개 붙이면 오른쪽과 같은 정사면체가 만들어집니다.

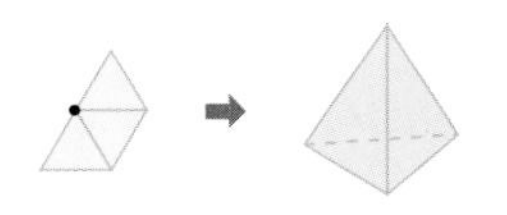

2 한 꼭짓점에 정삼각형을 4개 붙이면 오른쪽과 같은 정팔면체가 만들어집니다.

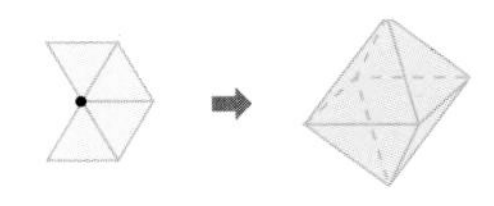

3 한 꼭짓점에 정삼각형을 5개 붙이면 오른쪽과 같은 정이십면체가 만들어집니다.

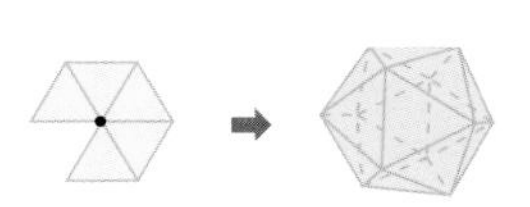

그런데 한 꼭짓점에 정삼각형을 6개 붙이면 평면이 되므로 입체도형이 만들어지지 않습니다. 또한 7개 이상 붙이면 오목해지므로 정다면체를 만들수 없게 됩니다.

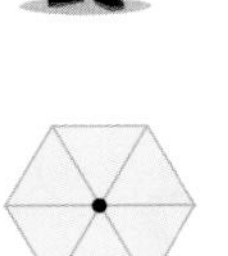

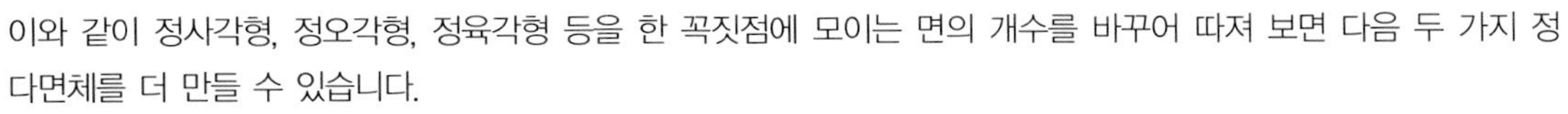

이와 같이 정사각형, 정오각형, 정육각형 등을 한 꼭짓점에 모이는 면의 개수를 바꾸어 따져 보면 다음 두 가지 정다면체를 더 만들 수 있습니다.

4 정사각형을 한 꼭짓점에 3개 붙여 만든 정육면체

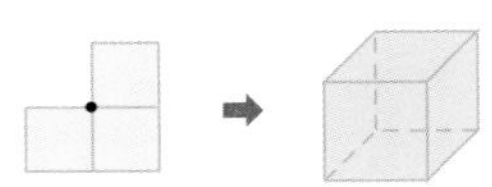

5 정오각형을 한 꼭짓점에 3개 붙여 만든 정십이면체

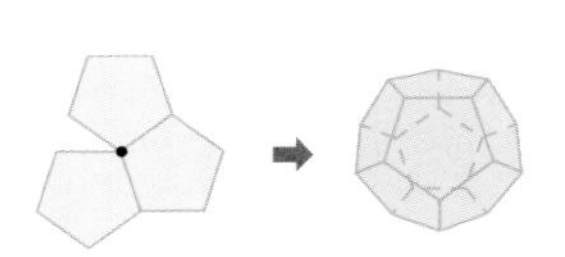

Creative 팩토

응용 01

둘레가 12cm인 직사각형의 한 변을 회전축으로 직사각형을 1회전시켰습니다. 이 회전체의 부피가 가장 클 때의 부피를 구하시오. (단, 직사각형의 변의 길이는 자연수입니다.)

Key Point

둘레가 12cm인 직사각형의 가로, 세로의 길이를 구합니다.

응용 02

사각기둥의 꼭짓점 ㄱ에서 출발하여 옆면을 모두 한 번씩 지나 꼭짓점 ㄴ까지 이어진 가장 짧은 선을 긋고, 사각기둥을 그림과 같이 펼쳤습니다. 펼쳐진 그림에 선이 그어진 모양을 완성하시오.

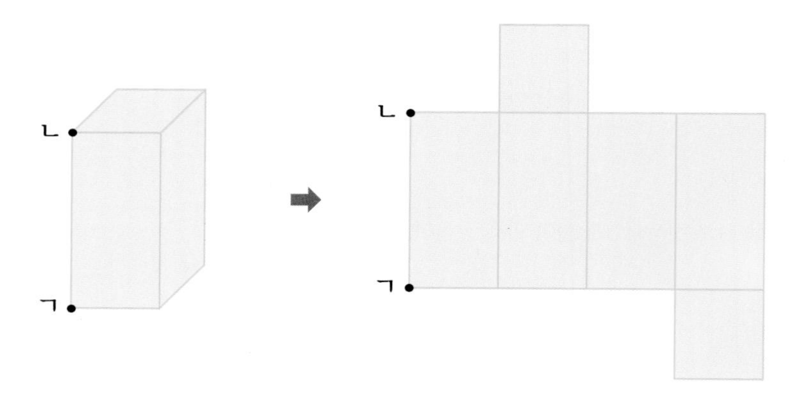

Key Point

펼친 모양에서 꼭짓점 ㄱ, ㄴ의 위치를 찾아 표시한 후 가장 짧은 선으로 연결합니다.

정육면체의 각 면의 중심을 꼭짓점으로 하여 만든 정다면체에 대해서 알아보려고 합니다. 물음에 답하시오.

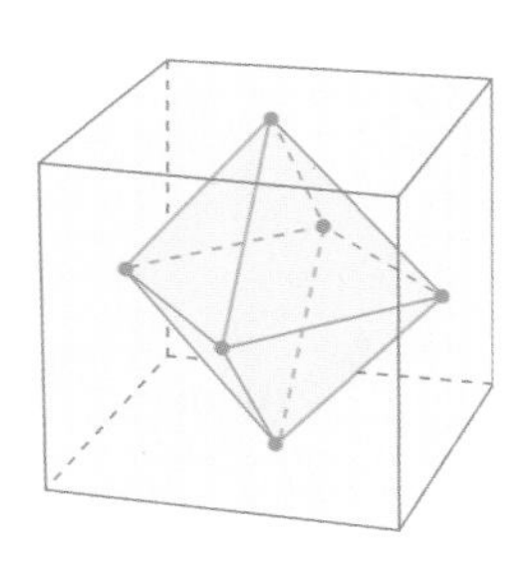

(1) 이 정다면체의 꼭짓점, 면, 모서리의 개수를 각각 구하시오.

(2) 그림과 반대로 새로운 정다면체의 각 면의 중심을 이어 만든 정다면체의 꼭짓점의 개수를 구하시오.

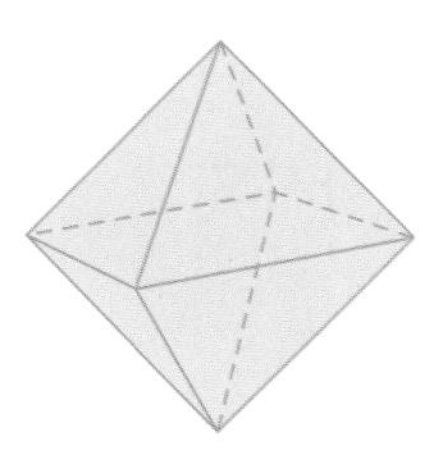

(3) 정사면체의 각 면의 중심을 꼭짓점으로 하여 만든 정다면체의 이름을 쓰시오.

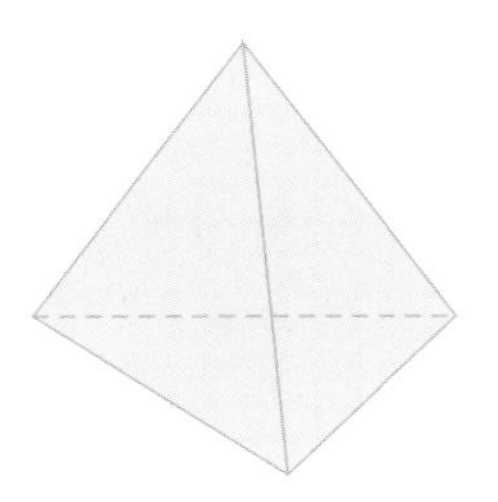

두 변이 5cm, 10cm인 직사각형을 가로, 세로를 중심으로 각각 1회전시킵니다. 두 회전체의 부피와 겉넓이를 구하려고 합니다. 물음에 답하시오.

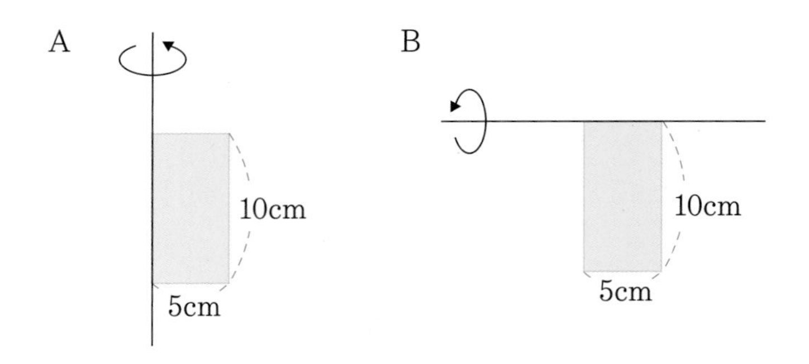

(1) 두 회전체의 모양을 각각 그리시오.

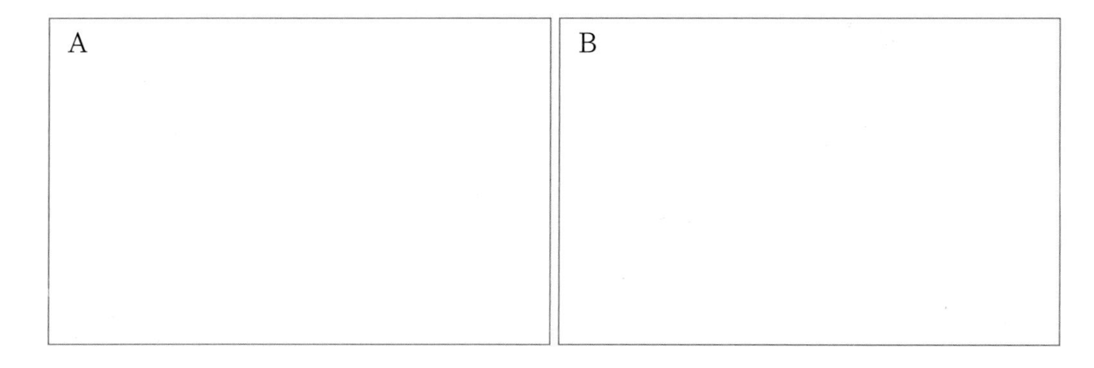

(2) 두 회전체의 부피를 각각 구하시오.

Key Point
(원기둥의 부피)=(원기둥의 밑넓이)×(원기둥의 높이)입니다.

(3) 두 회전체의 겉넓이를 각각 구하시오.

Key Point
(원기둥의 겉넓이)=(원기둥의 밑넓이)×2+(원기둥의 옆면의 넓이)입니다.

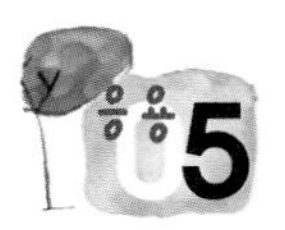

그림과 같이 정사면체의 각 모서리를 이등분하는 점을 지나도록 꼭짓점을 모두 잘라 냈습니다. 꼭짓점을 모두 잘라낸 입체도형을 알아보려고 합니다. 물음에 답하시오.

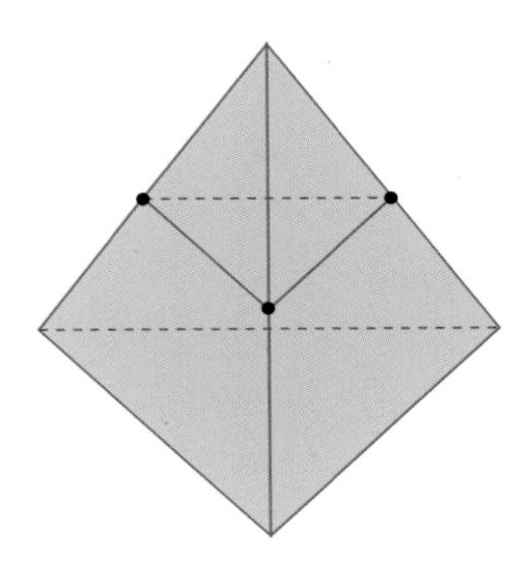

(1) 그림과 같이 꼭짓점을 한 번 잘라내면 입체도형의 면의 개수가 어떻게 달라지는지 구하시오.

(2) 모든 꼭짓점을 같은 방법으로 잘라낸 후, 남은 입체도형의 면의 개수를 구하시오.

(3) 단면의 모양과 원래 정사면체의 잘린 면은 한 변의 길이가 같은 정삼각형입니다. 남은 입체도형의 이름을 쓰시오.

다음 입체도형을 회전축을 품은 평면으로 자른 단면의 모양이 어떤 도형인지 쓰시오.

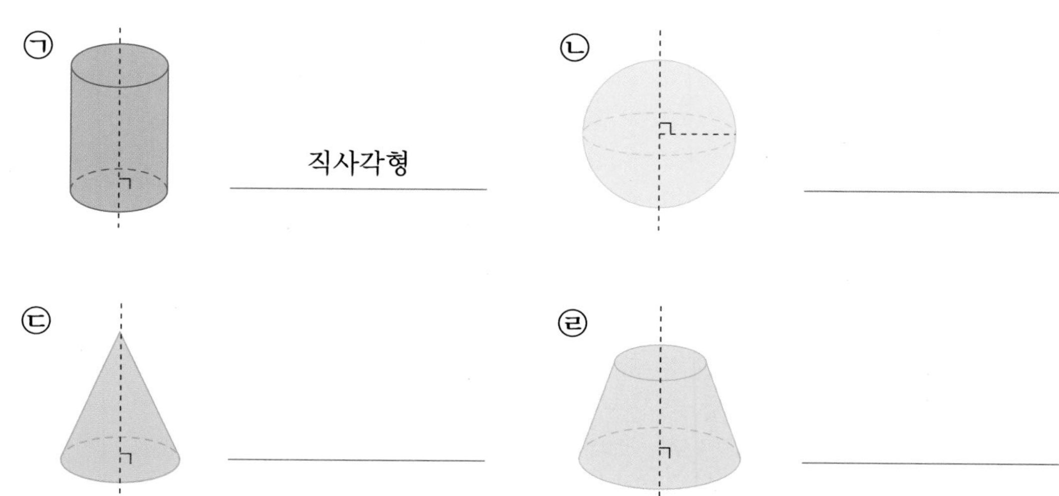

밑면의 모양이 다음과 같은 각기둥의 꼭짓점, 면, 모서리의 개수를 각각 구하시오.

다음은 축구공을 펼친 전개도입니다. 축구공의 모서리의 개수를 구하려고 합니다. 물음에 답하시오.

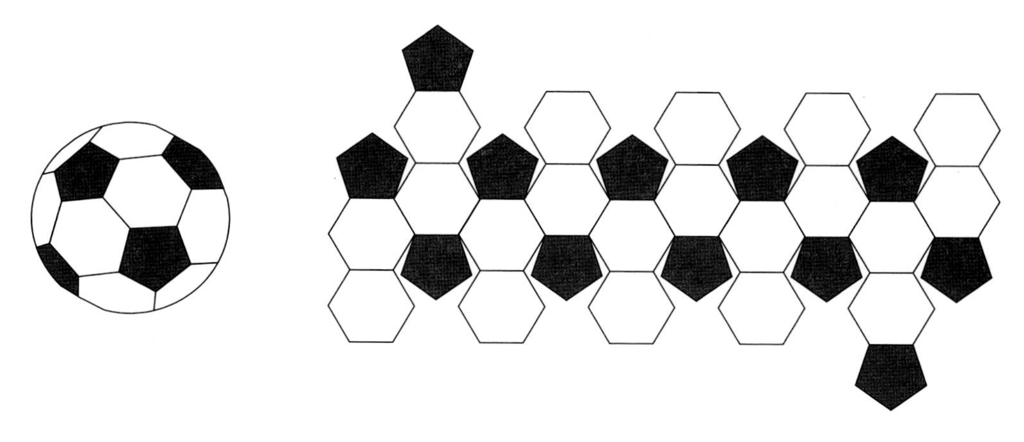

(1) 축구공에는 정육각형과 정오각형이 각각 몇 개씩 있습니까?

(2) (1)에서 구한 개수의 정육각형, 정오각형의 변의 개수의 합을 구하시오.

(3) 입체도형의 모서리는 두 평면도형의 변과 변이 만나서 만들어집니다. (2)에서 구한 변의 개수의 합을 이용해 축구공 모양의 입체도형의 모서리의 수를 구하시오.

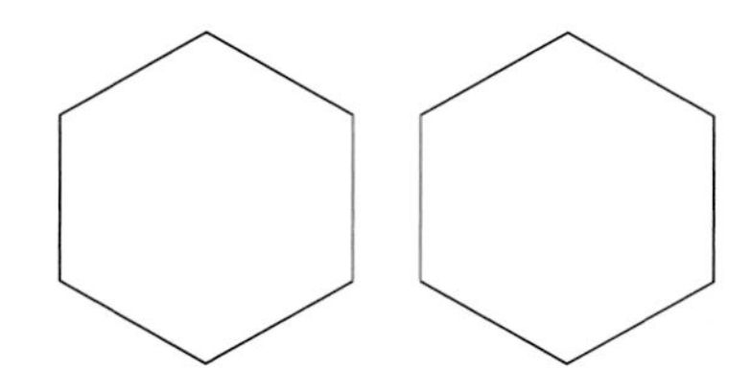

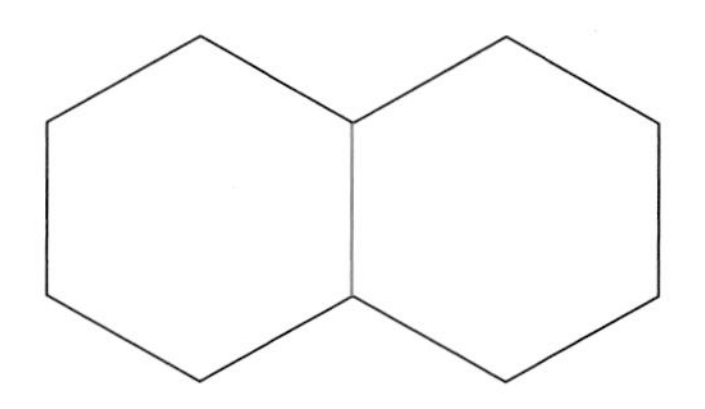

다음 정육면체에서 점 ㄴ과 점 ㅇ을 연결하는 가장 짧은 선을 그으려고 합니다. 물음에 답하시오.

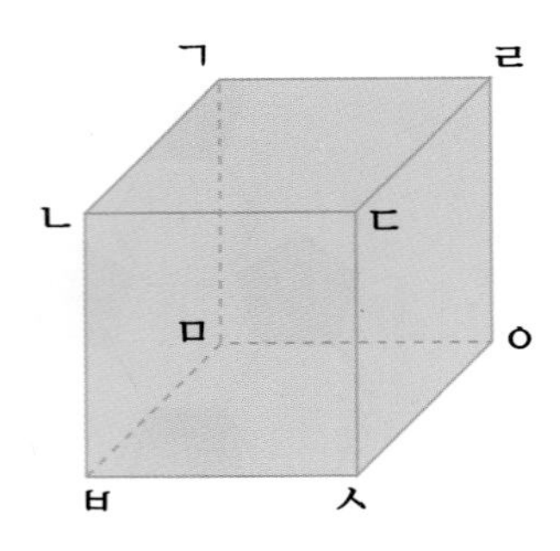

(1) 다음은 앞에서 보이는 정육면체의 세 면을 펼친 모양입니다. 점 ㄴ과 점 ㅇ을 잇는 가장 짧은 선을 그으시오.

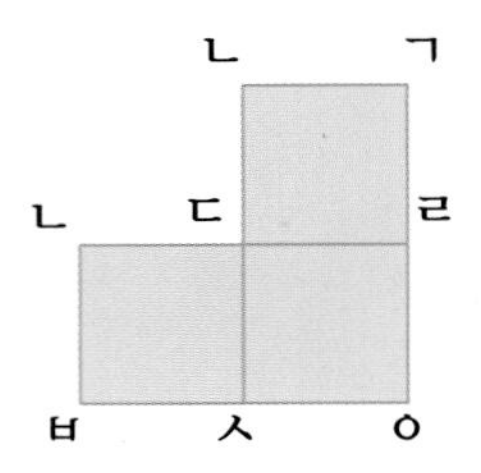

(2) (1)에서 그은 선이 지나는 모서리의 이름을 쓰시오.

(3) |**보기**| 는 모서리 ㄷㅅ을 지나고 꼭짓점 ㄴ과 꼭짓점 ㅇ을 잇는 가장 짧은 선을 그린 것입니다. 꼭짓점 ㄴ과 꼭짓점 ㅇ을 잇는 선 중 가장 짧은 서로 다른 선을 그려 보시오.

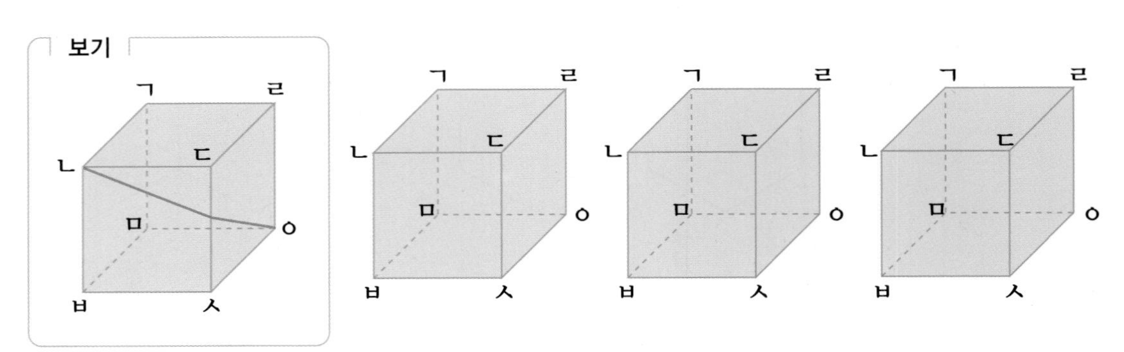

정다면체는 다음과 같이 5가지밖에 없습니다. 물음에 답하시오.

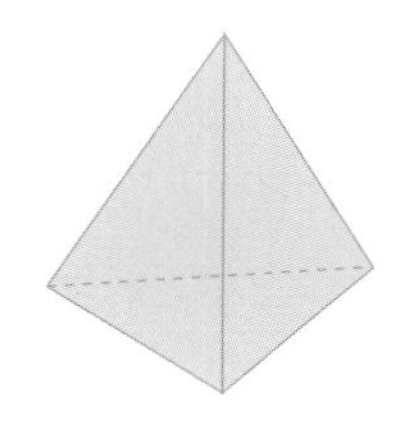
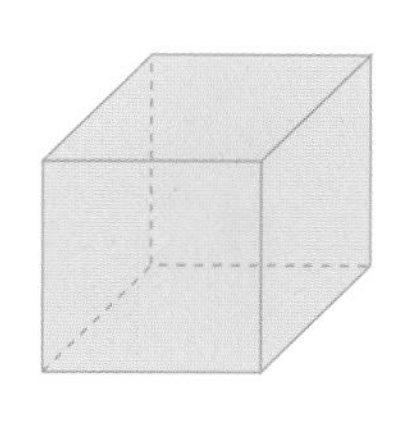
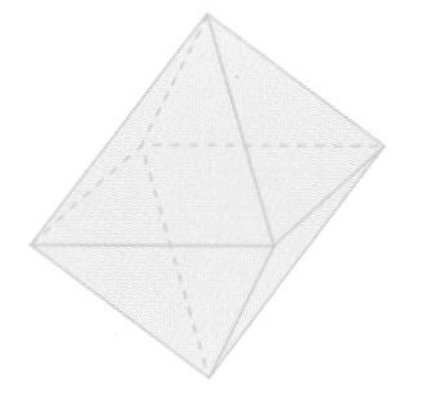
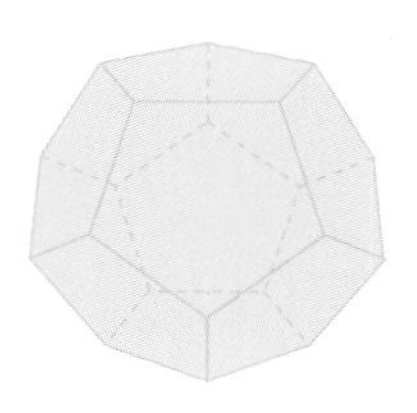
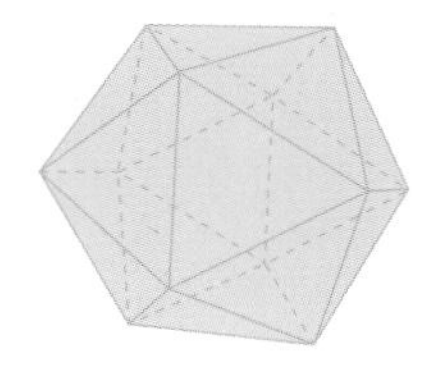

(1) 정다면체가 만들어지려면 하나의 꼭짓점에 모이는 면의 각도의 합이 360° 보다 작아야 합니다. 그 이유를 그림을 그려 설명하시오.

(2) 정다면체는 각 면이 합동인 정다각형이고, 한 꼭짓점에 모이는 면의 수가 3개, 4개 또는 5개로 모두 같아야 합니다. (1)의 내용을 이용하여 정다면체의 면의 모양이 될 수 있는 정다각형을 모두 구하시오.

Memo

IV 규칙 찾기

1. 암호

Free FACTO

다음을 보고, 문제의 계산 결과를 구하시오.

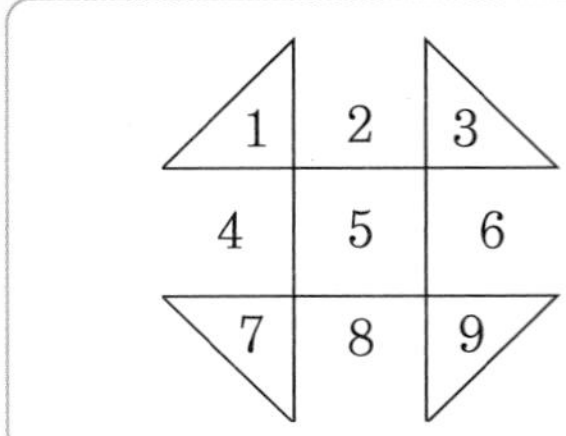

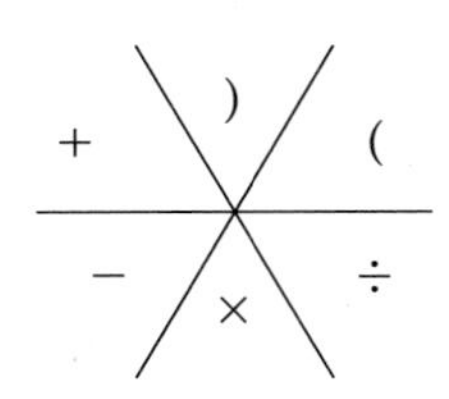

생각의 흐름

1 ⊿는 1, ⊔는 2를 나타냅니다. 문제에 숫자가 들어갈 수 있는 모양을 찾아 숫자를 바꾸어 봅니다.

2 ⟍는 +, ⟋는 −를 나타냅니다. 문제에서 ( )와 +, −, ×, ÷를 알맞게 찾아 써넣습니다.

3 완성된 식을 계산하여 결과를 구합니다.

예제 01 다음을 보고, 문제의 계산 결과를 구하시오.

○ ∟=3, ⊿= +, ⊐=4, …

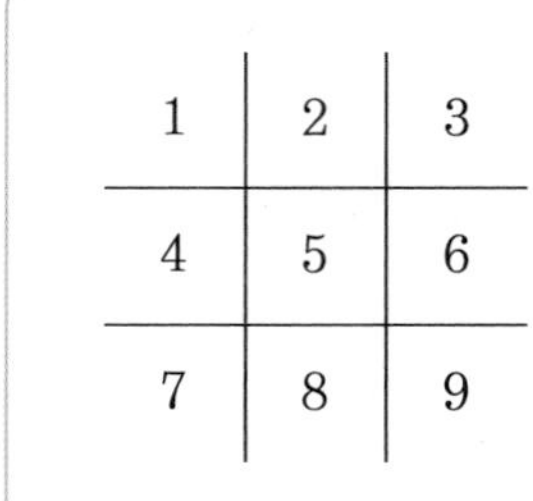

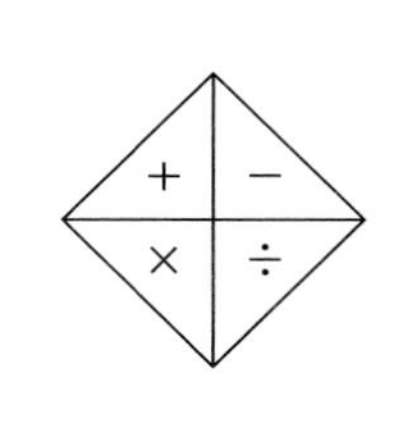

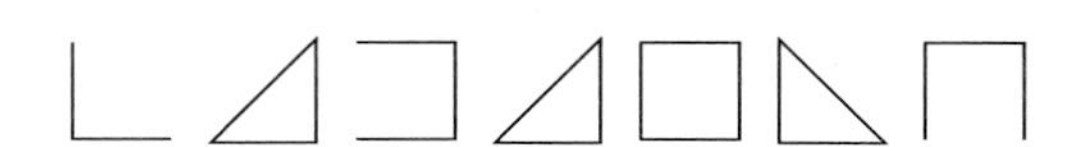

약 4000년전 바빌로니아 사람들은 일(▼)과 십(‹)의 두 기호만을 이용하여 모든 수를 나타내었다고 합니다. 아래 표는 17, 63, 172를 바빌로니아 사람들이 표현했던 방식으로 나타내고 있습니다. ㉠에 해당하는 수는 얼마입니까?

앞의 칸은 60의 자리입니다.

17		63		172		㉠	
	‹▼▼▼▼▼▼▼	▼	▼▼▼	▼▼	‹‹‹‹‹▼▼	▼▼▼	‹‹▼▼

LECTURE 암호 (Secret code)

암호는 어떤 내용을 제 3자가 판독할 수 없는 글자 · 숫자 · 부호 등으로 변경시킨 것으로 로마시대부터 고안되어 사용되고 있습니다.

14세기 이탈리아에서 근대적인 암호가 개발되었으며 무선통신의 발달, 세계대전 등으로 암호화, 암호해석 기술이 획기적으로 발달하였다고 합니다.

최초의 암호는 스파르타의 스키테일 암호인데, 이것은 가는 너비의 테이프를 원통에 서로 겹치지 않도록 감아서, 그 테이프 위에 세로쓰기로 통신문을 기입하는 방식이며, 그 테이프를 풀어 보아서는 기록 내용을 전혀 판독할 수 없지만 동일한 크기의 원통에 감아 보면 내용을 읽을 수 있게 고안되었습니다. 또한 글자를 어떤 규칙에 의해 바꾸는 방식의 암호는 로마시대의 카이사르에 의해서 고안되었습니다. 이것은 전달받고자 하는 내용의 글자를 그대로 사용하지 않고 그 글자보다 알파벳 순서로 앞이나 뒤로 몇 칸씩 옮겨서 글을 바꾸어 기록하는 방식입니다.

다음은 카이사르의 암호편지입니다. 알파벳을 3칸 앞으로 옮겨 읽으면 해독할 수 있다고 합니다. 그 뜻을 알아보세요.

QHYHUWUXVWEUXWXV

암호란 제3자가 그 내용을 알지 못하도록 규칙을 정해 변경시킨 것이지. 암호를 해독하려면 정해놓은 규칙을 찾아야 해.

2. 약속

Free FACTO

어떤 수를 넣고 한 번 누르면 다음과 같은 규칙으로 수가 나오는 계산기가 있습니다. 이 계산기를 연속해서 4번 누르면 1이 되는 수들의 합을 구하시오.

29 → [계산기] → 28　　17 → [계산기] → 16　　32 → [계산기] → 16

12 → [계산기] → 6　　13 → [계산기] → 12　　27 → [계산기] → 26

생각의 흐름

1 홀수를 넣고 한 번 눌렀을 때 나오는 결과의 규칙을 찾습니다.

2 짝수를 넣고 한 번 눌렀을 때 나오는 결과의 규칙을 찾습니다.

3 한 번 눌렀을 때 1이 나올 수 있는 수는 무엇인지 찾습니다.

4 1에서부터 거꾸로 나올 수 있는 수들을 찾아 나갑니다.

LECTURE 함수

일반적으로 연산이라 하면 일정한 규칙에 따라 결과를 내는 조작을 말합니다. 이를 나타내는 기호를 연산기호라고 하고, 가장 기본적인 연산기호로 사칙연산을 나타내는 +, −, ×, ÷가 있습니다.

이러한 연산기호들을 사용하여 어떠한 수를 넣으면 어떠한 값이 나오는 관계가 있을 때, 이를 함수(函數, fuction)라고 합니다. 여기에서 함(函)은 상자를 나타내는 말로 함수의 개념은 그림과 같이 흔히 접하는 것입니다.

이러한 함수를 정의하는 것이 연산기호를 약속하는 것이라 하겠습니다.

어떤 상자에 수를 넣으면 다음과 같은 규칙으로 수가 나옵니다.

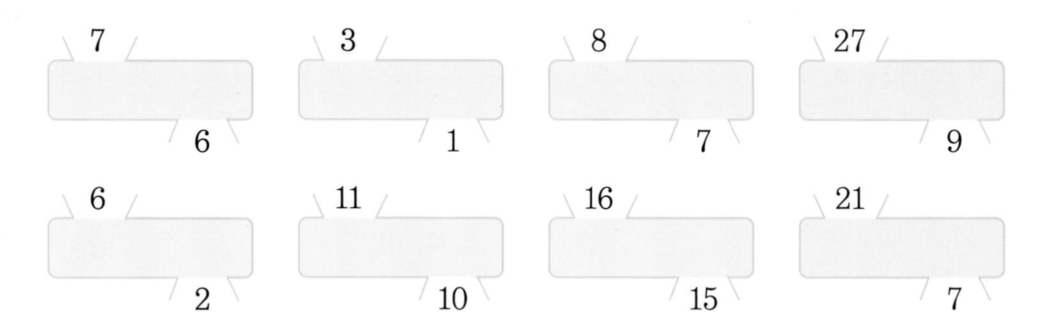

이 상자에 3번 통과시켜서 1이 나오는 수를 모두 구하시오.

상자에 3의 배수를 넣은 경우와 3의 배수가 아닌 수를 넣은 경우 결과가 어떻게 되는지를 찾아 1에서부터 거꾸로 생각해 봅니다.

두 자연수 △, □에 대하여 (△, □)를 다음과 같이 계산합니다. (△, □)의 값이 20보다 작은 순서쌍을 모두 쓰시오.

△가 1, 2, 3, …일 때, □가 될 수 있는 수를 찾아봅니다.

(△, □)=△×△+□×□

3. 패리티 검사

Free FACTO

먼 거리에 전파를 보내면 도중에 방해를 많이 받습니다. 그래서 메시지 (a, b, c)를 전달할 때에는 (a, b, c, a+b, b+c, c+a)의 방법으로 전송합니다. 이렇게 전송을 하면 한 숫자가 틀린 경우 수정해서 복원할 수 있습니다. 다음과 같이 받은 메시지가 한 숫자가 틀렸거나 틀린 숫자가 하나도 없다면, 원래 메시지 (a, b, c)는 무엇입니까?

(2, 0, 3, 3, 4, 5)

생각의 흐름

1 원래 메시지가 (2, 0, 3)이면 받은 메시지가 무엇일지 생각해 봅니다.

2 a=2, c=3일 때 c+a=5는 맞습니다. 한 숫자가 틀렸다면 그 숫자는 무엇인지 찾아봅니다.

3 b가 틀렸다면 무엇으로 고쳐야 하는지 찾아봅니다.

민수는 무선으로 철수에게 전파를 보내려고 합니다. 중간에 방해를 받아 전파가 잘못 보내질 것을 염려하여 메시지 (a, b, c)를 전달할 때 (a, b, c, a×b, b×c, c×a)의 방법으로 전송하였습니다. 철수가 메시지를 받아 보니 다음과 같았습니다. 메시지에 틀린 숫자가 있습니까? 있다면 원래 메시지는 무엇입니까?

원래 메시지가 (3, 6, 5)라면 철수는 (3, 6, 5, 18, 30, 15)와 같은 메시지를 받아야 합니다.

(3, 6, 5, 18, 24, 12)

LECTURE 패리티 검사

패리티 검사(parity check)는 컴퓨터 통신에서 실제로 많이 사용하고 있는 오류 검사 방법입니다.
컴퓨터는 우리가 사용하는 문자, 숫자 등을 모두 0과 1로 나타내어 통신상에서 전송하는데, 전송 과정에서 회로상의 잘못으로 오류가 생길 가능성이 있습니다.
이러한 오류를 완전히 수정할 수는 없지만 1이 짝수 개가 되도록 마지막에 1을 추가하여 전송하는 등의 방법으로 전송된 정보가 오류가 없는지를 확인하게 됩니다.
또한 패리티 검사는 일상생활에서도 많이 사용하는데 주민등록번호의 마지막 자리, 바코드의 마지막 자리에도 사용되어 주민등록번호나 바코드가 맞는 것인지 확인하는 데도 사용됩니다.
예를 들어, 주민등록번호가 200401－3094019라 하면 끝자리의 9를 제외한 12자리 숫자에 각각 2, 3, 4, 5, 6, 7, 8, 9, 2, 3, 4, 5를 순서대로 곱한 후 모두 더합니다.

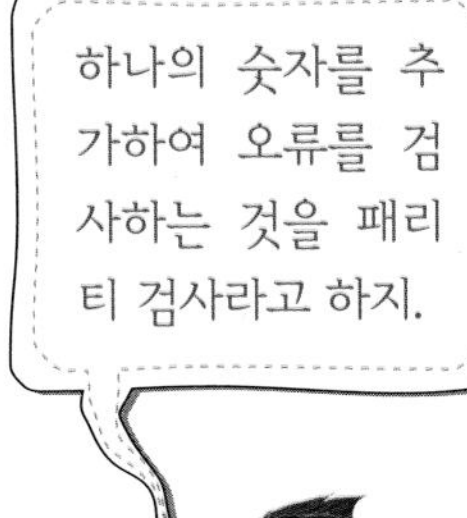

① 12자리	2	0	0	4	0	1	3	0	9	4	0	1	합
② 곱하는 수	2	3	4	5	6	7	8	9	2	3	4	5	
① × ②	4	0	0	20	0	7	24	0	18	12	0	5	90

90을 11로 나누면
90÷11=8⋯2
11에서 위에서 구한 나머지 2를 빼면 9가 됩니다.
이 마지막 계산 결과가 주민등록번호의 끝자리 숫자가 되는 것입니다.
만약 잘못된 주민등록번호라면 위와 같이 계산한 결과와 주민등록번호의 끝자리 숫자가 다를 것입니다.
각자 자신의 주민등록번호를 가지고 계산하여 확인하여 보세요.

Creative 팩토

다음은 로마 숫자를 아라비아 숫자로 나타낸 것입니다. 주어진 식을 계산하여 로마 숫자로 쓰시오.

로마 숫자	I	II	III	IV	V	VI	VII	VIII	IX	X	L	C	…	CCXIV	…
아라비아 숫자	1	2	3	4	5	6	7	8	9	10	50	100	…	214	…

CCCXXI + XXXIV

Key Point

로마 숫자를 아라비아 숫자로 바꾸어 계산한 후 계산 결과를 다시 로마 숫자로 바꿉니다.

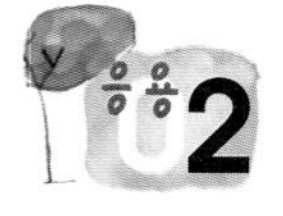

현재 우리가 마트나 서점 등에서 사용하고 있는 바코드는 13개의 숫자로 이루어집니다. 처음 세 숫자 880은 한국 국가 코드이며, 다음 네 개의 숫자는 제조 회사 코드이며, 다음 다섯 개의 숫자는 상품 코드, 마지막 숫자는 검증 코드입니다. 검증 코드의 숫자는 앞에서부터 홀수째 번 자리에 있는 숫자들을 그대로 더하고 짝수째 번 자리에 있는 숫자들은 3배 하여 더한 전체의 합의 일의 자리 숫자를 10에서 뺀 수가 됩니다. 아래의 바코드에서 □ 안에 들어갈 수는 무엇인지 구하시오.

Key Point

10 − ({(8 + 0 + 1 + 3 + 7 + 5) + (8 + 2 + 2 + 4 + 8 + □) × 3}의 일의 자리 수) = 4

1, 2, 3, 4를 오른쪽 그림의 ㉮, ㉯, ㉰, ㉱에 한 번씩만 쓴 후 |보기|와 같은 규칙으로 계산하려고 합니다. ㉲에 올 수 있는 가장 작은 수를 구하시오.

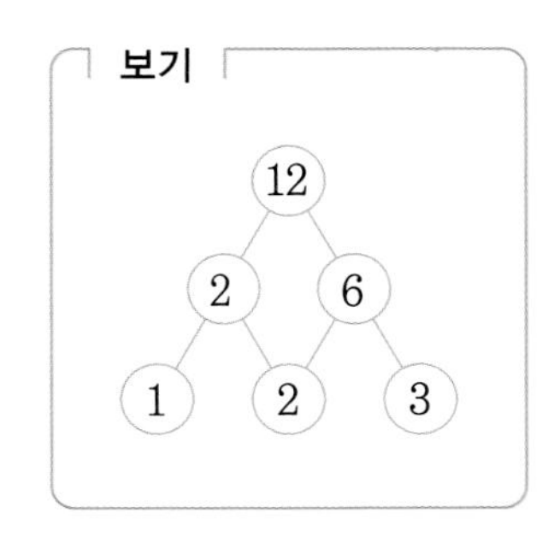

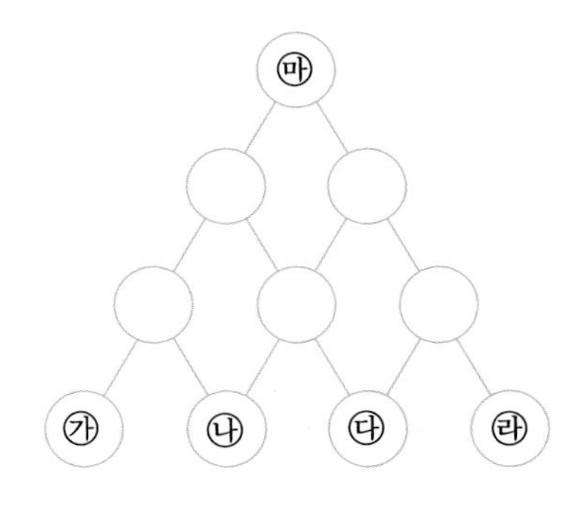

KeyPoint

아래에서 첫째 줄은 ㉮, ㉯, ㉰, ㉱,
둘째 줄은 ㉮×㉯, ㉯×㉰, ㉰×㉱,
셋째 줄은 ㉮×㉯×㉯×㉰,
㉯×㉰×㉰×㉱

어떤 규칙에 의하여 dog를 암호로 나타내면 (4, 1), (5, 3), (2, 2)입니다. 이 규칙에 따라 cat를 암호로 나타내시오.

	1	2	3	4	5
1	a	b	c	d	e
2	f	g	h	i	j
3	k	l	m	n	o
4	p	q	r	s	t
5	u	v	w	x	y

KeyPoint

(4, 1)=d, (5, 3)=o, (2, 2)=g

다음은 어떤 규칙에 따라 수를 기호로 나타낸 것입니다. ㉠에 알맞은 수는 무엇입니까?

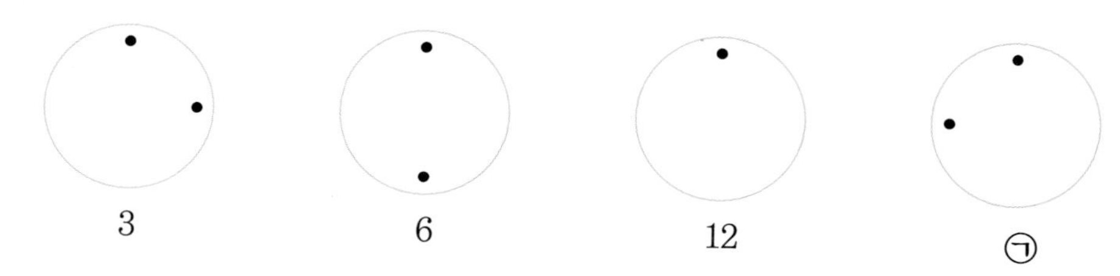

Key Point
시계를 생각해 봅니다.

다음은 일정한 규칙에 따라 두 수를 갈라 놓은 것입니다. 가, 나, 다, 라에 알맞은 수를 구하시오.

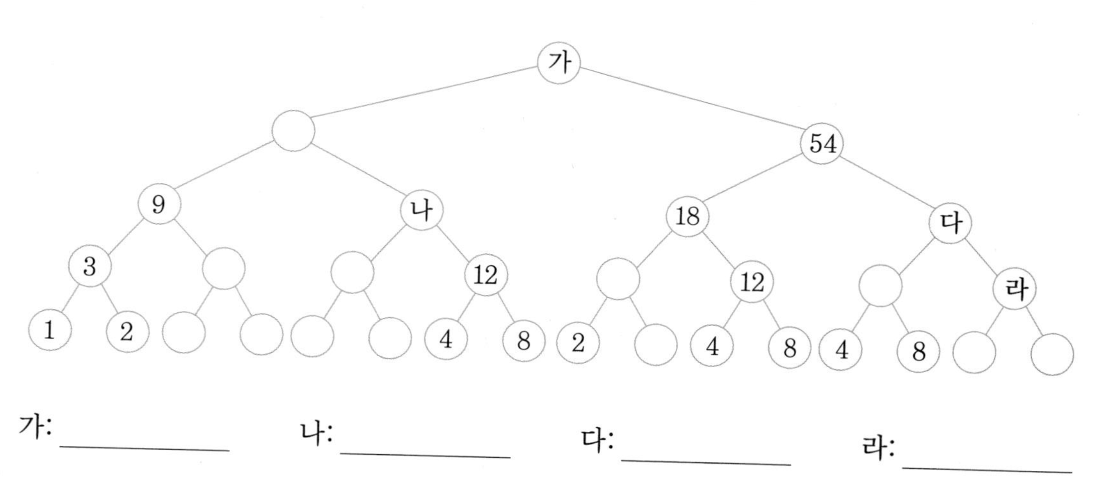

가: ______ 나: ______ 다: ______ 라: ______

Key Point
$3=1+2$, $12=4+8$입니다. 어떤 규칙에 따라 두 수의 합으로 표현했는지 생각해 봅니다.

컴퓨터는 1과 0만 사용하여 연산하고, 통신을 합니다. 통신상에서 에러가 날 경우 이를 수정하기 위해 가로와 세로의 1의 개수가 홀수 개가 되도록 패리티 비트를 첨가하여 전송을 합니다. 즉, 가로와 세로에서 1의 개수가 홀수 개이면 패리티 비트는 0이 되고, 1의 개수가 짝수 개이면 패리티 비트는 1이 됩니다. 예를 들어, 정보가 1011011이라면 1이 홀수 개이므로 0을 추가하여 10110110이 되고, 정보가 1011010이라면 1이 짝수 개이므로 패리티 비트 1을 추가하여 10110101이 됩니다. 오른쪽 표는 어떤 컴퓨터가 정보를 받은 것입니다. 색칠된 부분이 패리티 비트이고, 받은 정보 중 1개의 수가 틀렸다고 할 때, 그 위치는 어디이고 어떻게 수정해야 합니까?

	1열	2열	3열	4열	5열	6열	7열	
1행	1	0	1	1	0	1	1	0
2행	0	0	1	0	1	0	1	0
3행	1	1	1	0	1	0	1	0
4행	0	0	1	1	1	0	1	0
5행	1	0	0	1	0	1	1	1
6행	1	0	0	1	0	1	1	1
7행	1	0	1	1	0	1	0	1
	0	1	0	0	0	1	1	

|보기| 는 아래 두 수의 합을 바로 위의 칸에 써넣는 규칙으로 만든 것입니다. 규칙에 따라 1, 2, 3, 4 네 개의 수를 가장 아래 칸에 한 번씩만 써넣을 때, ㉮가 될 수 있는 수를 모두 구하시오.

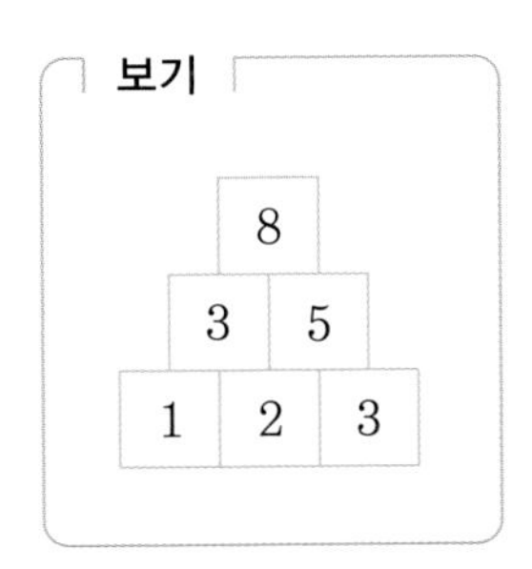

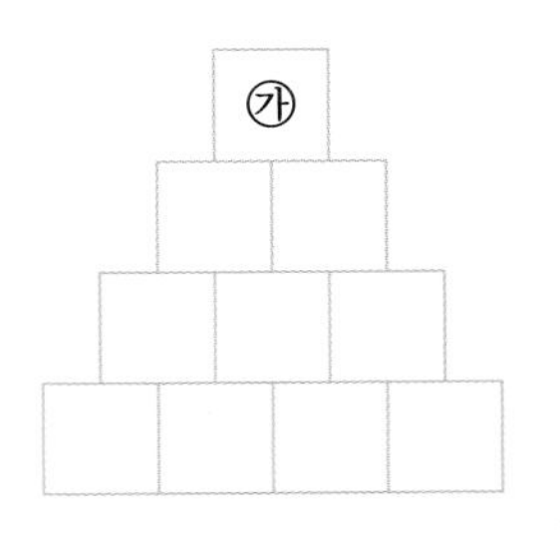

KeyPoint

가장 아래 칸에 1, 2, 3, 4 순서로 넣는 것과 4, 3, 2, 1 순서로 넣는 것은 ㉮의 값이 같습니다.

4. 군수열

Free FACTO

다음은 일정한 규칙에 따라 분수를 나열한 것입니다. 50째 번 분수는 얼마입니까?

$$\frac{1}{1}, \frac{1}{2}, \frac{2}{1}, \frac{1}{3}, \frac{2}{2}, \frac{3}{1}, \frac{1}{4}, \frac{2}{3}, \frac{3}{2}, \frac{4}{1}, \cdots$$

생각의 흐름

1 분모와 분자의 합이 같은 것끼리 괄호로 묶습니다.

2 50째 번 분수는 몇째 번 괄호 안에 들어가는지 찾아봅니다.

3 분자의 규칙에 따라 50째 번 분수를 구합니다.

예제 01 다음은 일정한 규칙에 따라 분수를 나열한 것입니다. 30째 번 분수는 무엇입니까?

➲ 분모에 따라 괄호로 묶고 30째 번 수가 몇째 번 괄호에 있는지 찾아봅니다.

$$\frac{1}{1}, \frac{1}{2}, \frac{2}{2}, \frac{1}{3}, \frac{2}{3}, \frac{3}{3}, \frac{1}{4}, \frac{2}{4}, \cdots$$

LECTURE 군수열

다음과 같이 수들이 묶음으로 규칙을 갖고 배열되어 있는 것을 군수열이라고 합니다.

(1), (1, 2), (1, 2, 3), (1, 2, 3, 4), ⋯

이러한 군수열에서 □째 번 수를 구하기 위해서는 묶음의 규칙을 찾고, 묶음 속에서 어떤 규칙을 가지는지 찾아야 합니다.
이러한 군수열을 이용하여 문제를 해결하는 대표적인 수열이 분수 수열입니다.
다음과 같은 분수 수열이 있다고 할 때, 100째 번 분수를 찾아봅시다.

$$\frac{1}{1}, \frac{1}{2}, \frac{2}{1}, \frac{1}{3}, \frac{2}{2}, \frac{3}{1}, \frac{1}{4}, \frac{2}{3}, \frac{3}{2}, \frac{4}{1}, \cdots$$

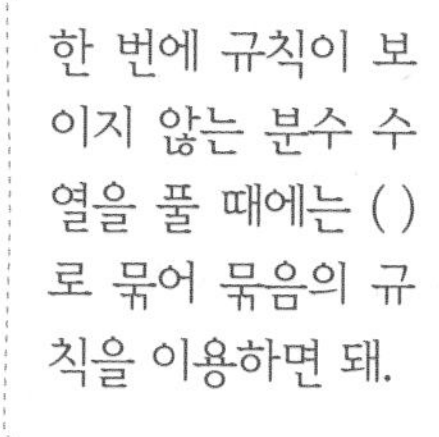

① 먼저, 적당한 규칙으로 묶습니다.
여기에서는 분모, 분자의 합이 같은 것끼리 괄호로 묶습니다.

$$(\frac{1}{1}), (\frac{1}{2}, \frac{2}{1}), (\frac{1}{3}, \frac{2}{2}, \frac{3}{1}), (\frac{1}{4}, \frac{2}{3}, \frac{3}{2}, \frac{4}{1}), \cdots$$

② 괄호로 묶은 분수의 개수를 수열로 나타내어 규칙을 찾습니다.
1, 2, 3, 4, 5, 6, 7, ⋯ 이므로 분수의 개수가 1에서부터 시작하여 하나씩 증가합니다.

③ 찾고자 하는 분수가 몇째 번 묶음의 몇째 번 수인지 구합니다.
1+2+3+⋯+12+13=91이므로 13째 번 묶음까지 분수의 개수는 91개이고, 100째 번 분수는 14째 번 묶음의 9째 번 분수임을 알 수 있습니다.

④ 찾은 묶음의 첫째 번 분수를 구하고, 이 분수를 이용하여 찾고자 하는 분수를 구합니다.
14째 번 묶음의 수는 분모, 분자의 합이 15이고, 분자가 1부터 1씩 커지므로 이 묶음의 첫째 번 분수는 분모가 14, 분자가 1인 $\frac{1}{14}$ 입니다. 따라서 9째 번 분수는 분자가 9이고, 분모가 6인 $\frac{9}{6}$ 가 됩니다.

5. 피보나치 수열

Free FACTO

계단을 오르는데 한 번에 한 계단 또는 두 계단을 오를 수 있다고 합니다. 다섯째 번 계단까지 올라가는 방법은 모두 몇 가지입니까?

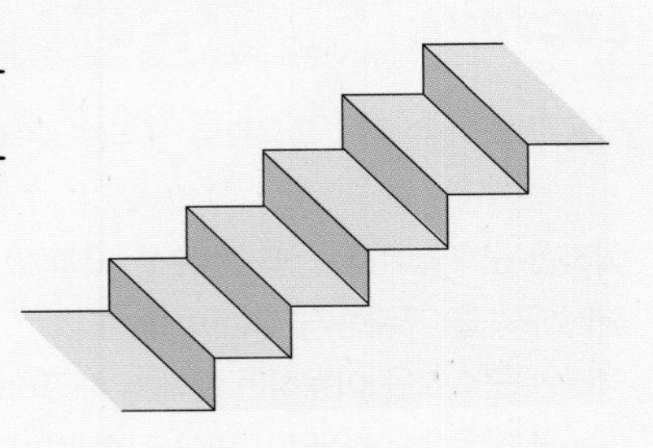

생각의 흐름

1 첫째 번 계단을 올라가는 방법은 □가지입니다.

2 둘째 번 계단을 올라가는 방법은 1칸씩 2번, 2칸을 한 번에 오를 수 있으므로 □가지입니다.

3 셋째 번 계단을 올라가는 방법은 첫째 번 칸에서 2칸 오르거나 둘째 번 칸에서 1칸 오르면 되므로 (첫째 번 칸을 오를 수 있는 방법의 가짓수)+(둘째 번 칸을 오를 수 있는 방법의 가짓수)입니다. 따라서 □가지입니다.

4 위와 같은 방법으로 다섯째 번까지 계산해 봅니다.

7개의 칸이 있는 사다리가 있습니다. 한 번에 한 칸 또는 두 칸을 오를 수 있다면 사다리를 오르는 방법은 모두 몇 가지가 있습니까?

셋째 번 칸을 오르려면 첫째 칸에서 2칸 또는 둘째 칸에서 1칸 오르면 됩니다.

LECTURE 피보나치 수열

한 번에 한 칸 또는 두 칸을 오를 수 있는 사다리가 있다고 할 때, 사다리를 오르는 방법의 수를 알아봅시다.

① 1칸짜리 사다리의 경우 오르는 방법의 수는 한 가지밖에 없습니다.

② 2칸짜리 사다리의 경우 오르는 방법은
  1칸씩 두 번 오르거나, 한 번에 2칸을 오르는 두 가지 방법이 있습니다.
  이것을 (1, 1), (2)로 표시합니다.

③ 3칸짜리 사다리의 경우 오르는 방법은
  1칸씩 세 번 오르거나 (1, 1, 1),
  1칸을 한 번, 2칸을 한 번 오르는 방법 (1, 2), (2, 1) 두 가지가 있으므로
  모두 3가지 방법이 있습니다.

④ 4칸짜리 사다리의 경우 오르는 방법은
  (1, 1, 1, 1), (1, 1, 2), (1, 2, 1), (2, 1, 1), (2, 2)
  와 같이 5가지 방법이 있습니다.

1, 1, 2, 3, 5, 8, 13, 21, 34, …와 같이 앞의 두 수를 더하면 그 다음 수가 되는 수열을 피보나치 수열이라 하지. 피보나치 수열을 이용하면 토끼의 번식 문제, 계단 오르기 문제 등을 쉽게 해결할 수 있어.

그런데 4칸짜리 사다리를 오르는 방법은
(i) 둘째 번 칸에 오른 후 2칸을 가는 방법과
(ii) 셋째 번 칸에 오른 후 1칸을 가는 방법
두 가지로 볼 수 있습니다. 따라서 2칸짜리 사다리를 오르는 방법의 수(2가지)와
3칸짜리 사다리를 오르는 방법의 수(3가지)를 더한 것과 같습니다.
마찬가지로 5칸짜리 사다리를 오르는 방법은 3칸짜리 사다리를 오르는 방법의 수(3가지)와 4칸짜리 사다리를 오르는 방법의 수(5가지)를 더한 것과 같으므로 8가지가 됩니다.
같은 방법으로 6칸짜리 사다리를 오르는 방법의 수를 구해 보세요.

이와 같이 앞의 두 수를 더하면 그 다음 수가 되는 수열을 피보나치 수열이라 합니다.

1, 1, 2, 3, 5, 8, 13, 21, 34, …

이 수열은 중세 이탈리아의 수학자 피보나치가 쓴 산반서에 처음으로 소개되었기에 그의 이름을 따서 피보나치 수열이라 부르게 되었습니다. 피보나치 수열을 이용하면 계단 오르기, 미생물의 번식 등 여러 가지 문제를 손쉽게 해결할 수 있습니다.

6. 수의 관계

Free **FACTO**

휴대전화 요금을 지불하는 방법이 다음과 같이 2가지가 있다고 합니다.

[방법 1] 한 달 기본 요금이 10000원이며, 1분 통화할 때마다 200원씩 요금이 붙습니다.
[방법 2] 한 달 기본 요금이 15000원이며, 1분 통화할 때마다 100원씩 요금이 붙습니다.

[방법 1]을 선택했을 때, [방법 2]보다 요금이 같거나 적게 드는 통화 시간은 몇 분까지입니까?

생각의 흐름

1 통화를 하지 않으면 요금은 얼마 차이 나는지 구합니다.
2 1분 통화할 때마다 요금 차이가 얼마씩 줄어드는지 구합니다.
3 [방법 1]이 [방법 2]보다 요금이 적게 드는 통화 시간을 구합니다.

LECTURE 식 세워 풀기

위의 문제에서 통화 요금을 □(원), 통화 시간을 △(분)이라고 하면
[방법 1]에서 통화 요금은 □=10000+200×△
[방법 2]에서 통화 요금은 □=15000+100×△
[방법 1]과 [방법 2]에서 통화 요금 (□)을 같다고 하면

$$10000+200\times\triangle=15000+100\times\triangle$$
$$100\times\triangle=5000$$
$$\triangle=50$$

즉, 통화 시간이 50분일 때의 통화 요금은 같습니다.

민수는 저금통에 7000원이 있고, 민수 동생은 저금통에 10000원이 있습니다. 3월 1일부터 민수는 하루에 500원씩 저금을 하고, 동생은 하루에 300원씩 저금을 한다고 하면 민수가 저금한 금액이 동생보다 많아지는 것은 몇 월 며칠부터입니까?

민수는 동생보다 저금한 금액이 3000원 적고, 하루에 200원씩 차이가 줄어듭니다.

토끼와 거북이가 달리기 경주를 합니다. 토끼는 1분에 100m 달리고, 거북이는 1분에 20m 달립니다. 1000m 달리기를 할 때, 거북이가 이기려면 토끼는 낮잠을 몇 분 넘게 자야 합니까?

토끼와 거북이가 1000m 달리는 데 걸리는 시간을 계산해 봅니다.

Creative 팩토

다음과 같이 일정한 규칙으로 수를 늘어놓았을 때, 열째 줄에 놓인 수들의 합을 구하시오.

3	7				… 첫째 줄
5	9	13			… 둘째 줄
9	13	17	21		… 셋째 줄
15	19	23	27	31	… 넷째 줄
		⋮			

KeyPoint

각 줄의 맨 앞의 수를 살펴보면 3, 5, 9, 15, …입니다.
+2 +4 +6

몸 길이가 3cm가 되면 1cm와 2cm로 나누어지는 미생물이 있습니다. 이 미생물의 몸의 길이는 10분에 1cm씩 자랍니다. 몸 길이가 1cm인 미생물 6마리는 1시간이 지나면 모두 몇 마리가 되는지 구하시오.

KeyPoint

그림을 그려 규칙을 찾아봅니다.

다음 표는 일정한 규칙에 따라 수를 1부터 차례로 배열한 것입니다. 이 표에서 11의 위치가 4째 번 줄, 7째 번 칸에 있는 수를 (4, 7)과 같이 나타낼 때, 100의 위치를 이와 같은 방법으로 나타내시오.

	①	②	③	④	⑤	⑥	⑦
①		1		2		3	
②	7		6		5		4
③		8		9		10	
④	14		13		12		11
⑤		15		16		17	
	⋮	⋮	⋮	⋮	⋮	⋮	⋮

Key Point
수가 7개 배열되는 것을 하나의 군으로 생각합니다.

A 자동차는 1시간에 100km를 달리고, B 자동차는 한 시간에 60km를 달립니다. B 자동차가 먼저 출발하고 30분이 지나 A 자동차가 같은 방향으로 달린다면, A 자동차는 출발하고 몇 분이 지나서 B 자동차를 따라잡을 수 있는지 구하시오.

Key Point
B 자동차는 30분 후에 A 자동차보다 30km 앞에 있습니다. A 자동차와 B 자동차와의 거리는 1시간에 40km씩 줄어듭니다.

어느 주차장에 주차 요금을 지불하는 방법은 다음 2가지가 있다고 합니다.

[방법 1] 10000원을 내면 2시간을 주차할 수 있고, 이후에는 10분에 500원씩입니다.
[방법 2] 처음부터 10분에 700원씩입니다.

[방법 2]를 선택할 때 [방법 1]보다 주차 요금이 많이 나오는 것은 몇 시간 몇 분이 지난 후부터입니까?

KeyPoint
[방법2]로 두 시간일 때의 주차요금을 구하고 그 이후 10분마다 차이가 얼마나 줄어드는지 구합니다.

한 쌍의 토끼는 태어난 지 두 달 후부터 매달 한 쌍의 아기 토끼를 낳을 수 있습니다. 새로 태어난 아기 토끼 한 쌍이 있을 때, 1년이 지나면 토끼는 모두 몇 쌍이 되는지 구하시오.

KeyPoint
그림으로 나타내어 토끼가 늘어나는 규칙을 찾아봅니다.

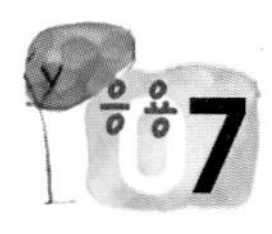

다음은 어떤 규칙에 따라 수를 나열한 것입니다.

1, 1, 2, 1, 1, 2, 3, 2, 1, 1, 2, 3, 4, 3, 2, 1, 1, …

이와 같은 규칙으로 수를 나열할 때, 100째 번에 오는 수는 무엇인지 구하시오.

KeyPoint

(1), (1, 2, 1), (1, 2, 3, 2, 1), …과 같이 ( )로 묶어 봅니다.

그림과 같이 정사각형 모양의 조각과 정사각형을 2개 붙여 놓은 조각이 각각 여러 개씩 있습니다. 이 조각들로 직사각형이 8개 붙어 있는 빈칸을 모두 채우는 방법은 몇 가지인지 구하시오.

KeyPoint

3칸을 채우는 방법은 1칸을 채우고 2개짜리를 놓는 방법과 2칸을 채우고 1개짜리를 놓는 방법이 있습니다.

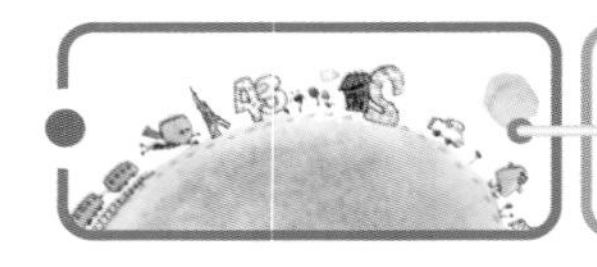

Thinking 팩토

다음과 같이 수가 배열되어 있습니다. 규칙에 맞게 빈칸에 수를 써넣을 때, 색칠된 칸에 들어갈 수를 구하시오.

1	3	4	10	11	21				⋯
2	5	9	12	20					⋯
6	8	13	19						⋯
7	14	18							⋯
15	17								⋯
16									⋯
									⋯
⋮	⋮	⋮	⋮	⋮	⋮	⋮	⋮	⋮	⋱

토끼가 거북이를 쫓아가고 있습니다. 처음에는 거북이가 60m 앞에 있었습니다. 4분 후에 둘 사이의 거리를 다시 측정해 보니 거북이가 20m 앞에 있었습니다. 그로부터 몇 분 후에 토끼가 거북이를 따라잡을 수 있습니까?

다음은 보물이 숨겨진 위치를 나타내는 암호입니다. |보기|를 보고, 보물이 숨겨진 위치는 어디인지 찾으시오.

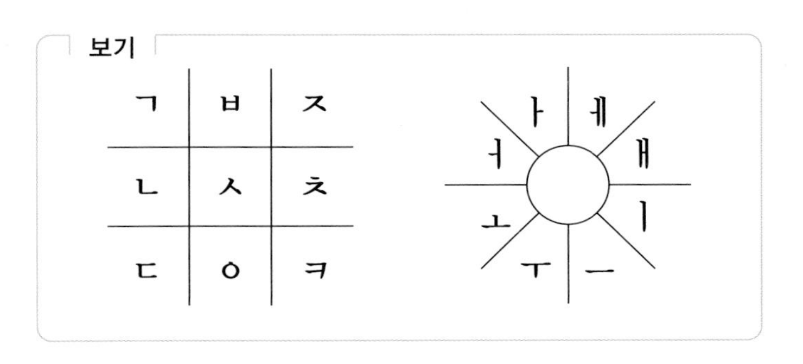

|보기|는 위의 두 수의 차를 아래의 □ 안에 쓴 것입니다. 다음 그림에서 이와 같이 써 나갈 때, ㉠에 들어갈 알맞은 수를 찾으시오.

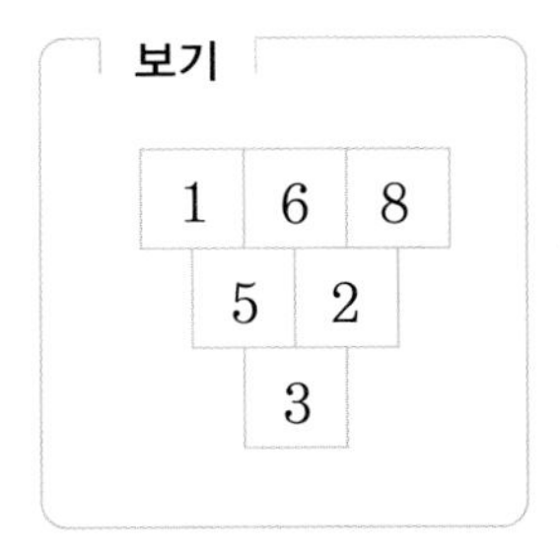

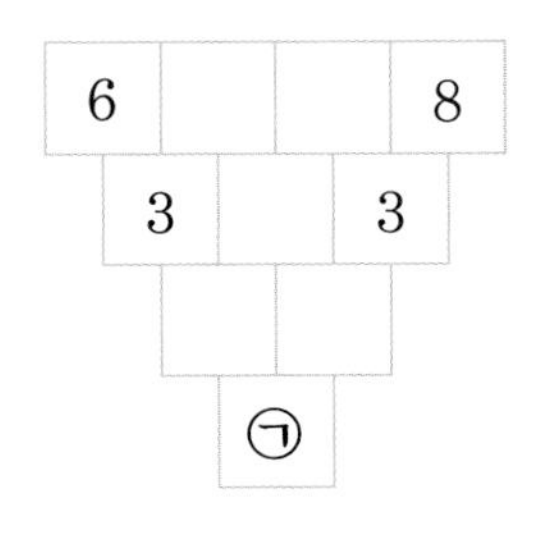

다음과 같이 수를 배열하여 오른쪽, 왼쪽으로 번갈아 가면서 칠합니다. 7행에 칠해진 수를 구하시오.

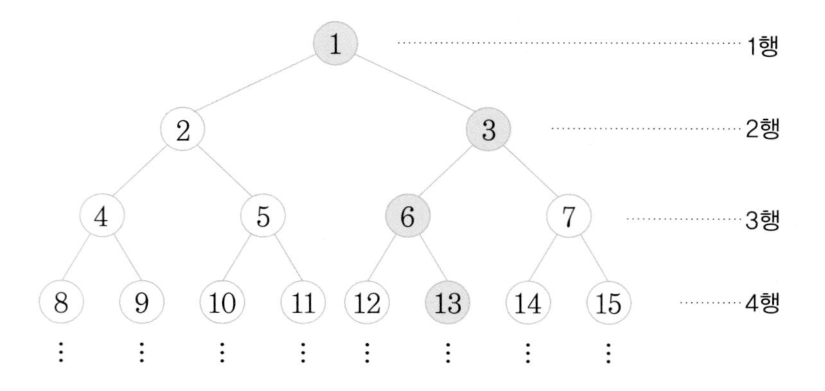

다음 그림과 같이 원판을 크기 순으로 3개 놓았습니다. 모든 원판을 오른쪽 끝에 있는 기둥으로 옮기려면 최소 몇 번을 움직여야 합니까? (단, 큰 원판은 작은 원판 위에 놓을 수 없습니다.)

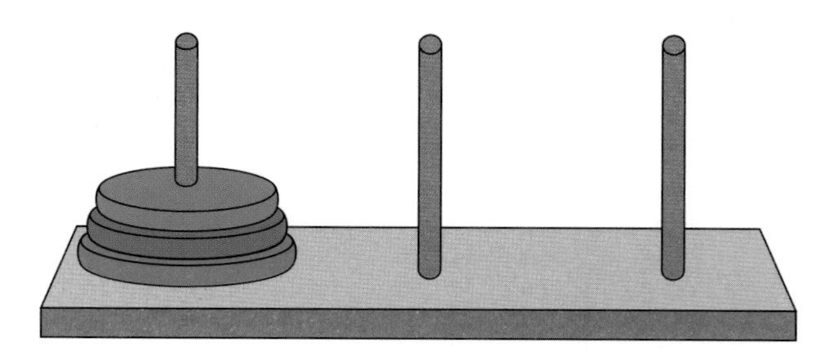

오른쪽 표는 0부터 9까지의 수를 0과 1만으로 나타낸 것입니다. 컴퓨터는 이와 같이 2진법의 신호로 정보를 보내고 받습니다. 이때, 신호에 방해가 생겨 잘못 보내질 경우를 대비하여 |보기|와 같은 방식으로 정보를 보낸다고 합니다. 색칠된 부분에는 가로, 세로줄에 있는 1의 개수가 홀수 개이면 1, 1이 없거나 1의 개수가 짝수 개이면 0을 씁니다.

0	0000	5	0101
1	0001	6	0110
2	0010	7	0111
3	0011	8	1000
4	0100	9	1001

보기

236을 전송할 경우

2 →	0	0	1	0	1
3 →	0	0	1	1	0
6 →	0	1	1	0	0
	0	1	1	1	

다음과 같은 정보가 전송된 경우, 맞게 전송되었거나 한 칸에 있는 수가 잘못 전송된 것입니다. 원래 전달하려는 네 자리의 수는 무엇입니까?

0	0	1	0	1
0	0	1	1	0
1	1	0	0	1
0	1	1	1	1
1	1	1	0	

다음과 같은 규칙으로 수를 묶어 배열하였습니다.

(1), (3, 5), (7, 9, 11), (13, 15, 17, 19), ⋯

일곱째 번 묶음에 있는 수의 합은 얼마입니까?

Memo

V 도형의 측정

1. 원주율(π)

Free FACTO

그림은 상현이와 영민이가 원형 트랙을 따라 달리기를 하고 있는 모습을 위에서 본 것입니다. 상현이는 반지름이 12m인 작은 원을 따라 한 바퀴를 달렸고, 영민이는 반지름이 상현이가 달리는 원의 반지름보다 1m 더 큰 원을 따라 한 바퀴를 달렸습니다. 영민이는 상현이보다 몇 m를 더 달렸는지 구하시오.

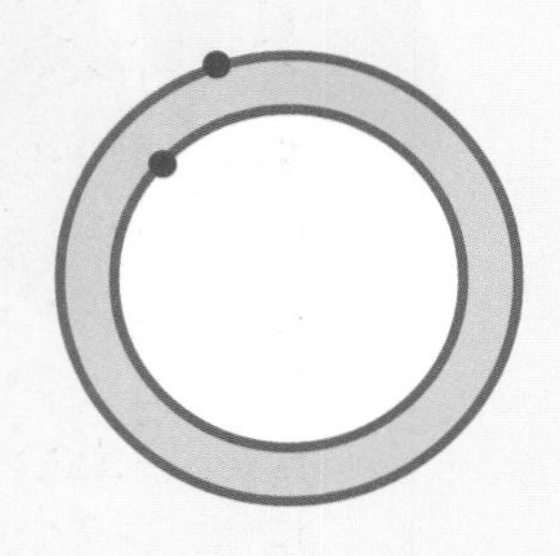

생각의 흐름

1 상현이가 달린 거리를 구합니다.

2 영민이가 달린 원의 반지름을 구하고, 영민이가 달린 거리를 구합니다.

3 1과 2의 차를 구합니다.

4 두 사람이 달린 거리를 각각 구하지 않고, 그 차를 구할 수 있는 방법을 생각해 봅니다.

LECTURE 원주율(π) - 아르키메데스의 방법

1 원의 둘레의 길이와 원의 반지름 사이에는 일정한 비가 있습니다. 이 일정한 비를 원주율(π)이라고 부릅니다.

(원의 둘레)=(원의 반지름)×2×(원주율)=(지름)×(원주율)

2 아르키메데스는 그림과 같이 원에 내접하는 정다각형과 외접하는 정다각형을 그려 [원의 둘레는 원에 내접하는 정다각형의 둘레보다는 크고, 외접하는 정다각형의 둘레보다는 작다]는 사실을 이용해 원주율을 구했습니다.

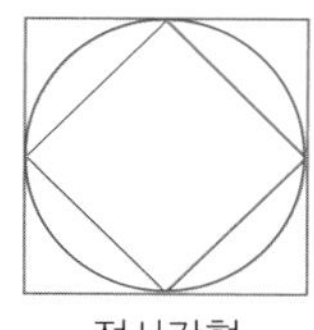
정사각형

정육각형

정십이각형

정이십각형

…

3 아르키메데스의 방법을 이용해 독일의 수학자 루돌프는 원주율을 소수점 아래 35자리까지 계산했습니다.

루돌프의 원주율(π)=3.14159265358979323846264338327950288

지구의 반지름은 약 6400km입니다. 지구를 완전한 구라고 할 때, 지구보다 반지름이 10km 더 큰 구의 중심을 지나는 단면의 둘레는 지구의 단면의 둘레보다 몇 km 더 긴지 구하시오.

지구의 단면의 반지름과 더 큰 구의 반지름의 길이를 비교합니다.

LECTURE 원주의 활용

1 원주는 지름에 비례합니다.

따라서 원주는 지름이 커진 값에 원주율을 곱한 만큼 그 길이가 변합니다. 예를 들어, 지름이 1cm 커지면 원주는 1×3.14=3.14(cm) 커지고, 지름이 2cm 커지면 원주는 2×3.14=6.28(cm) 커집니다.

2 지름이 2인 원의 지름을 1만큼 더 늘려 만든 지름이 3인 원 (가)와 지름이 2인 원과 1인 원을 이어 만든 도형 (나)의 둘레는 서로 같습니다.

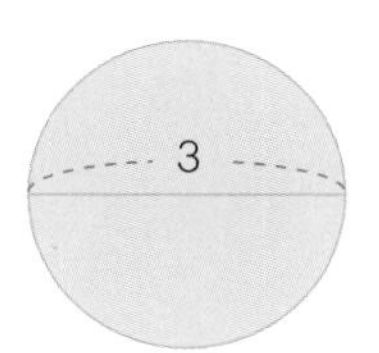

(가) 3×3.14=9.42

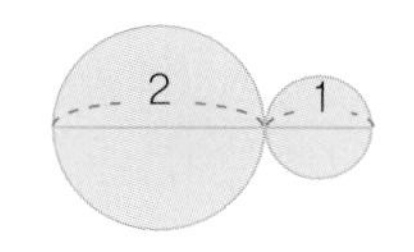

(나) 2×3.14+1×3.14=9.42

2. 원주

Free FACTO

다음은 밑면의 반지름이 5cm인 원기둥 4개를 묶은 모양을 위에서 내려다본 것입니다. 끈의 길이를 구하시오. (단, 매듭의 길이는 생각하지 않습니다.)

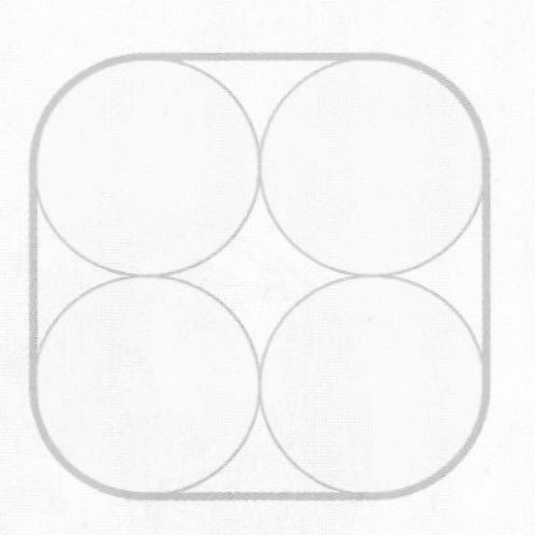

생각의 흐름

1 그림과 같이 원의 중심을 기준으로 끈을 선분과 곡선으로 나눕니다. 선분의 길이의 합을 구합니다.

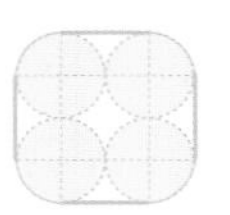

2 곡선을 이어 붙이면 반지름이 5cm인 원주가 됩니다. 곡선 부분의 길이의 합을 구합니다.

LECTURE 원의 일부

그림과 같이 두 반지름과 원의 한 부분으로 둘러싸인 부채 모양의 도형을 부채꼴이라고 합니다. 이 때, 두 반지름이 이루는 각 ㄱㅇㄴ을 부채꼴의 중심각이라 하고, 곡선 ㄱㄴ을 호라고 합니다.

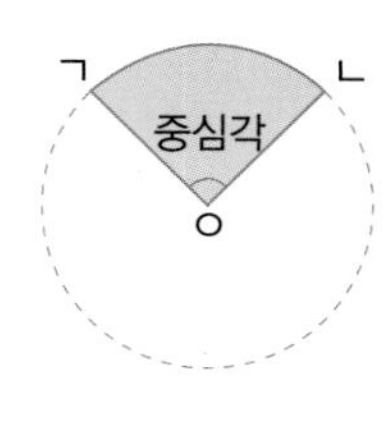

부채꼴의 호의 길이는 중심각의 크기에 비례하므로

(부채꼴의 호의 길이)=(원주)×(중심각)÷360°

입니다.

지름이 10cm인 원 3개를 그림과 같이 이어 붙였습니다. 그림에서 굵게 그려진 도형의 둘레의 길이를 구하시오.

원의 중심과 도형이 만나는 점을 이어 선분과 곡선으로 나누어 생각합니다.

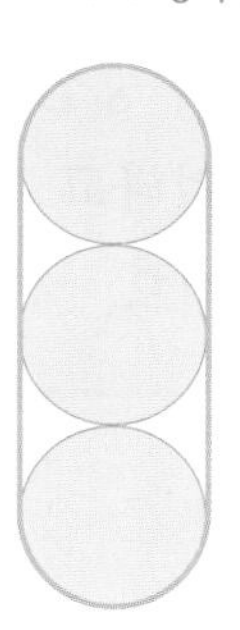

색칠된 도형의 둘레의 길이를 구하시오.

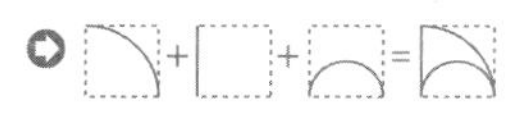

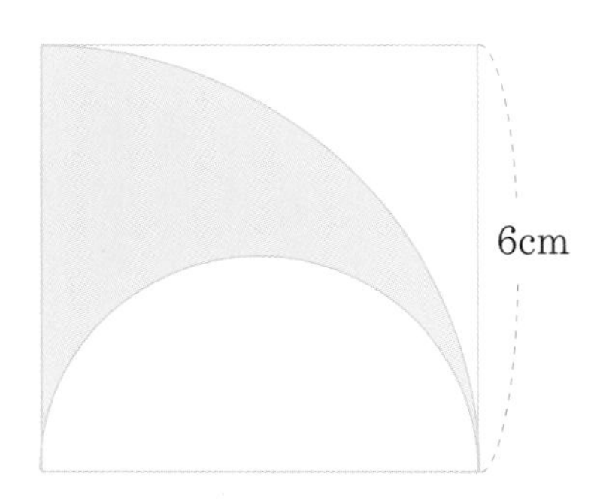

3. 원의 넓이

Free FACTO

그림과 같이 한 변의 길이가 4m인 정사각형 모양의 울타리 밖에 소가 한 마리 묶여 있습니다. 끈의 길이가 3m이고, 끈이 묶여 있는 곳은 한 변의 중심이라고 합니다. 소가 울타리 안으로 들어갈 수 없다고 할 때, 풀을 뜯어 먹을 수 있는 땅의 넓이를 구하시오.

생각의 흐름

1 한 점을 중심으로 일정한 거리에 놓인 점들을 연결하면 원이 만들어집니다. 따라서 끈이 고정된 지점을 중심으로 반지름이 3m인 원의 일부를 그립니다.

2 1을 따라 원을 그리면 울타리의 꼭짓점과 끈이 만나는 곳에서부터 반지름이 3m인 원을 그릴 수 없게 됩니다. 작은 원의 반지름을 구하여 소가 풀을 먹을 수 있는 땅의 넓이를 구합니다.

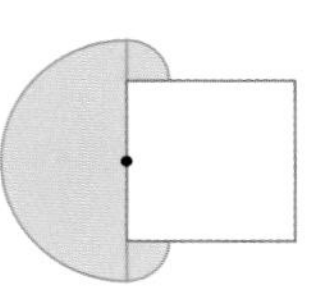

LECTURE 원의 넓이

그림과 같이 원을 한없이 작게 잘라 붙이면 원의 넓이는 가로의 길이가 원주의 $\frac{1}{2}$이고, 세로의 길이가 반지름의 길이와 같은 직사각형의 넓이와 점점 같아진다는 것을 알 수 있습니다.

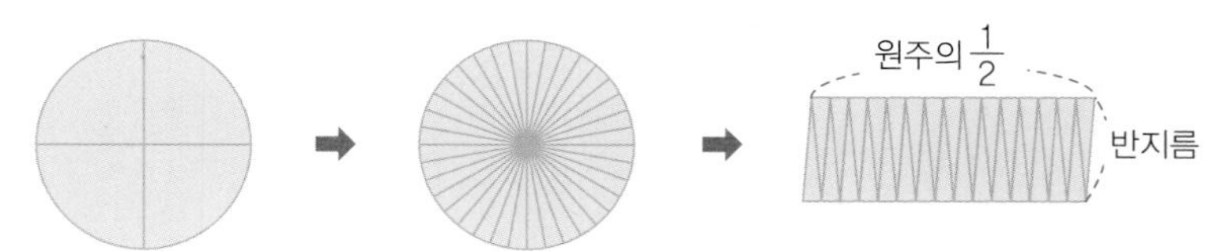

(원의 넓이)=(원주의 $\frac{1}{2}$)×(반지름)=(반지름)×(반지름)×(원주율)

가로, 세로가 각각 13m, 10m인 직사각형 모양의 울타리의 한 꼭짓점에 길이가 10m인 끈이 묶여 있고, 이 끈의 다른 쪽 끝에 묶인 코끼리가 있습니다. 울타리 안으로 들어갈 수 없다고 할 때, 코끼리가 움직일 수 있는 땅의 넓이를 구하시오.

반지름이 10m인 원의 일부를 그려 봅니다.

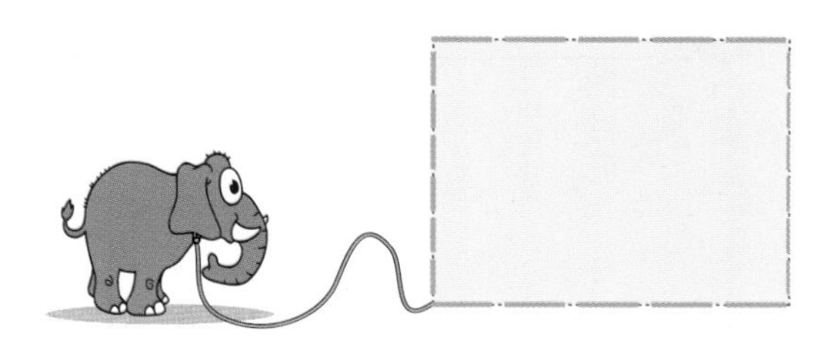

그림과 같이 직사각형 모양의 울타리가 있는데, 양 한 마리가 길이 4m 되는 줄에 묶여 있습니다. 이 양이 움직일 수 있는 가장 넓은 범위는 몇 m^2입니까?

위에서 내려다본 모양입니다.

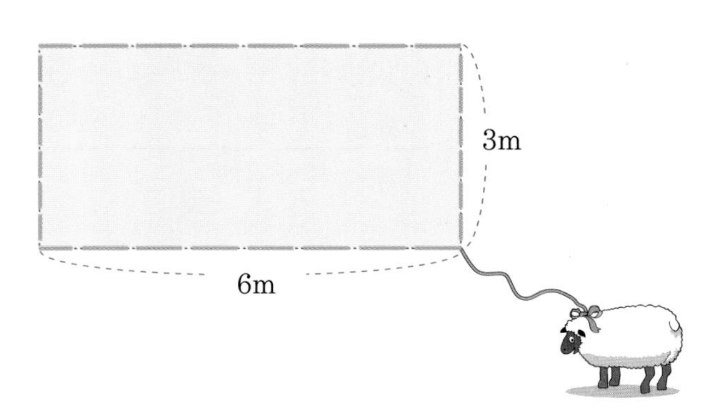

Creative 팩토

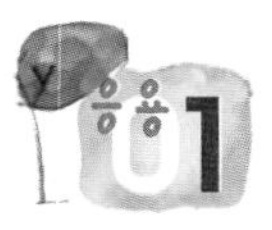

반지름이 2cm인 동전을 선분 ㄱㄴ을 따라 2바퀴 굴렸습니다. 동전이 굴러간 거리는 몇 cm입니까?

KeyPoint
원주의 2배입니다.

다음은 밑면의 지름이 10cm인 원기둥 4개를 묶은 모양을 위에서 내려다본 것입니다. 끈의 길이를 구하시오. (단, 매듭의 길이는 생각하지 않습니다.)

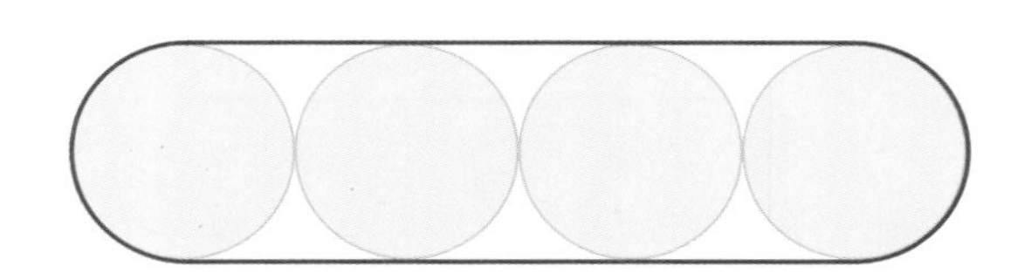

KeyPoint

한 변이 4cm인 정사각형 안에 다음과 같이 여러 가지 모양을 그려 넣었습니다. 색칠된 도형의 둘레를 각각 구하시오.

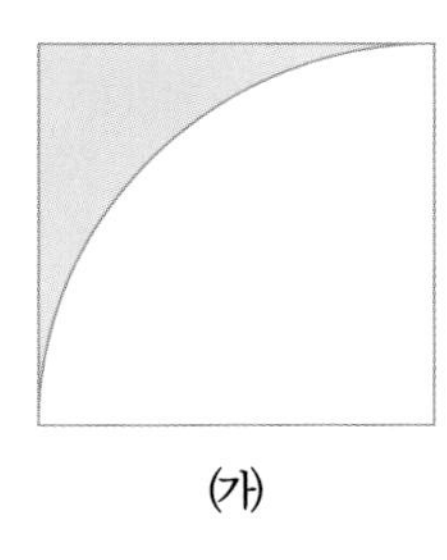
(가)

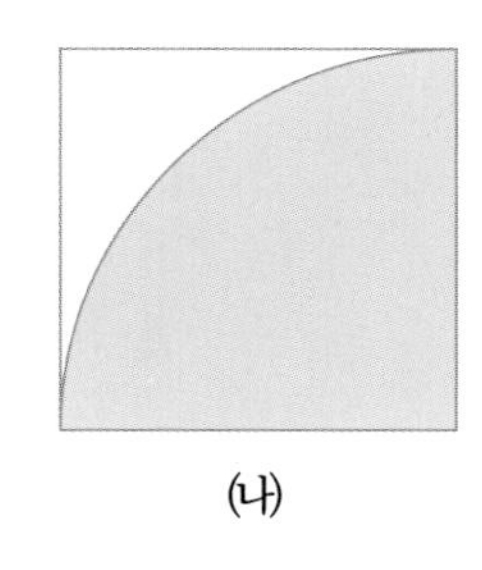
(나)

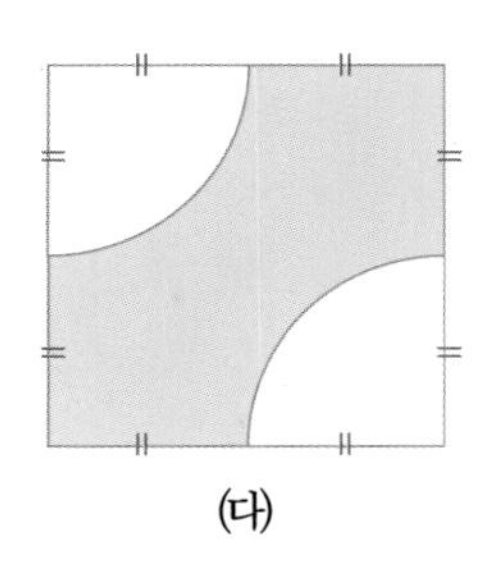
(다)

Key Point
곡선과 직선으로 나누어 둘레의 길이를 구합니다.

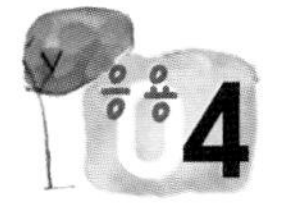

지름이 5cm인 원 ㈎를 지름이 10cm인 원 ㈏의 둘레를 따라 한 바퀴 굴립니다. 원 ㈎의 중심이 움직인 거리를 구하시오.

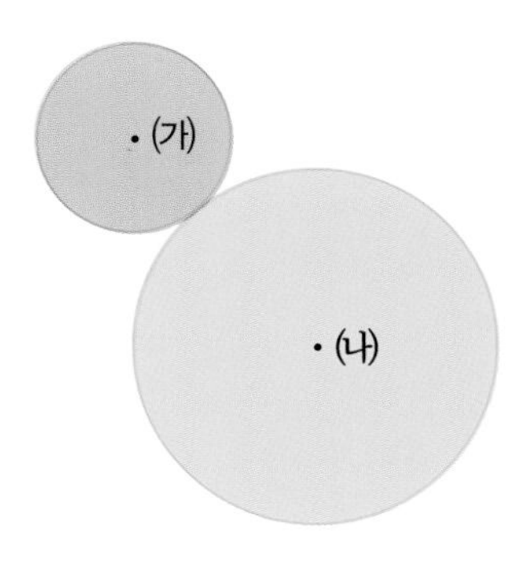

Key Point
㈎의 중심이 움직인 모양을 그려 봅니다.

색칠된 부분의 넓이를 구하시오.

(1)

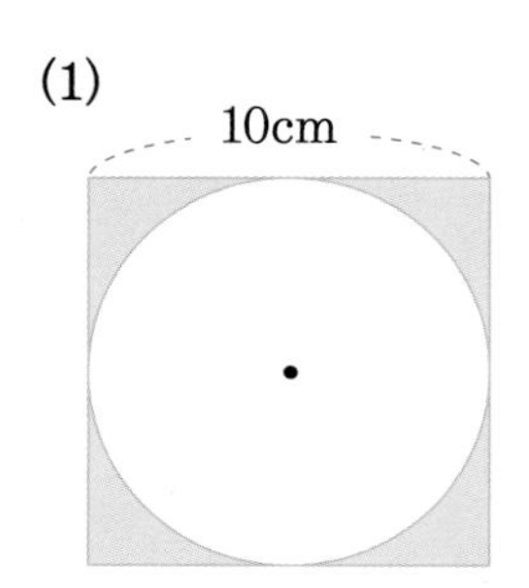

(2)

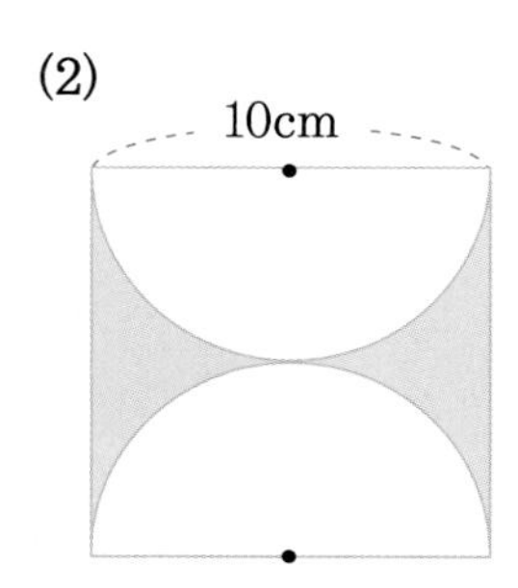

(3)

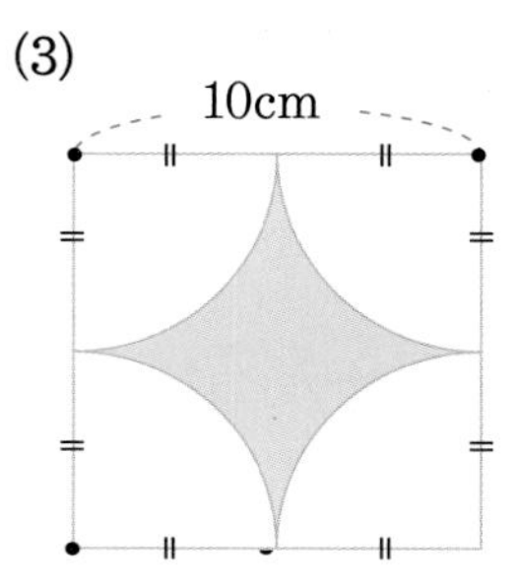

KeyPoint

정사각형의 넓이에서 원의 넓이를 뺍니다.

한 변의 길이가 20cm인 정사각형 안에 반원을 그려 만든 모양입니다. 색칠된 부분의 넓이의 합을 구하시오.

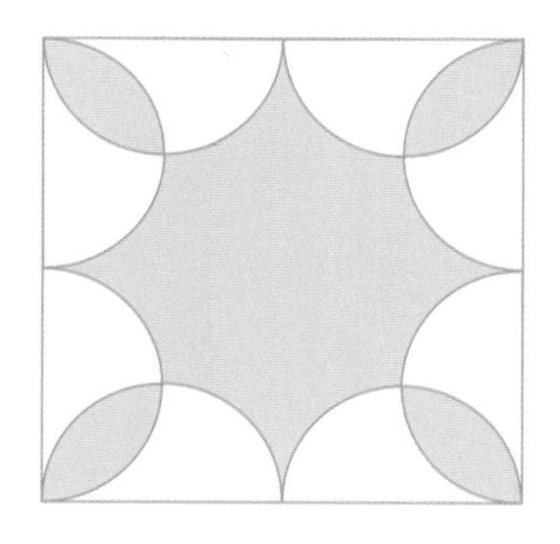

KeyPoint

A와 B는 서로 같은 모양입니다.

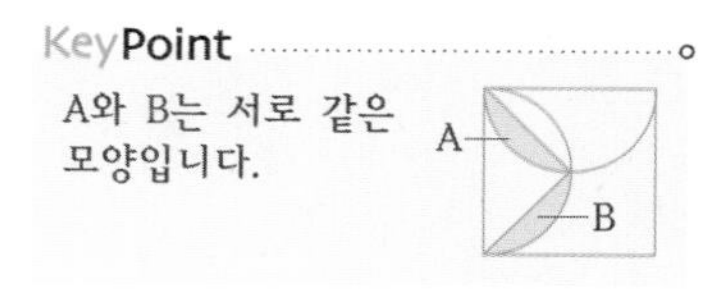

가로 2cm, 세로 8cm인 직사각형의 둘레에 그림과 같이 부채꼴을 만들었습니다. 색칠된 부분의 넓이를 구하시오.

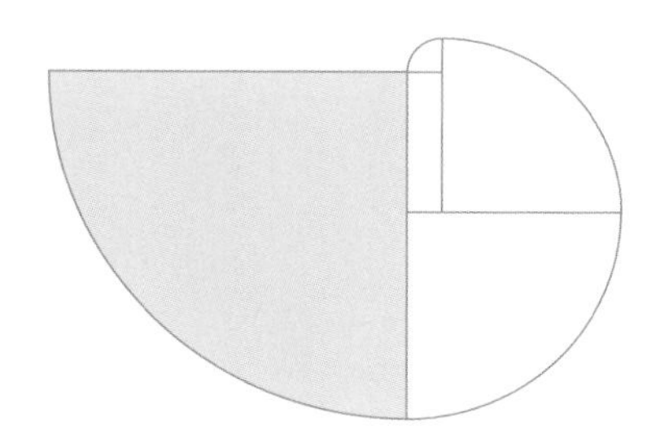

KeyPoint

부채꼴의 반지름의 길이를 모두 구합니다.

목장 안에 한 변이 5m인 정삼각형 모양의 울타리가 있습니다. 울타리의 한 꼭짓점에 3m 길이의 끈에 묶인 양이 있습니다. 이 양이 풀을 먹을 수 있는 땅의 넓이를 구하시오.

KeyPoint

양이 움직일 수 있는 땅의 모양을 그립니다.

4. 아르키메데스의 묘비

Free FACTO

한 변이 40cm인 정육면체로 둘러싸인 원기둥 모양의 물통이 있습니다. 이 물통에 가득 든 물의 부피를 구하시오.

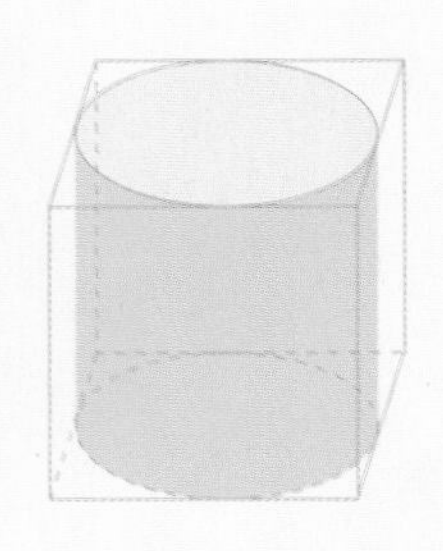

생각의 흐름

1 원기둥의 밑면의 반지름의 길이를 구하여 밑면의 넓이를 구합니다.

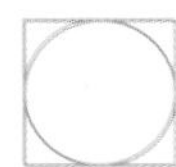

2 (원기둥의 부피)=(밑넓이)×(높이)입니다. 원기둥의 높이를 구하여 그 부피를 구합니다.

LECTURE 아르키메데스의 묘비

유클리드, 아폴로니우스, 아르키메데스는 고대 3대 수학자입니다.
그중 원에 외접하는 정다각형과 내접하는 정다각형의 둘레로 원주율을 구한 아르키메데스의 묘비에서 오른쪽과 같은 그림이 발견되었습니다.
구의 겉넓이와 부피를 구하기 위한 고민을 시작한 아르키메데스는 구를 평면으로 한없이 잘라 생긴 원들의 둘레를 이용해 구의 겉넓이를 구했고, 구에 외접하는 원기둥과 그 원기둥에 내접하는 원뿔의 부피를 이용해 원의 부피를 구했습니다.
아르키메데스는 목욕탕에서 물의 부력을 발견하고 벌거벗은 채로 "Eureka"라고 외치고 뛰어나갔다는 이야기로도 유명합니다.

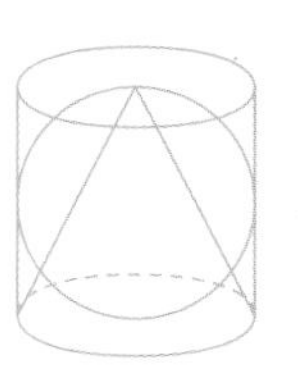

원기둥 ㈎에 물을 가득 넣고, 사각기둥 ㈏에 옮겨 담으려고 합니다. 물은 몇 cm까지 차오르겠습니까?

(각기둥의 부피)=(밑넓이)×(높이)입니다. 원기둥의 부피를 먼저 구한 후, 사각기둥의 높이를 구합니다.

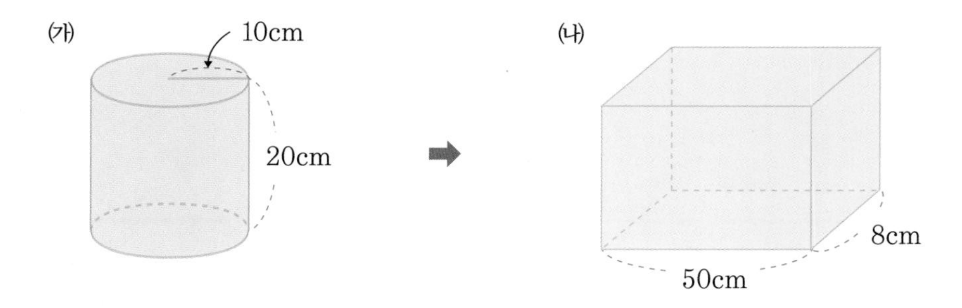

다음 오각기둥의 부피를 구하시오. 단, 오른쪽 오각형은 오각기둥의 밑면을 나타낸 것입니다.

주어진 조건을 이용해 오각기둥의 밑넓이를 구합니다.

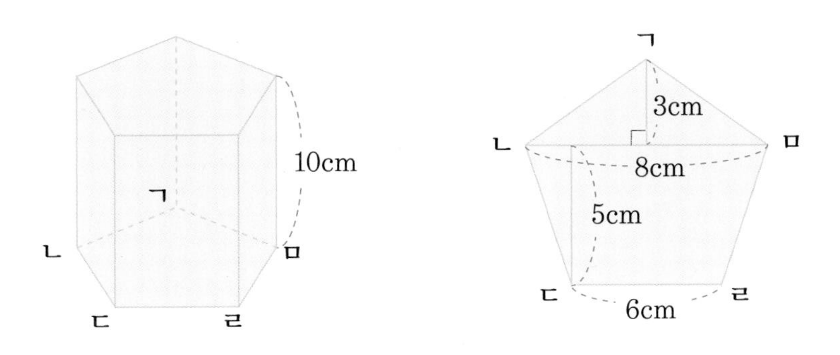

5. 부피와 겉넓이

Free FACTO

한 모서리가 2cm인 정육면체 모양의 쌓기나무를 면과 면끼리 이어 붙여 부피가 $32cm^3$인 모양을 만들었습니다. 만든 모양의 겉넓이가 가장 작을 때의 겉넓이를 구하시오.

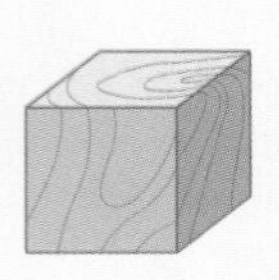

생각의 흐름

1 한 모서리의 길이가 2cm인 쌓기나무 1개의 부피를 구합니다.

2 쌓기나무 몇 개로 만든 모양인지 구합니다.

3 쌓기나무를 2에서 구한 개수만큼 이어 붙여서 만든 도형의 겉넓이가 가장 작게 하려면 이어 붙인 면의 개수가 가장 많아야 합니다. 그 모양을 그리고, 겉넓이를 구합니다.

LECTURE 쌓기나무 4개를 붙여 만들 수 있는 모양

정육면체 4개를 이어 붙여 만들 수 있는 서로 다른 모양은 다음과 같습니다.

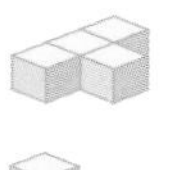

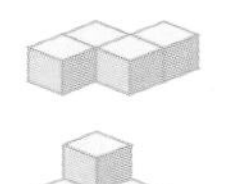

쌓기나무로 쌓은 모양의 겉넓이를 크게 하려면 이어 붙이는 면의 수를 최소로 하고, 겉넓이를 작게 하려면 이어 붙이는 면의 수를 최대로 하여야 합니다.
따라서 정육면체를 이어 붙여 도형을 만들 때, 정육면체를 길게 늘어놓을수록 겉넓이는 커지고,
정육면체 모양과 가까워질수록 겉넓이는 작아집니다.

정육면체 모양의 쌓기나무 4개를 면과 면끼리 이어 붙여 입체도형을 만들려고 합니다. 만들 수 있는 입체도형의 겉넓이가 가장 넓을 때의 값을 구하시오. 단, 쌓기나무의 한 모서리는 1cm입니다.

이어 붙인 면의 개수가 가장 적은 경우를 생각합니다.

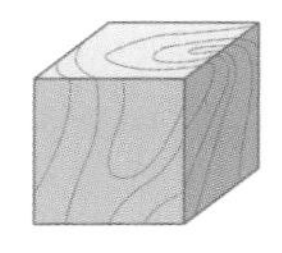
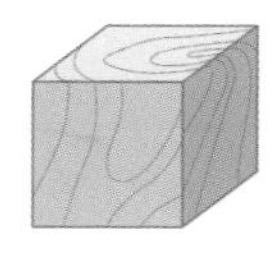
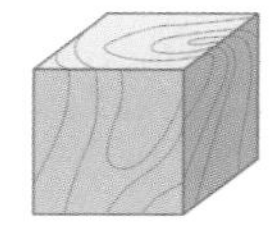
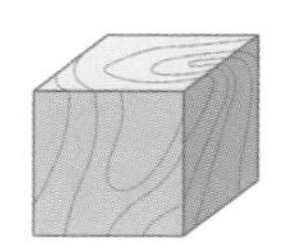

한 모서리가 1cm인 정육면체를 면과 면끼리 이어 붙여 겉넓이가 22cm^{2}인 모양을 만들었습니다. 이 모양의 부피가 가장 작을 때의 값을 구하시오.

부피가 작을 때는 사용한 정육면체의 개수가 적을 때입니다. 정육면체 4개의 겉넓이는 $6\times4=24(cm^2)$입니다. 따라서 두 면만 이어 붙여야 겉넓이가 22cm^{2}가 됩니다.

6. 쌓기나무의 겉넓이

Free FACTO

한 모서리의 길이가 4cm인 쌓기나무를 이어 붙여 모든 면에서 본 모양이 똑같은 그림과 같은 모양을 만들었습니다. 이 입체도형의 겉면에 모두 파란색 색종이를 붙이려고 합니다. 필요한 색종이의 넓이를 구하시오.

생각의 흐름

1 그림과 같이 움푹 들어간 부분에 쌓기나무 하나를 끼워 넣을 때, 겉면의 넓이가 어떻게 달라지는지 관찰합니다.

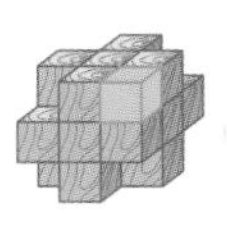

2 같은 방법으로 쌓기나무를 하나씩 끼워 넣으면 어떤 모양이 되는지 생각합니다.

3 위와 같이 만든 입체도형의 겉넓이를 이용하여 주어진 입체도형의 겉넓이를 구합니다.

LECTURE 단순한 모양으로 바꾸어 생각하기

1 직육면체로 바꾸어 생각하기

그림과 같이 면을 평행이동하여 겉넓이가 같은 간단한 모양으로 바꾸어 계산합니다.

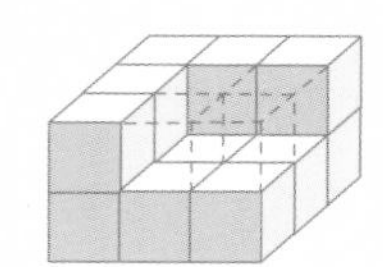

2 위, 밑, 옆에서 본 모양 관찰하기

여섯 면에서 관찰한 모양의 넓이의 합은 겉넓이와 같습니다.

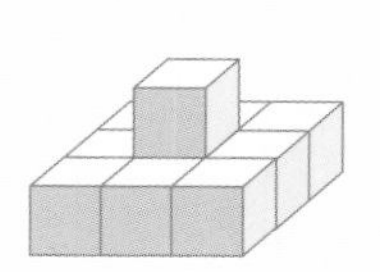

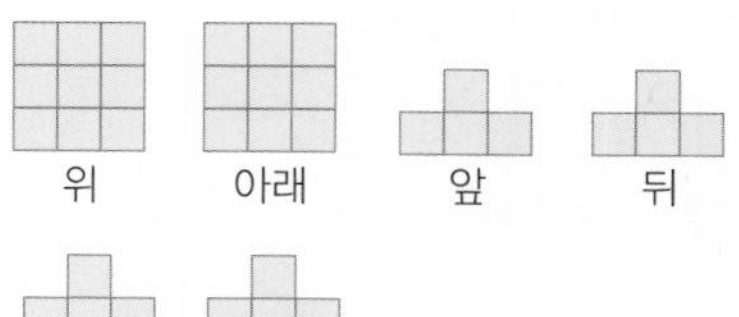

따라서 겉넓이는

(9+9+4+4+4+4)×(한 면의 넓이)입니다.

한 모서리가 2cm인 쌓기나무로 다음 모양을 만들었습니다. 밑면을 포함한 겉넓이를 구하시오.

이 모양과 겉넓이가 같은 간단한 입체도형을 생각합니다. 위, 아래, 앞, 뒤, 오른쪽, 왼쪽에서 본 모양을 그려 그 넓이를 더합니다.

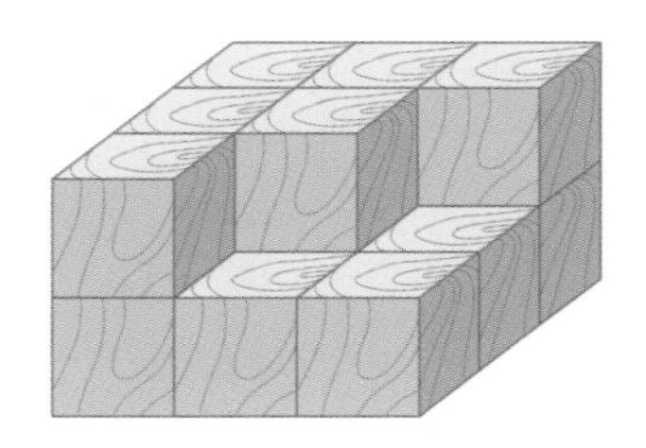

가로, 세로, 높이가 각각 3cm인 쌓기나무를 연결하여 그림과 같이 만들었습니다. 이 도형의 겉면에 가로, 세로 3cm인 정사각형 모양의 색종이를 모두 붙이려고 합니다. 색종이는 모두 몇 장이 필요한지 구하시오.

위, 밑, 옆(앞, 뒤, 오른쪽, 왼쪽 옆)에서 보이는 면의 개수를 각각 구합니다.

Creative 팩토

다음은 밑면의 넓이가 모두 같고, 높이가 서로 다른 각기둥입니다. 각기둥 ㈎, ㈏, ㈐의 부피의 비를 구하시오.

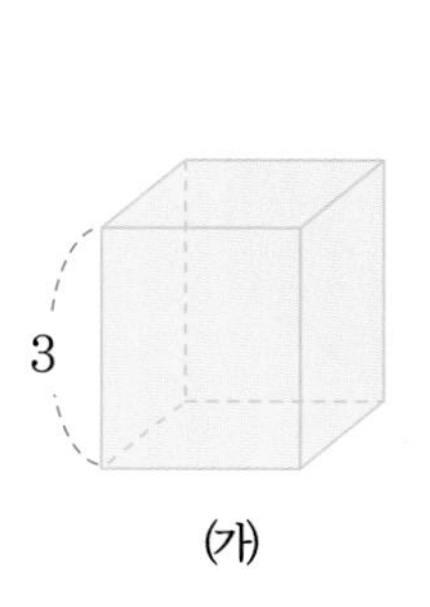

㈎

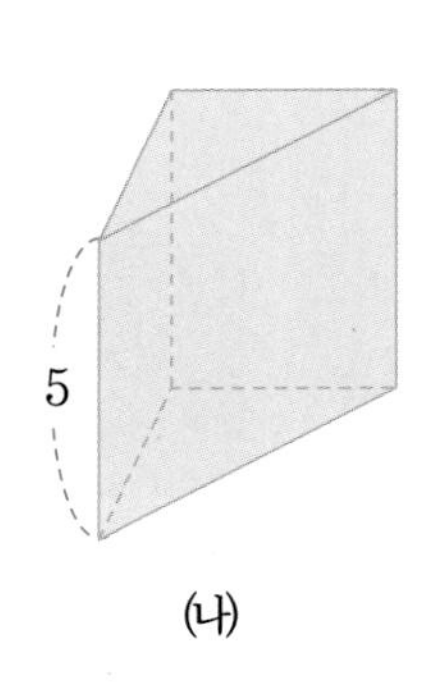

㈏

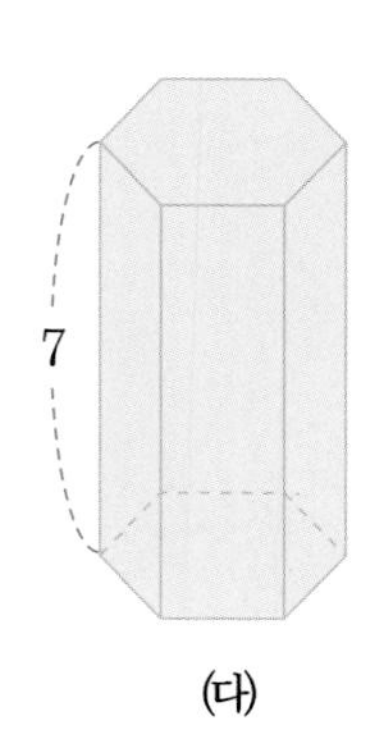

㈐

KeyPoint

(각기둥의 부피)
=(밑면의 넓이)×(높이)입니다.

한 모서리가 10cm인 정육면체로 둘러싸인 원기둥 모양의 물통이 있습니다. 이 물통에 가득 든 물을 밑면의 넓이가 100cm²이고, 높이가 1m인 삼각기둥 모양의 물통에 옮겨 담으려고 합니다. 밑면에서부터 몇 cm까지 물이 차는지 구하시오.

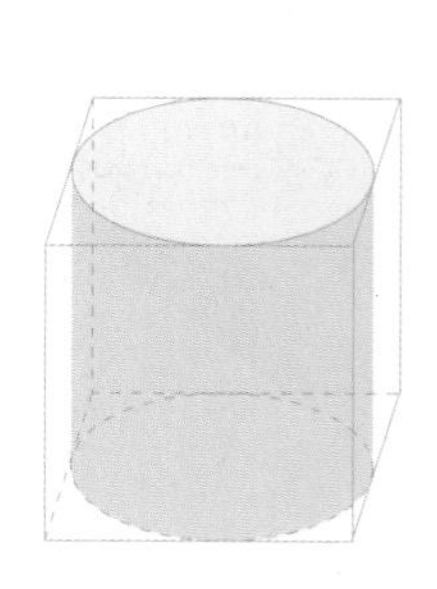

KeyPoint

원기둥의 밑넓이, 높이를 구하여 물의 부피를 계산합니다.

원기둥 모양의 밑면에 손잡이를 달고, 옆면에 페인트를 칠해서 그림과 같이 한 바퀴를 굴렸습니다. 물음에 답하시오.

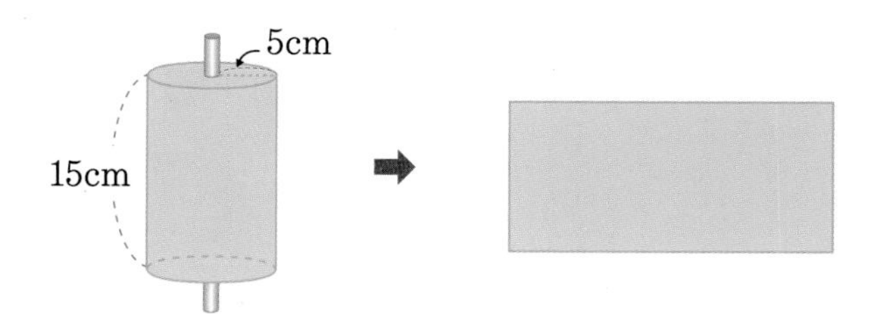

(1) 굴려 만든 모양은 어떤 도형입니까?

(2) 이 도형의 가로의 길이와 세로의 길이를 각각 구하시오.

(3) 이 도형의 넓이를 구하시오.

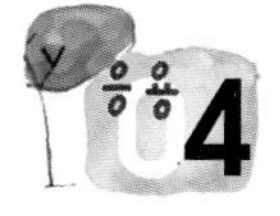

다음은 부피가 $1cm^3$인 정육면체를 쌓아 만든 입체도형입니다. 바닥면을 포함한 겉넓이를 구하시오.

Key Point

간단한 모양으로 바꾸어 생각합니다.

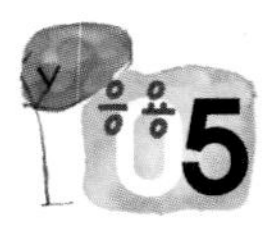

한 모서리가 1cm인 정육면체 10개를 쌓아 만든 모양입니다. 바닥면을 포함한 겉넓이를 구하시오.

KeyPoint
위, 아래, 앞, 뒤, 오른쪽, 왼쪽에서 본 모양을 그려 그 넓이를 더합니다.

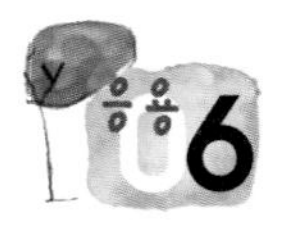

한 모서리가 1cm인 정육면체를 붙여 겉넓이가 $24cm^2$인 큰 정육면체를 만들었습니다. 물음에 답하시오.

(1) 작은 정육면체를 붙여 만든 큰 정육면체의 한 면의 넓이를 구하시오.

KeyPoint
정육면체는 각 면이 서로 합동인 정사각형 6개입니다.

(2) 큰 정육면체의 부피를 구하시오.

KeyPoint
한 면의 넓이를 이용합니다.

그림과 같이 한 모서리가 5cm인 정육면체의 각 면의 중앙에 한 변이 1cm인 정사각형 모양의 구멍을 반대편 면까지 뚫었습니다. 이 도형을 페인트가 담긴 통에 넣었다가 꺼냈습니다. 물음에 답하시오.

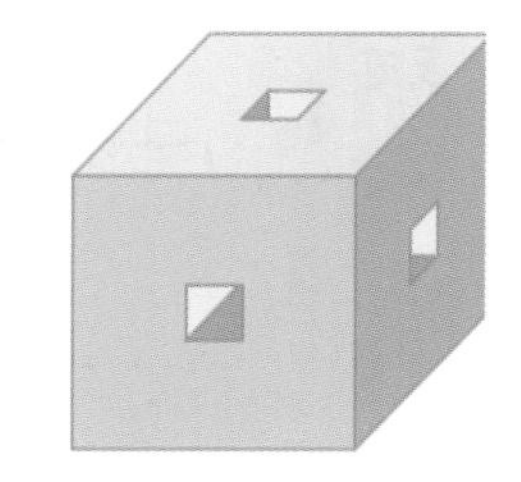

(1) 구멍 뚫린 정육면체의 6면의 넓이의 합을 구하시오.

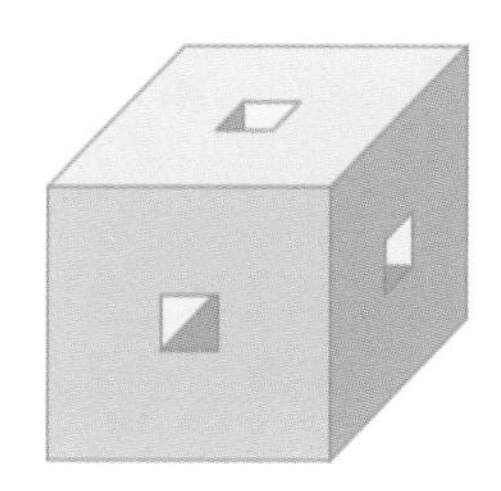

(2) 그림과 같이 뚫린 내부의 모양을 직육면체 6개로 나눌 때, 직육면체 하나의 옆면의 넓이를 구하시오.

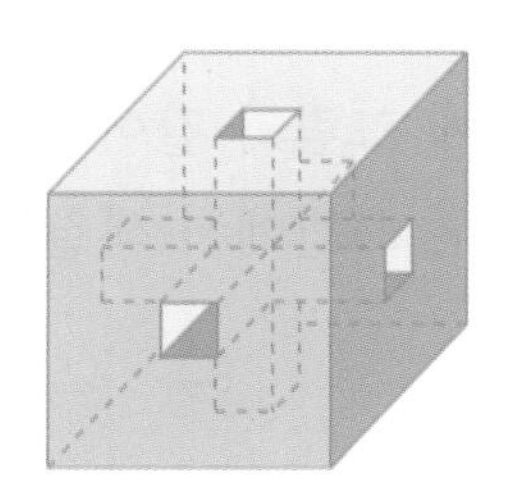

Key Point

정육면체를 통과하는 3개의 긴 구멍을 구멍 3개가 만나는 가운데를 기준으로 6개의 작은 직육면체로 나누어 생각합니다.

(3) 페인트가 칠해진 면은 모두 몇 cm^2인지 구하시오.

Thinking 팩토

반원 3개를 붙여 만든 모양입니다. 작은 반원의 지름이 5cm일 때, 도형의 둘레를 구하시오.

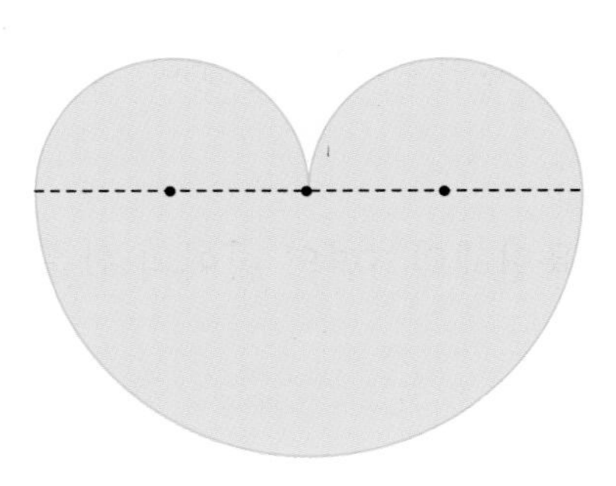

지름이 6cm인 원 안에 그림과 같이 서로 다른 방법으로 작은 원을 그려 모양 ㉠, ㉡, ㉢을 만들었습니다. 그림에서 색칠된 도형의 둘레의 길이를 비교하시오.

㉠

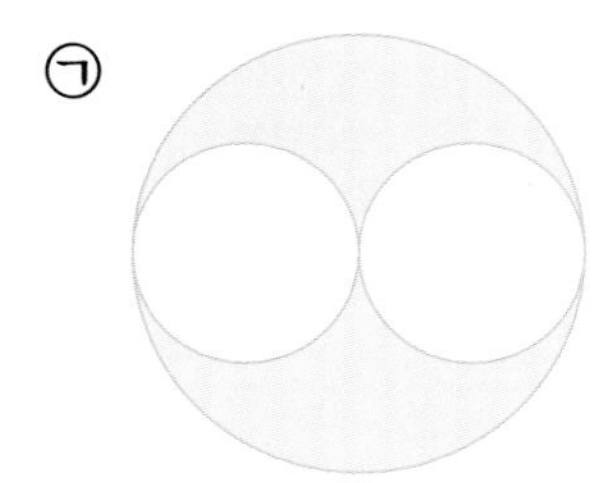

㉡

㉢

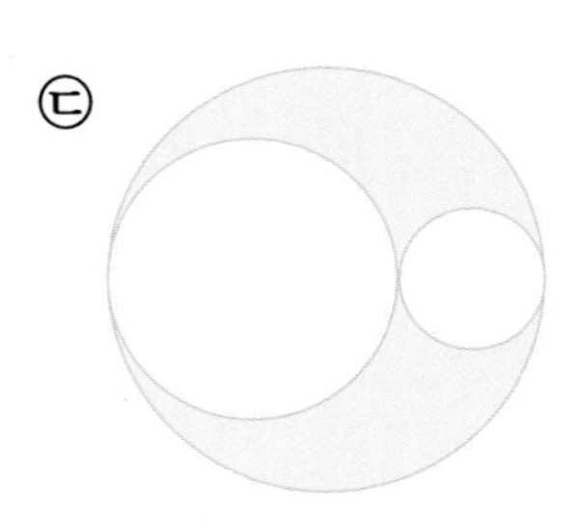

다음은 어떤 규칙에 따라 모양을 그린 것입니다. 물음에 답하시오.

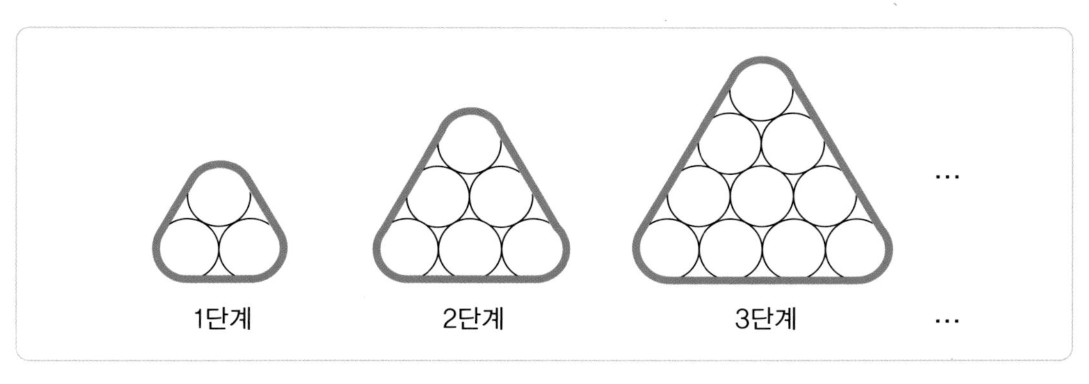

(1) 작은 원의 지름이 1cm일 때, 1단계 모양의 굵게 그려진 도형의 둘레를 구하시오.

(2) 2단계 모양의 굵게 그려진 도형의 둘레를 구하시오.

(3) 3단계의 굵게 그려진 도형의 둘레를 구하고, 단계에 따라 굵게 그려진 도형의 둘레가 어떻게 변하는지 규칙을 찾아 설명하시오.

(4) 둘레의 규칙을 이용해 5단계 도형의 둘레를 구하시오.

한 모서리가 10cm인 정육면체가 있습니다. 이 정육면체에서 그림과 같이 정육면체 2개와 직육면체 1개를 잘라냈습니다. 남은 부분의 겉넓이를 구하시오.

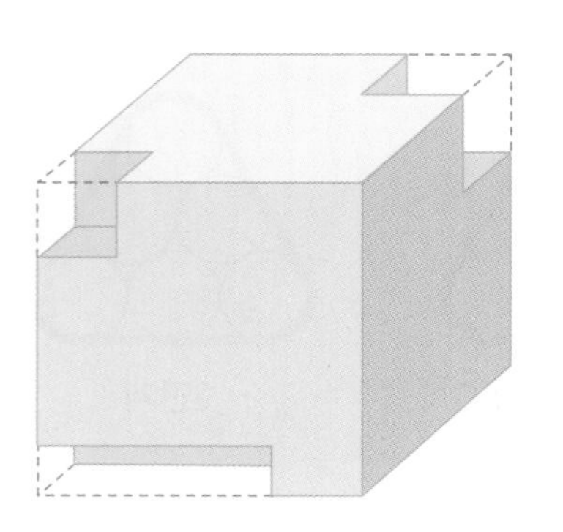

한 모서리가 1cm인 정육면체를 그림과 같이 쌓았습니다. 이 도형의 겉넓이를 구하시오.

모서리의 길이가 10cm인 정육면체의 한 모서리에 그림과 같이 길이가 6cm인 끈을 연필에 묶어 매달았습니다. 연필로 바닥에 그릴 수 있는 가장 큰 도형의 넓이를 구하시오.

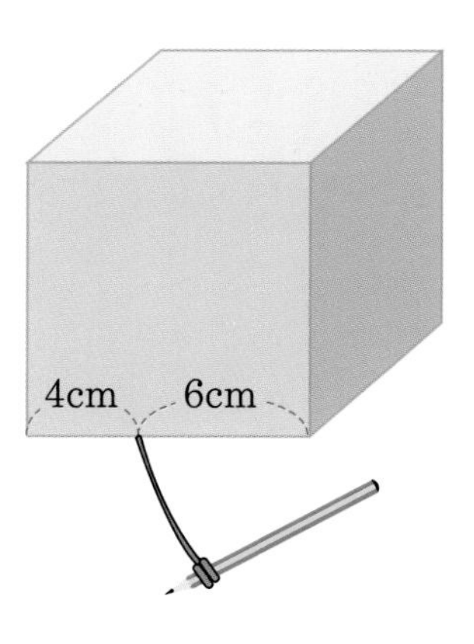

다음은 반지름이 2cm, 4cm, 6cm, 8cm인 원을 일정한 간격으로 그리고, 8등분하여 색칠한 모양입니다. 색칠된 부분의 넓이의 합을 구하시오.

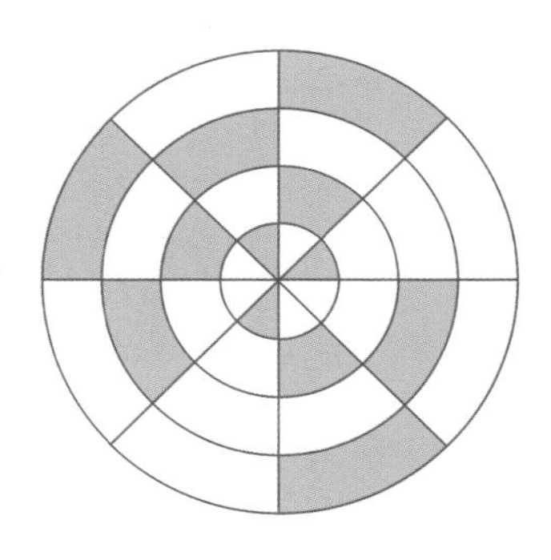

Memo

영재학급, 영재교육원, 경시대회 준비를 위한

창의사고력 초등 수학

팩토

바른 답 바른 풀이

Lv. 6

응용 A

매스티안

영재학급, 영재교육원, 경시대회 준비를 위한

창의사고력 초등 수학 팩토

바른 답 바른 풀이

I 연산감각

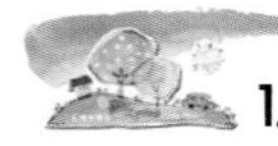

1. 규칙 찾아 계산하기 P.8

Free FACTO

[풀이] 1부터 연속하는 홀수의 합은 연속하는 홀수의 개수를 제곱한 것과 같습니다.
1부터 19까지 홀수는 10개이므로
$1+3+5+7+\cdots+17+19=10\times10=100$입니다.
[답] 100

[풀이] 보기를 보고 규칙을 찾아보면
$1\times1\times1=1 \leftarrow 1\times1$
$1\times1\times1+2\times2\times2=9 \leftarrow (1+2)\times(1+2)=3\times3=9$
$1\times1\times1+2\times2\times2+3\times3\times3=36 \leftarrow (1+2+3)\times(1+2+3)=6\times6=36$
$1\times1\times1+2\times2\times2+3\times3\times3+4\times4\times4=100 \leftarrow (1+2+3+4)\times(1+2+3+4)=10\times10=100$
$1\times1\times1+2\times2\times2+3\times3\times3+4\times4\times4+5\times5\times5=225$
$\leftarrow (1+2+3+4+5)\times(1+2+3+4+5)=15\times15=225$
그러므로
$1\times1\times1+2\times2\times2+\cdots+10\times10\times10=(1+2+\cdots+10)\times(1+2+\cdots+10)=55\times55=3025$입니다.
[답] 3025

[풀이] 3을 여러 번 곱했을 때 일의 자리 숫자가 나온 규칙을 찾아보면
$3=3 \rightarrow 3$
$3\times3=9 \rightarrow 9$
$3\times3\times3=9\times3=27 \rightarrow 7$
$3\times3\times3\times3=27\times3=81 \rightarrow 1$
$3\times3\times3\times3\times3=81\times3=243 \rightarrow 3$
$3\times3\times3\times3\times3\times3=243\times3=729 \rightarrow 9$
⋮
(3, 9, 7, 1)이 반복됩니다. 3을 20번 곱하면 $20\div4=5\cdots0$으로 3, 9, 7, 1이 5번 반복되어 나옵니다. 따라서 3을 20번 곱한 일의 자리 숫자는 1입니다.
[답] 1

2. 연속수의 합으로 나타내기 P.10

Free FACTO

[풀이] 1에서 8까지의 수를 더하면 36이므로 30을 아무리 작은 연속수의 합으로 나타낸다 하더라도 8개가 될 수 없습니다. 따라서 연속수의 개수를 2개에서 7개라 놓고 각각의 경우 연속수의 합으로 나타낼 수 있는지 알아보면 다음과 같습니다.

2개: (불가)
3개: 30=9+10+11
4개: 30=6+7+8+9
5개: 30=4+5+6+7+8
6개: (불가)
7개: (불가)

[답] 30=9+10+11, 30=6+7+8+9, 30=4+5+6+7+8 / 3가지

[풀이] 연속된 네 수는 가운데 두 수의 합과 양끝에 있는 두 수의 합이 같습니다.

□+□+□+□=242

A

A

가운데 두 수의 합을 A라고 하면 A는 242÷2=121입니다. 연속하는 두 수의 합이 121인 수는 60, 61이고, 연속하는 네 수는 59, 60, 61, 62입니다.

[답] 59

[풀이] 1에서 9까지의 수를 더하면 45이므로 42를 아무리 작은 연속수의 합으로 나타낸다 하더라도 9개가 될 수 없습니다. 따라서 연속수의 개수를 2개에서 8개라 놓고 각각의 경우 연속수의 합으로 나타낼 수 있는지 알아보면 다음과 같습니다.

2개: 불가
3개: 42=13+14+15
4개: 42=9+10+11+12
5개: 불가
6개: 불가
7개: 42=3+4+5+6+7+8+9
8개: 불가

[답] 42=13+14+15
42=9+10+11+12
42=3+4+5+6+7+8+9

해답

3. 숫자의 합 ······ P.12

Free FACTO

[풀이] 2에서 100까지의 짝수는 일의 자리 숫자가 2, 4, 6, 8, 0으로 끝나는 수입니다. 숫자 2가 일의 자리에 쓰이는 경우는 2, 12, 22, 32, 42, 52, 62, 72, 82, 92로 10개입니다.
4, 6, 8도 마찬가지로 10번씩 쓰이게 됩니다. (숫자의 합을 구하는 것이므로 0은 생각하지 않습니다.)
십의 자리 숫자는 1부터 9까지 모두 쓰이는데 1의 경우는 10, 12, 14, 16, 18로 5개입니다. 마찬가지로 2부터 9도 5번씩 쓰입니다.

- 일의 자리에 쓰일 때: $(2+4+6+8)\times10=200$
- 십의 자리에 쓰일 때: $(1+2+3+4+5+6+7+8+9)\times5=225$
- 백의 자리에 쓰일 때: 1

따라서 $200+225+1=426$입니다.
[답] 426

[풀이] 1에서 25까지의 수를 일의 자리 숫자가 같은 것으로 나누어 보면 (1, 11, 21), (2, 12, 22), (3, 13, 23), (4, 14, 24), (5, 15, 25)로 1부터 5까지의 숫자는 각각 3번씩 쓰입니다. 6부터 9까지는 (6, 16), (7, 17), (8, 18), (9, 19)로 2번씩 쓰입니다. 십의 자리 숫자는 1은 10, 11, 12, 13, 14, 15, 16, 17, 18, 19로 10개가 쓰이고, 2는 20, 21, 22, 23, 24, 25로 6개가 쓰입니다.

- 일의 자리 숫자의 합: $(1+2+3+4+5)\times3=45$
  $(6+7+8+9)\times2=60$
- 십의 자리 숫자의 합: $1\times10+2\times6=22$

따라서 $45+60+22=127$입니다.
[답] 127

[풀이] 일의 자리에서 1의 개수는 11, 21, 31, 41, 51, 61, 71, 81, 91로 9개입니다. 마찬가지로 2부터 9까지도 9번씩 쓰입니다. 십의 자리에서 1의 개수는 10, 11, 12, 13, 14, 15, 16, 17, 18, 19로 10개입니다. 십의 자리 숫자가 2부터 9일 때도 마찬가지로 10개씩 쓰입니다.

- 일의 자리 숫자의 합: $(1+2+3+4+\cdots+9)\times9=405$
- 십의 자리 숫자의 합: $(1+2+3+4+\cdots+9)\times10=450$

따라서 $405+450=855$입니다.
[답] 855

Creative 팩토 P.14

[풀이] $7=7 \rightarrow 7$

$7\times7=49 \rightarrow 9$

$7\times7\times7=343 \rightarrow 3$

$7\times7\times7\times7=2401 \rightarrow 1$

$7\times7\times7\times7\times7=16807 \rightarrow 7$

⋮

곱의 일의 자리 숫자가 7, 9, 3, 1로 반복됩니다.

따라서 $77\div4=19\cdots1$이므로 일의 자리 숫자는 7, 9, 3, 1이 19번 반복되고 난 후 첫째 번 숫자인 7이 됩니다.

[답] 7

[풀이] 3×3은 가운데 수가 3이고, 수의 개수가 3개인 연속하는 수의 합입니다.

5×5는 가운데 수가 5이고, 수의 개수가 5개인 연속하는 수의 합입니다.

7×7은 가운데 수가 7이고, 수의 개수가 7개인 연속하는 수의 합입니다.

그러므로 33×33은 가운데 수가 33이고, 수의 개수가 33개인 연속하는 수의 합으로 나타낼 수 있습니다.

[답] $\underbrace{17+18+\cdots+31+32}_{16개}+33+\underbrace{34+35+\cdots+48+49}_{16개}$

P.15

[풀이] 일의 자리 숫자와 십의 자리 숫자를 생각해 보면,

일의 자리 숫자는 101, 111, 121, ⋯, 181, 191 → 1이 10번 쓰임

102, 112, 122, ⋯, 182, 192 → 2가 10번 쓰임

⋮

109, 119, 129, ⋯, 189, 199 → 9가 10번 쓰임

$\Rightarrow (1+2+\cdots+8+9)\times10=450$

십의 자리 숫자는 110에서 119 → 1이 10번 쓰임

120에서 129 → 2가 10번 쓰임

⋮

190에서 199 → 9가 10번 쓰임

$\Rightarrow (1+2+\cdots+8+9)\times10\times10$(십의 자리 숫자이므로)$=4500$

일의 자리 숫자와 십의 자리 숫자의 합은 $450+4500=4950$이고, 백의 자리 숫자의 합은 일의 자리, 십의 자리에 영향을 주지 않으므로 일의 자리 숫자는 0, 십의 자리 숫자는 5입니다.

[답] 일의 자리 숫자: 0 십의 자리 숫자: 5

[별해] 100에서 199까지의 합을 구합니다.

$$\begin{array}{r} 100+101+102+\cdots+197+198+199 \\ +\big)\ 199+198+197+\cdots+102+101+100 \\ \hline \underbrace{299+299+299+\cdots+299+299+299}_{100개} \end{array}$$

$299\times100\div2=14950$

[풀이] 규칙을 찾아보면 (수의 개수)×{(수의 개수)+1}로 간단하게 합을 구했습니다.
2+4+6+⋯+100은 2부터 100까지의 짝수를 더한 것입니다. 2부터 100까지의 짝수는 모두 50개입니다.
그러므로 50×(50+1)=50×51=2550입니다.
[답] 50, 51, 2550

[풀이] 8개의 연속수의 합으로 나타내야 합니다.

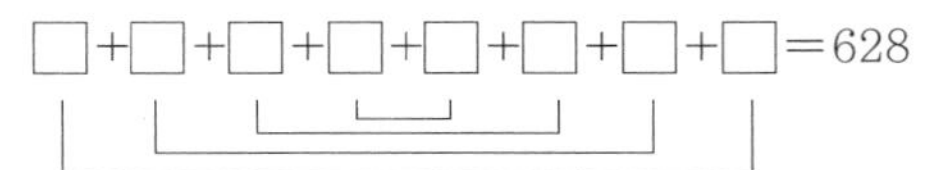

수의 개수가 짝수 개이므로 (가운데 두 수의 합)×(수의 개수)÷2=628입니다.
가운데 두 수의 합을 A라고 하면 A×8÷2=628, A=157입니다.
가운데 두 수는 78, 79이고, 각각의 쪽수는 75, 76, 77, 78, 79, 80, 81, 82가 됩니다.
따라서 75쪽부터 읽었습니다.
[답] 75쪽

[풀이] [ ] 안의 각 자리 숫자 중 짝수만 더해야 하므로 10부터 99까지의 수 중 2, 4, 6, 8이 몇 번 쓰였는지 알아봅니다. 일의 자리 숫자와 십의 자리 숫자가 짝수인 경우로 나누어서 생각해 보면

- 일의 자리 숫자가 짝수인 경우:
  12, 22, 32, 42, 52, 62, 72, 82, 92 → 2가 9번 쓰임
  14, 24, 34, 44, 54, 64, 74, 84, 94 → 4가 9번 쓰임
  16, 26, 36, 46, 56, 66, 76, 86, 96 → 6이 9번 쓰임
  18, 28, 38, 48, 58, 68, 78, 88, 98 → 8이 9번 쓰임
  ⇒ (2+4+6+8)×9=180
- 십의 자리 숫자가 짝수인 경우:
  20, 21, 22, 23, 24, 25, 26, 27, 28, 29 → 2가 10번 쓰임
  40, 41, 42, 43, 44, 45, 46, 47, 48, 49 → 4가 10번 쓰임
  60, 61, 62, 63, 64, 65, 66, 67, 68, 69 → 6이 10번 쓰임
  80, 81, 82, 83, 84, 85, 86, 87, 88, 89 → 8이 10번 쓰임
  ⇒ (2+4+6+8)×10=200

180+200=380
[답] 380

[풀이] 세 수를 예상해서 계산해 봅니다.
10×10×10=1000입니다. 연속하는 세 수의 곱이 504이므로 세 수를 10보다 작은 수로 예상합니다.
8×9×10=720(×)
7×8×9=504(○) → 가장 큰 수는 9입니다.
[답] 9

[별해] $504=2\times2\times2\times3\times3\times7$입니다. 연속하는 세 수의 곱으로 나타내야 하므로

$\underbrace{2\times2\times2}_{8}\times\underbrace{3\times3}_{9}\times7=7\times8\times9$입니다.

그러므로 가장 큰 수는 9입니다.

[풀이] □+□+□+□=250 (가운데 두 □의 합: A)

가운데 두 수의 합을 A라 하면 $A\times4\div2=250$입니다.

$A=125$이므로 가운데 두 수가 62, 63으로 연속하는 네 수는 61, 62, 63, 64입니다.

[답] $61+62+63+64=250$

[별해] 연속하는 네 수 중 가장 작은 수가 1 증가하면 합은 4만큼 증가합니다. $1+2+3+4=10$이므로 구하려는 네 수의 합 250은 10부터 4씩 몇 번 커져야 나오는지 알아봅니다.

$(250-10)\div4=60$이므로 합이 10부터 4씩 60번 증가하면 됩니다.

즉, ①+2+3+4=⑩

⋮ (1씩 60번 증가, 4씩 60번 증가)

$61+62+63+64=250$

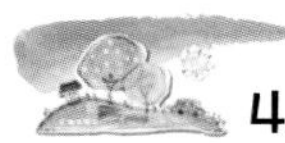

4. 계산 결과의 최대, 최소

P.18

Free FACTO

[풀이] 계산 결과가 가장 크게 하려면 곱해지는 수가 가장 커지도록 수를 써넣습니다.

① □+(8−1)×9−□ ⇒ 곱한 값 63(×)

② □+(9−1)×8−□ ⇒ 곱한 값 64(○)

다음으로 더해지는 수는 크게, 빼지는 수는 작게 만듭니다.

7+(9−1)×8−2=69

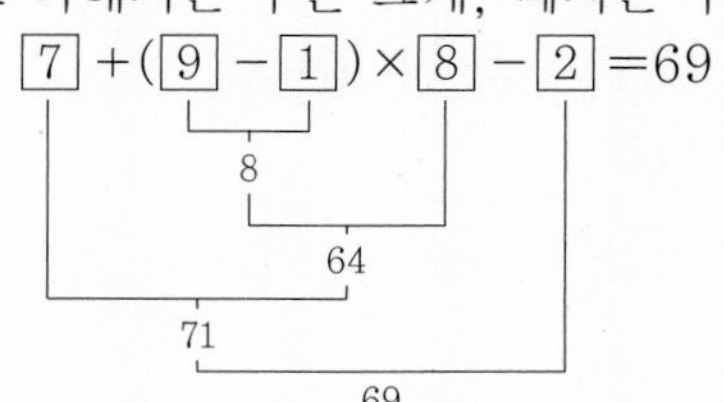

[답] 69

[풀이] 더하는 수는 크게, 빼는 수는 작게 만듭니다. 더하는 수가 커지려면 높은 자리에 큰 숫자를 넣어야 합니다. 그러므로 백의 자리 숫자에는 9와 8, 십의 자리 숫자에는 7과 6, 일의 자리 숫자에는 5와 4를 넣어 다음과 같이 만듭니다.

975+864

빼는 수는 가장 작게 만들어야 하므로 1부터 9까지의 숫자 중 남은 1, 2, 3으로 123을 만들어 식을 완성합니다.

975+864−123=1716

백의 자리 숫자끼리, 십의 자리 숫자끼리, 일의 자리 숫자끼리 숫자를 바꿔 써도 상관없습니다.

[답] 1716

해답

[풀이] +와 ×만 넣어 작은 값을 만들려면 +를 사용해야 합니다. 그런데 1은 어떤 수를 곱하면 그 수가 나오기 때문에 더했을 때보다 곱했을 때 더 작은 수가 나옵니다.

$(1+2)>(1\times2)$

그러므로 1과 2 사이에는 ×를 넣고, 나머지에는 +를 넣어 작은 값을 만들 수 있습니다.

$1 \otimes 2 \oplus 3 \oplus 4 \oplus 5 \oplus 6 \oplus 7 \oplus 8 \oplus 9=44$

[답] 44

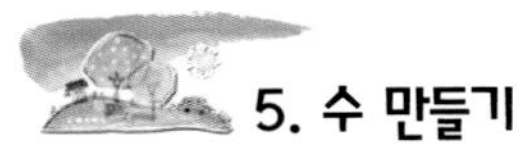

5. 수 만들기 P.20

Free FACTO

[풀이] 모두 +를 넣었을 때 $123 \oplus 4 \oplus 5 \oplus 67 \oplus 89=288$입니다.
빼야 할 수를 더하여 100보다 188 큰 값이 나왔으므로 188의 반인 94만큼의 수의 부호를 +에서 −로 바꿉니다. 5와 89의 합이 94이므로 5와 89 앞의 부호를 −로 바꿉니다.

[답] $123 \oplus 4 \ominus 5 \oplus 67 \ominus 89=100$

[풀이] 덧셈만 이용해야 하기 때문에 세 자리 수는 만들 수 없습니다. 두 자리 수를 만들어야 하므로 99에 가까운 89부터 만들어 계산해 봅니다.

$1+2+3+4+5+6+7+89=117$ (×)

$1+2+3+4+5+6+78+9=108$ (×)

$1+2+3+4+5+67+8+9=99$ (○)

[답] $1+2+3+4+5+67+8+9=99$, $1+23+45+6+7+8+9=99$

[풀이] 4를 붙여 만들 수 있는 수 중에서 500에 가장 가까운 수는 444입니다.

$500-444=56$이므로 남은 숫자로 56을 만들어야 합니다.

$44+4+4+4=56$입니다.

그러므로 $444+44+4+4+4=500$입니다.

[답] $444+44+4+4+4=500$

6. 벌레먹은셈 ········· P.22

Free FACTO

[풀이]

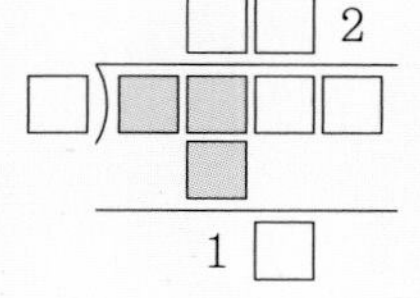

➡ 색칠된 부분에서 두 자리 수에서 한 자리 수를 빼어 1이 나오는 수는 10−9입니다.

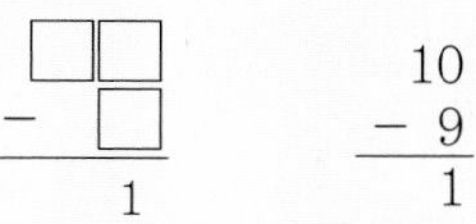

```
      A B 2
C ) 1 0 D E
      9
    -------
      1 F
      G H
    -------
        I J
        K L
    -------
          0
```

➡ A×C=9이므로 A와 C가 될 수 있는 숫자는 3×3=9, 9×1=9인데 C×2=KL 두 자리 수가 나와야 하므로 C=9, A=1입니다. C=9이면 IJ=18, KL=18이고, E=8로 채울 수 있습니다.
9×B=GH에서 십의 자리 숫자가 1인 두 자리 수이므로 B=2, G=1, H=8입니다.
H가 8이므로 F=9, D=9입니다.

[답]

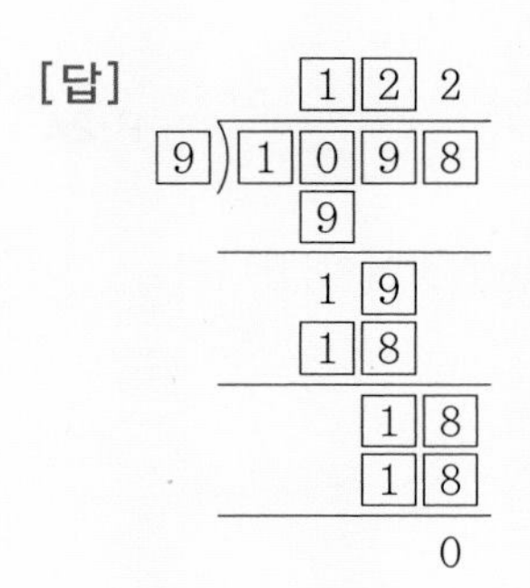

예제 01

[풀이]

```
      A 3
B ) 9 C
    D
    -----
    2 E
    F G
    -----
      3
```

색칠된 부분에서 D는 7입니다.
A×B=7이므로 1×7=7인데,
B×3=FG이므로 B=7, A=1입니다.
B×3=FG에서 F=2, G=1이고
E=4, C=4입니다.

[답]

```
      1 3
7 ) 9 4
    7
    -----
    2 4
    2 1
    -----
      3
```

[풀이]

$$\begin{array}{r} 5\,\boxed{A}\,3 \\ \times \quad 6\,\boxed{B} \\ \hline 3\,\boxed{\,}\,\boxed{\,}\,1 \\ 3\,\boxed{C}\,3\,8 \\ \hline 3\,\boxed{\,}\,\boxed{\,}\,\boxed{\,}\,1 \end{array}$$

색칠된 부분에서 3×B=□1이므로 B=7입니다.
5A3×6=3C38이므로 6×A의 일의 자리 숫자가 2입니다.
따라서 A=2 또는 A=7입니다.

A=2일 때

$$\begin{array}{r} 5\,\boxed{2}\,3 \\ \times \quad 6\,\boxed{7} \\ \hline 3\,\boxed{6}\,\boxed{6}\,1 \\ 3\,\boxed{1}\,3\,8 \\ \hline 3\,\boxed{5}\,\boxed{0}\,\boxed{4}\,1 \end{array}$$

A=7일 때

$$\begin{array}{r} 5\,\boxed{7}\,3 \\ \times \quad 6\,\boxed{7} \\ \hline 4\,\boxed{0}\,\boxed{1}\,1 \end{array}$$

가능하지 않습니다.

[답]

$$\begin{array}{r} 5\,\boxed{2}\,3 \\ \times \quad 6\,\boxed{7} \\ \hline 3\,\boxed{6}\,\boxed{6}\,1 \\ 3\,\boxed{1}\,3\,8 \\ \hline 3\,\boxed{5}\,\boxed{0}\,\boxed{4}\,1 \end{array}$$

Creative 팩토 

[풀이] 계산 결과가 가장 크려면 곱해지는 수는 커야 하고, 빼는 수는 가장 작아야 합니다.

8 ⊗ 7 ⊕ 6 ⊖ 5=57

56

62

57

[답] 57

[풀이]

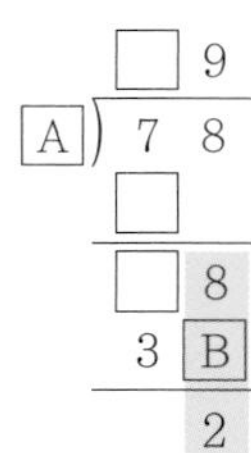

색칠된 부분을 보면 B=6입니다.
A×9=36이므로 나누는 수 A=4입니다.
A=4를 넣어 빈칸을 채웁니다.

[답]

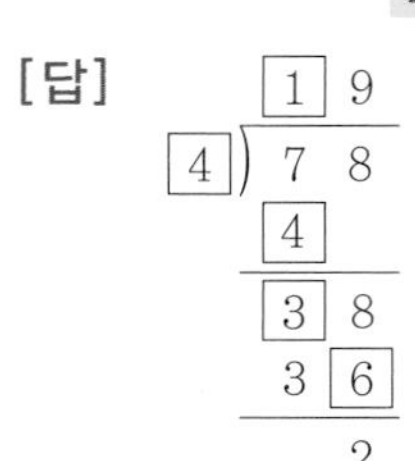

P.25

[풀이] 나누는 몫이 커지려면 나누어지는 수는 크고 나누는 수는 작아야 합니다.
98÷2=49 ← 9가 중복되므로 안됩니다.
97÷□ ← 중복되지 않고 나누어떨어지게 하는 수가 없습니다.
96÷2=48
[답] 48

[풀이] □ 안에 모두 같은 수가 들어가므로 □−□=0이고, □÷□=1입니다.
(□+□)+0+(□×□)+1=64이므로 (□+□)+(□×□)=63입니다.
(□+□)는 항상 짝수이므로 (□×□)는 홀수입니다.
□×□가 홀수인 경우는
1×1=1, 3×3=9, 5×5=25, 7×7=49, 9×9=81이고,
이 중에서 식이 성립하는 수를 찾으면 7입니다.
[답] 7

P.26

[풀이] 4㉠(7㉡2)㉢24㉣8=33에서 ㉠과 ㉡에 ÷를 넣을 수 없습니다. ㉢ 또는 ㉣에 ÷를 넣어 가능한 경우는 24÷8=3입니다. 4㉠(7㉡2)이 30이 되거나 36이 되도록 만들면 됩니다.
[답] 4⊗(7⊕2)⊖24⨸8=33

[풀이] 가장 클 때:

```
    4 1
  × 3 2
  -----
    8 2
  1 2 3
  -----
1 3 1 2
```

십의 자리에 큰 수 4와 3을 넣고, 가장 큰 수 4에 2와 1 중에서 큰 수 2가 곱해지도록 만듭니다.

둘째 번으로 클 때:

```
    4 2
  × 3 1
  -----
    4 2
  1 2 6
  -----
1 3 0 2
```

십의 자리에 큰 수 4와 3을 넣고, 가장 큰 수 4에 2와 1중에서 작은 수 1이 곱해지도록 만듭니다.

셋째 번으로 클 때:

```
    4 1
  × 2 3
  -----
  1 2 3
  8 2
  -----
  9 4 3
```

십의 자리에 가장 큰 수 4와 셋째 번으로 큰 수 2를 넣고, 3과 1 중에서 큰 수 3이 4와 곱해지도록 만듭니다.

[답] 가장 큰 값: 1312
둘째 번으로 큰 값: 1302
셋째 번으로 큰 값: 943

P.27

[풀이] ○ 안에 모두 +를 넣으면 9+8+76+5+43+21=162이므로 162−50=112를 더 빼야 합니다.

+를 −로 바꾸면 +일 때보다 ○ 뒤의 수의 2배만큼 작아지게 됩니다. 112÷2=56이므로 ○ 뒤의 수들의 합이 56이 되는 수들을 찾아 +를 −로 바꾸면 됩니다.

8+5+43=56이므로 8, 5, 43 앞에 −를 써넣으면 됩니다.

[답] 9㊀8㊉76㊀5㊀43㊉21=50

[풀이]

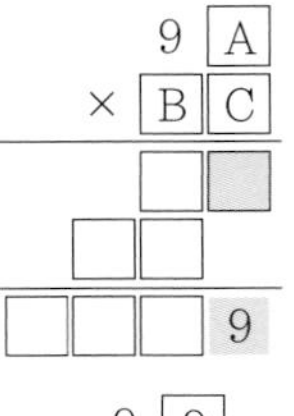

9□×□=□□가 되는 경우는 9□×1일 때뿐입니다.

그러므로 B=1, C=1입니다.

색칠된 부분은 같은 숫자가 되어야 하므로 D=9이고, A=9입니다.

그러면 99×11이 되어 빈칸을 채울 수 있습니다.

[답]

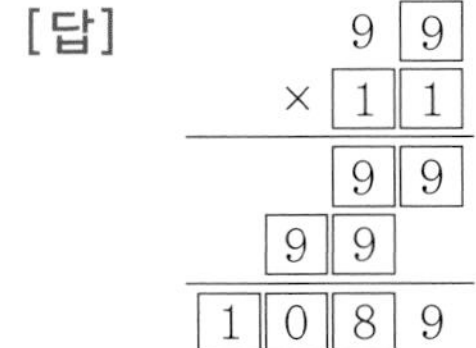

Thinking 팩토

P.28

[풀이] 규칙을 보면 계산 결과에서 1의 개수는 마지막에 더해지는 9의 개수보다 1개가 적고 항상 0이 뒤에 옵니다. 또, 합의 각 자리 숫자의 합은 항상 9가 됨을 알 수 있습니다. 따라서 마지막에 더해지는 9는 8개이므로 계산 결과에 1은 7개이고, 7+2=9이므로 마지막 숫자는 2입니다.

[답] 111111102

[풀이] ① 1×90 ← 가능하지 않습니다.

② 2×45: 수의 개수가 4개, 가운데 두 수의 합이 45

90=21+22+23+24

③ 3×30: 수의 개수가 3개, 가운데 수가 30

90=29+30+31

④ 5×18: 수의 개수가 5개, 가운데 수가 18

90=16+17+18+19+20

⑤ 6×15: 수의 개수가 12개, 가운데 두 수의 합이 15

90=2+3+4+5+6+7+8+9+10+11+12+13

⑥ 9×10: 수의 개수가 9개, 가운데 수가 10

90=6+7+8+9+10+11+12+13+14

[답] 29+30+31=90, 21+22+23+24=90

16+17+18+19+20=90

6+7+8+9+10+11+12+13+14=90

2+3+4+5+6+7+8+9+10+11+12+13=90

P.29

[풀이] 200에 가장 가깝게 만들어 보면 $111+111=222$입니다. 222에서 22를 빼면 200이 되므로 식을 완성할 수 있습니다.

[답] $111+111-11-11=200$ 또는 $111-11-11+111=200$ 또는 $111-11+111-11=200$

[풀이] 일의 자리 숫자를 모두 더하면 $3\times10=30$

십의 자리 숫자를 모두 더하면 $3\times9+3=30$ (받아올림)

백의 자리 숫자를 모두 더하면 $3\times8+3=27$ (받아올림)

천의 자리 숫자를 모두 더하면 $3\times7+2=23$ (받아올림)

따라서 합의 천의 자리 숫자는 3입니다.

[답] 3

P.30

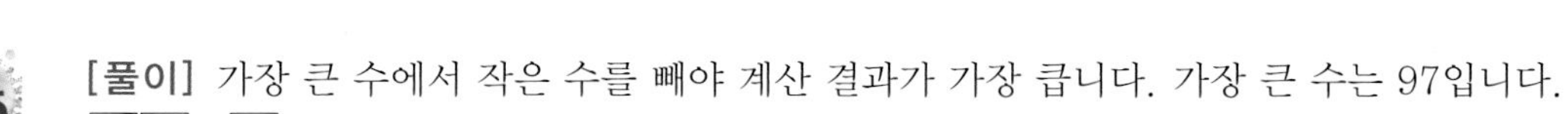

[풀이] 가장 큰 수에서 작은 수를 빼야 계산 결과가 가장 큽니다. 가장 큰 수는 97입니다.
□□÷[A]에서 A에 남은 카드 2, 3, 5를 넣어 보면 $23\div5$, $32\div5$, $35\div2$, $53\div2$, $25\div3$, $52\div3$ 모두 나누어떨어지지 않습니다.
둘째로 큰 수 95를 넣으면 [9][5]−□□÷[B]에서 B가 될 수 있는 수를 찾아보면 $27\div3=9$로 B=3이 될 수 있습니다.

$95-27\div3=86$
(27÷3 → 9, 95−9 → 86)

같은 방법으로 93일 때와 92일 때를 계산해 보면 $92-35\div7=87$로 가장 큰 값이 나옵니다.

[답] 87

[풀이] 일의 자리 숫자: 1, 11, 21, …, 91
2, 12, 22, …, 92
3, 13, 23, …, 93
⋮
9, 19, 29, …, 99

일의 자리에 1부터 9가 각각 10개씩 있습니다. 0은 숫자의 합에 영향을 주지 않으므로 생각하지 않습니다.

$\Rightarrow (1+2+3+\cdots+9)\times10=450$

십의 자리 숫자: 10, 11, 12, …, 19
20, 21, 22, …, 29
30, 31, 32, …, 39
⋮
90, 91, 92, …, 99

십의 자리에 1부터 9가 각각 10개씩 있습니다.

$\Rightarrow (1+2+3+\cdots+9)\times10=450$

100의 숫자의 합: $1+0+0=1$

따라서 모든 숫자의 합은 $450+450+1=901$

[답] 901

P.31

[풀이] (1) 나머지가 7이므로 나누는 수는 7보다 커야 합니다. 따라서 8, 9입니다.

(2) ㉠=8

$$\begin{array}{r} 5\,\boxed{4} \\ ㉠\,\overline{)\,4\,\boxed{3}\,\boxed{9}} \\ \boxed{4}\,\boxed{0} \\ \hline \boxed{3}\,\boxed{9} \\ 3\,\boxed{2} \\ \hline 7 \end{array}$$

(3) ㉡=9

$$\begin{array}{r} 5\,\boxed{4} \\ ㉡\,\overline{)\,4\,\boxed{9}\,\boxed{3}} \\ \boxed{4}\,\boxed{5} \\ \hline \boxed{4}\,\boxed{3} \\ 3\,\boxed{6} \\ \hline 7 \end{array}$$

[답] (1) 8, 9

(2)

$$\begin{array}{r} 5\,\boxed{4} \\ \boxed{8}\,\overline{)\,4\,\boxed{3}\,\boxed{9}} \\ \boxed{4}\,\boxed{0} \\ \hline \boxed{3}\,\boxed{9} \\ 3\,\boxed{2} \\ \hline 7 \end{array}$$

(3)

$$\begin{array}{r} 5\,\boxed{4} \\ \boxed{9}\,\overline{)\,4\,\boxed{9}\,\boxed{3}} \\ \boxed{4}\,\boxed{5} \\ \hline \boxed{4}\,\boxed{3} \\ 3\,\boxed{6} \\ \hline 7 \end{array}$$

Ⅱ 퍼즐과 게임

1. 지뢰찾기 P.34

Free FACTO

[답]

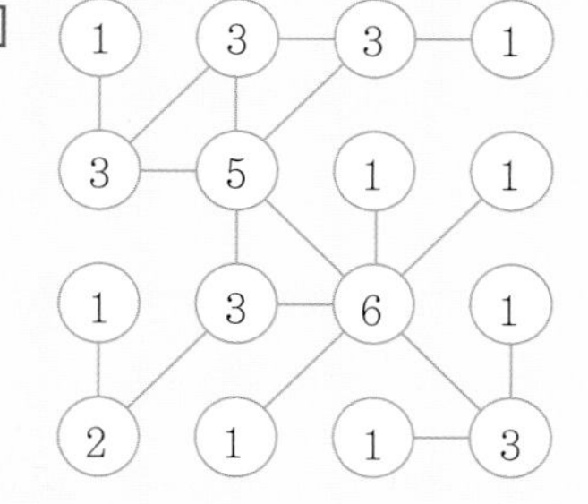

[풀이] 0의 주변에는 선분을 그을 수 없고, 선분은 모두 연결되어 있어야 하므로 왼쪽 위의 모서리에 있는 2 주변에는 2 또는 2 와 같이 선분을 이어야 합니다.

[답]

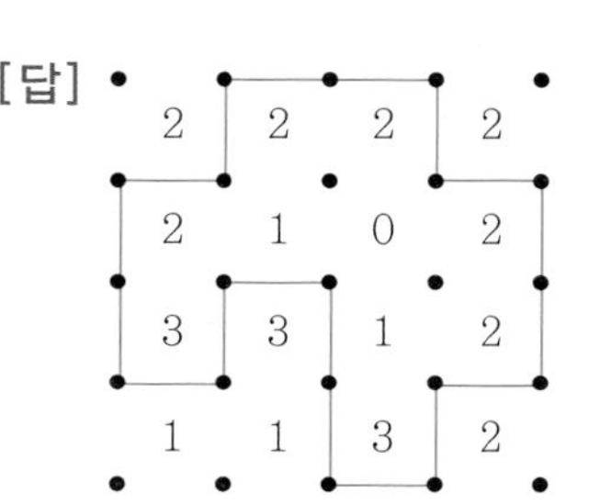

2. 여러 가지 마방진의 활용 P.36

Free FACTO

[풀이] ① 가장 클 때:
$(1+2+\cdots+11+12)+(9+10+11+12)=120=$(네 수의 합)$\times 4$
→ (네 수의 합)$=120\div 4=30$
네 모서리에 9, 10, 11, 12를 넣고 한 변의 네 수의 합이 30이 되도록 ◯ 안에 나머지 수를 넣습니다.
이외에도 여러 가지가 있습니다.

② 가장 작을 때:
$(1+2+\cdots+11+12)+(1+2+3+4)=88=$(네 수의 합)$\times 4$
→ (네 수의 합)$=88\div 4=22$
네 모서리에 1, 2, 3, 4를 넣고 한 변의 네 수의 합이 22가 되도록 ◯ 안에 나머지 수를 넣습니다.
이외에도 여러 가지가 있습니다.

[답]

가장 클 때

9	4	7	10
8			6
1			3
12	5	2	11

가장 작을 때

1	11	8	2
12			10
5			7
4	9	6	3

[풀이] 합이 커야 하므로 꼭짓점에 들어갈 수가 커야 합니다.
$(1+2+\cdots+10)+(10+9+\cdots+6)$
$=55+40=95$
세 수의 합은 $95\div5=19$
5개의 꼭짓점에 각각 10, 9, 8, 7, 6을 넣은 후 한 변의 합이 19가 되도록 ○ 안에 수를 넣으면 오른쪽과 같습니다.

[답]

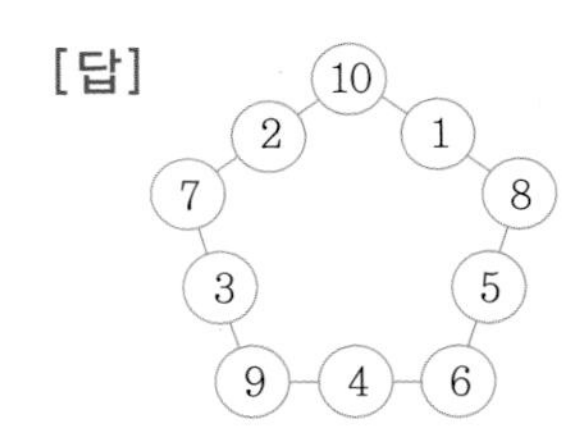

3. 샘 로이드 퍼즐

P.38

Free FACTO

[답]

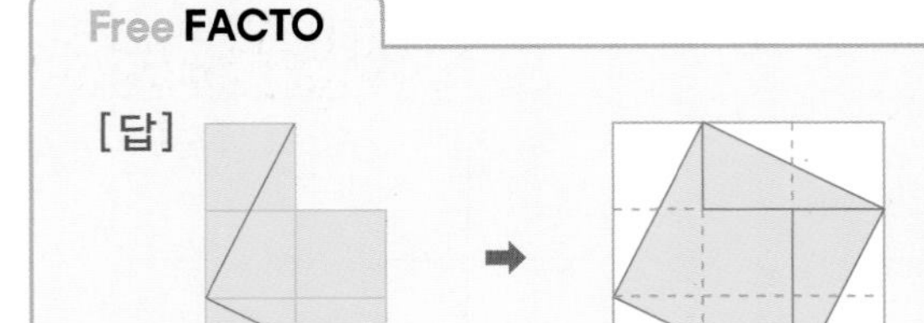

[풀이] 작은 정사각형의 한 변의 길이를 갖는 직각삼각형을 잘라내어 옮겨 봅니다.

[답] 풀이 참조

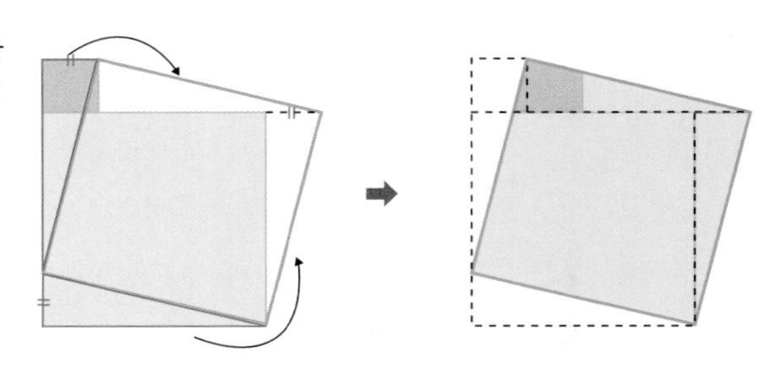

Creative 

P.40

1 [풀이] 3과 1의 경우를 먼저 생각합니다.

[답]

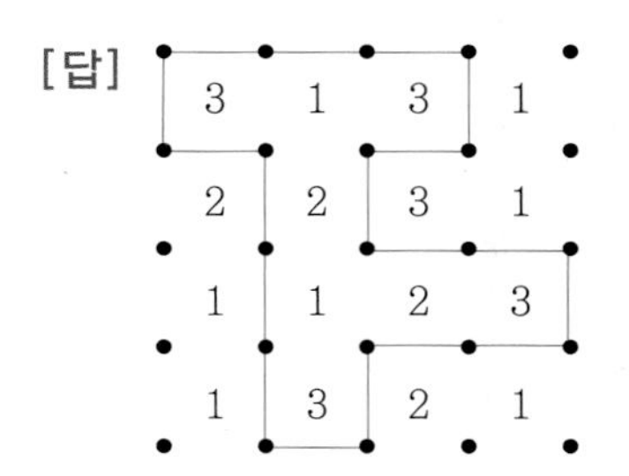

[풀이] 가운데 두 수는 정사각형 모양의 네 수의 합에 2번 들어가므로 가운데 두 수의 합을 □라 하면 $(1+2+\cdots+6)+\square=13\times2$, $\square=5$이고, 가운데 두 수로 가능한 경우는 (1, 4), (2, 3)입니다.
이때 정사각형 모양의 네 수의 합이 13이 될 수 있는 경우는 왼쪽과 오른쪽에 있는 두 칸의 합이 8이 되도록 만드는 경우입니다.
[답] 풀이 참조

6 — 1 — 3
2 — 4 — 5

P.41

[풀이] 각 꼭짓점 위의 수를 a, b, c, d라 하고 한 변의 세 수의 합을 □라 하면

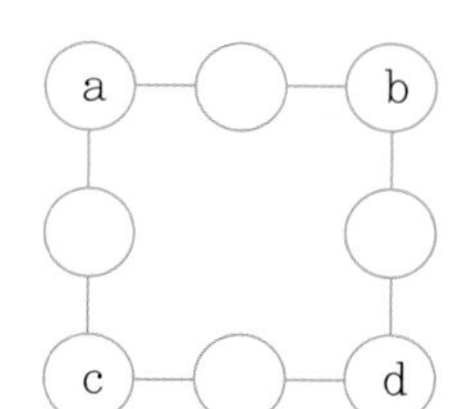

$4 \times \square = (1+2+\cdots+7+8)+(a+b+c+d)$가 됩니다.

$a+b+c+d=10$, $\square=\frac{23}{2}$

$a+b+c+d=11$, $\square=\frac{47}{4}$

$a+b+c+d=12$, $\square=12$

⋮

$a+b+c+d=12, 16, 20, 24$일 때, $\square=12, 13, 14, 15$이므로 4가지입니다.

[답] 4가지

[답]

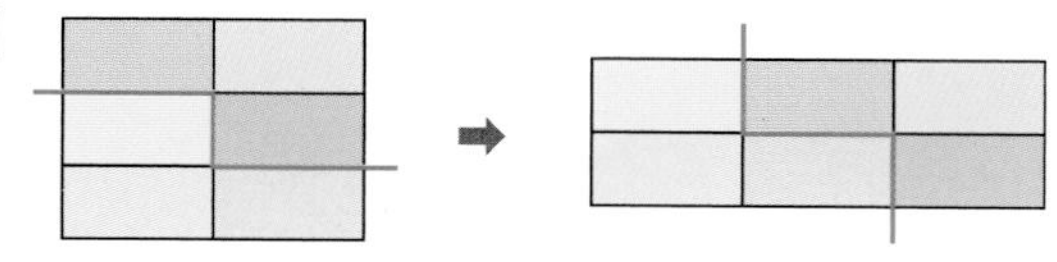

P.42

[답] (1)

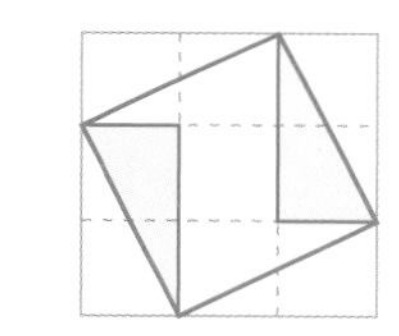

(2)

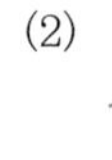

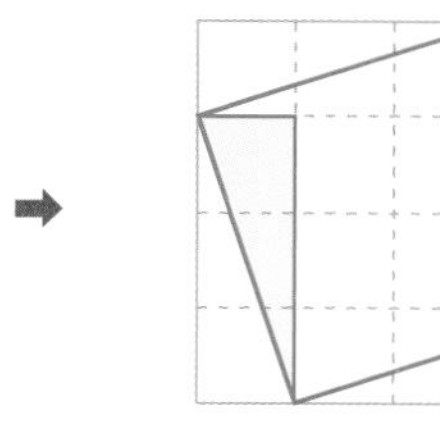

P.43

[풀이] (1) 윗면과 아랫면의 합이 같아야 하고, 윗면과 아랫면에는 1부터 8까지의 수가 모두 들어가야 하므로 한 면에 있는 네 수의 합은 $(1+2+3+\cdots+8)\div2=18$입니다.

(2) 가장 큰 수인 8은 7과는 만나지 않고, 가장 작은 수인 1과 같은 면에 놓이도록 합니다.

(3) 각 면에 있는 네 수의 합이 18이 되도록 2, 4, 6을 채웁니다.

[답] (1) 18 (2)

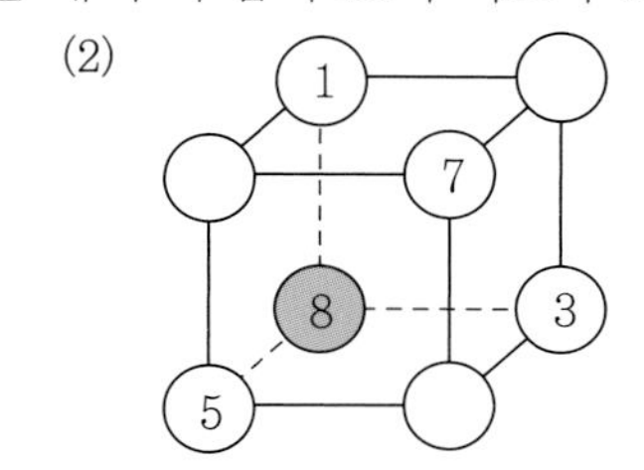

(3)

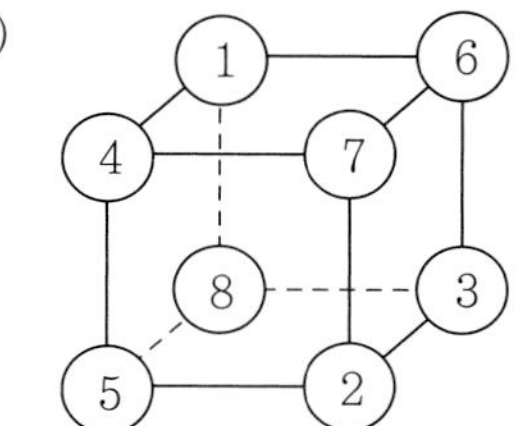

4. 게임 전략 P.44

Free FACTO

[풀이] 이 게임에서 항상 이기기 위해서는 양쪽의 점의 개수가 같게 한 선분을 먼저 그으면 됩니다. 그 다음부터는 상대방이 그은 선분과 대칭이 되도록 반대쪽에 긋습니다. 결국 상대가 선분을 그릴 수 있으면 나도 그릴 수가 있는 것이므로 게임에서 항상 이길 수 있게 됩니다.

[풀이] 아영이가 한 장 또는 두 장을 떼는 경우 미경이는 아영이가 떼어낸 수만큼 대칭으로 떼어내면 이길 수 있습니다. 따라서 미경이가 유리합니다.

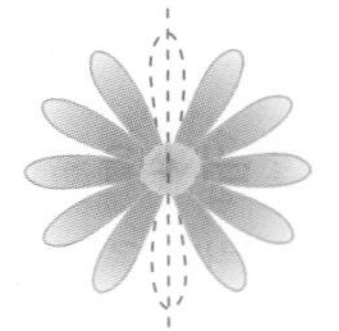
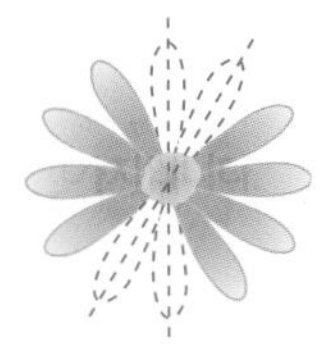

5. 성냥개비 퍼즐 P.46

Free FACTO

[풀이]

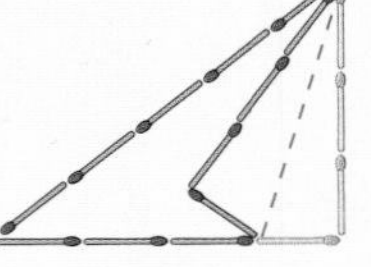
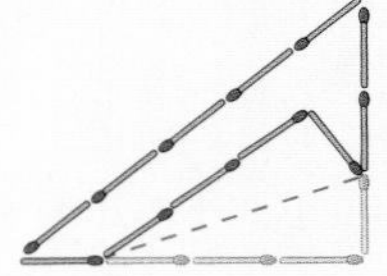
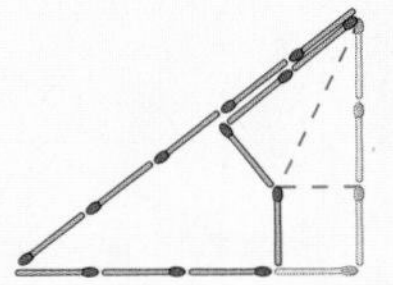
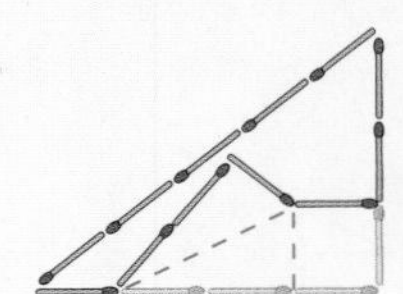

이외에도 여러 가지 방법이 있습니다.

[풀이] 직각삼각형의 넓이는 3×4÷2=6이므로, 넓이 4인 도형으로 바꾸기 위해서는 넓이를 2만큼 줄여야 합니다. 넓이를 2만큼 줄이는 방법은 여러 가지입니다.

[답]

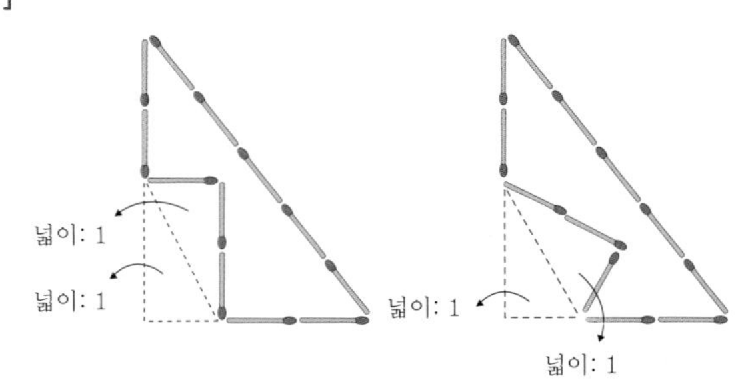

[풀이] 넓이가 6인 직사각형을 넓이가 3인 모양으로 바꾸기 위해서는 넓이를 3만큼 줄여야 합니다. 밑변이 3이고 높이가 1인 직각삼각형의 넓이는 1.5이므로, 이 직각삼각형 2개를 잘라낸 모양을 생각하면 됩니다.

[답]

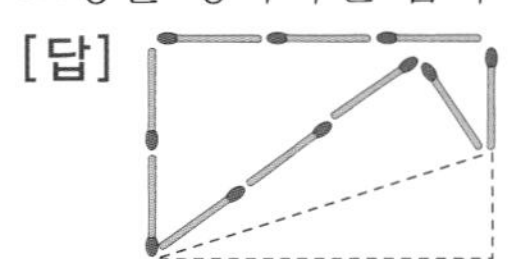

6. 직각삼각형 붙이기 P.48

Free FACTO

[풀이] 먼저 합동인 직각이등변삼각형 3개를 붙여 만든 모양을 찾습니다.

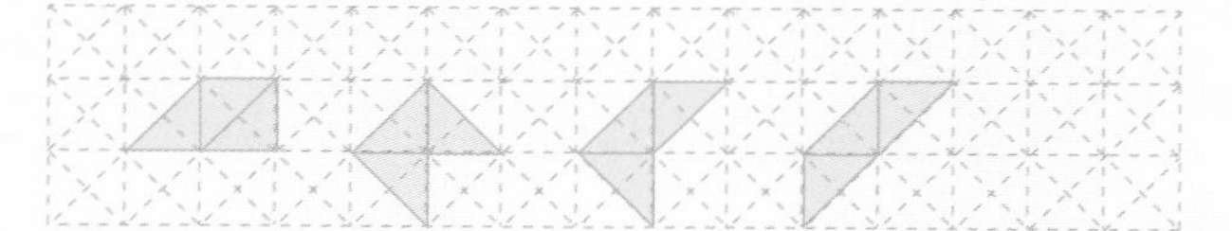

위에서 찾은 4가지 모양에 직각이등변삼각형 1개를 더 붙여 서로 다른 모양을 찾아봅니다.

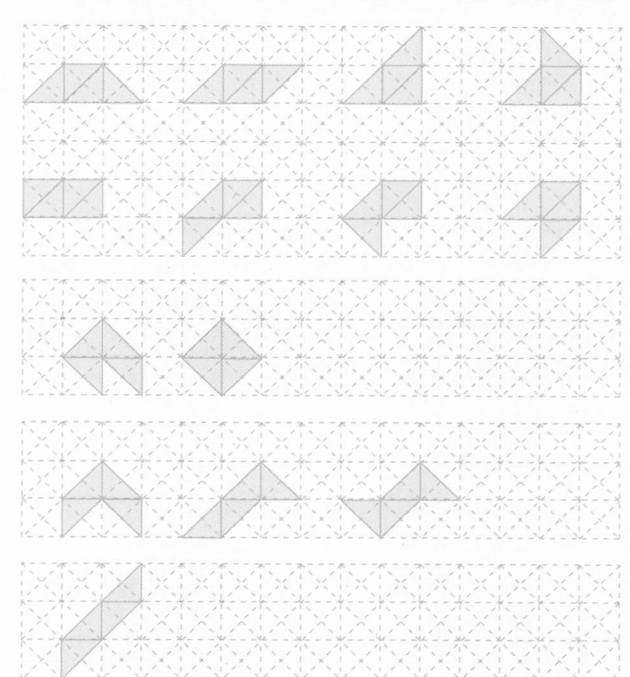

[풀이] 정삼각형 3개를 붙여 만든 도형은 한 가지입니다. 여기에 정삼각형 1개를 더 붙여 보면 , , 세 가지 모양을 찾을 수 있고, 여기에 정삼각형 1개를 더 붙여 보면 다음의 네 가지 모양을 찾을 수 있습니다.

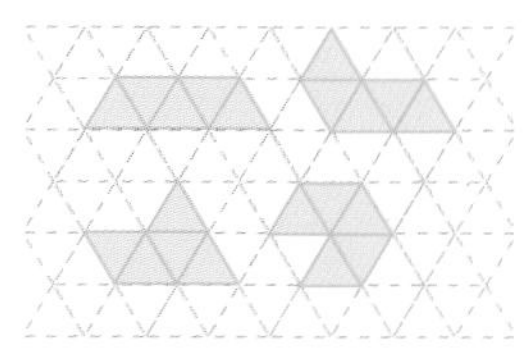

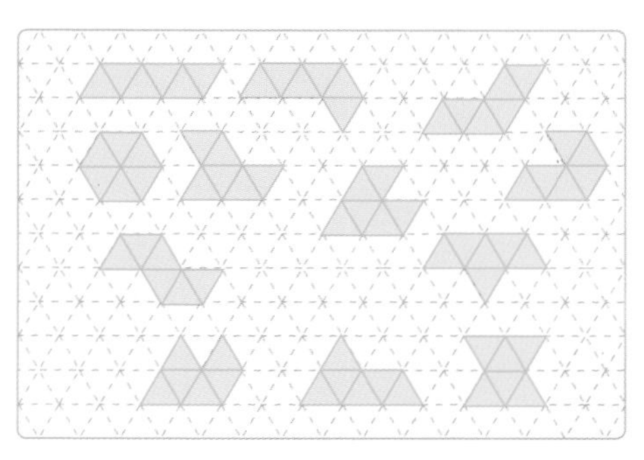

여기에 정삼각형 1개를 더 붙여 보면 오른쪽 그림과 같이 12가지 헥시아몬드를 찾을 수 있습니다. 주어진 모양을 제외한 10가지를 그리면 됩니다.

[답] 풀이 참조

Creative 팩토 ······ P.50

[풀이] 1부터 16까지의 수 중에서 가운데 수인 8보다 큰 수인지를 물어봅니다. 다시 크거나 작은 쪽에서 가운데 수보다 큰지 작은지를 물어봅니다. 이런 식으로 물어보면 네 번으로 답을 찾을 수 있습니다.

[답] 4번

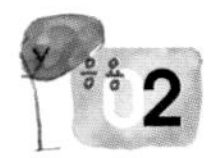

[답]

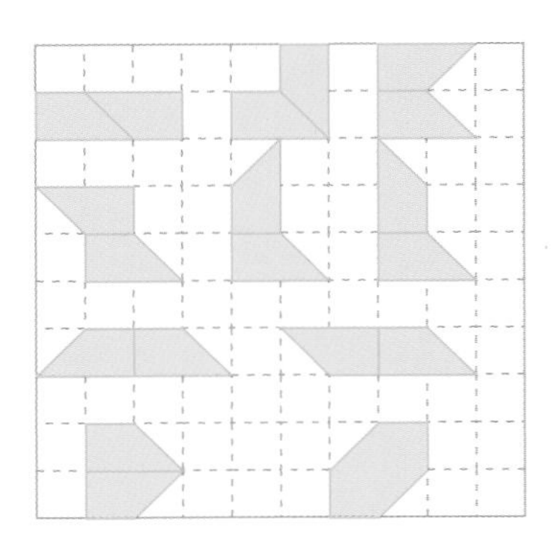

P.51

[답]

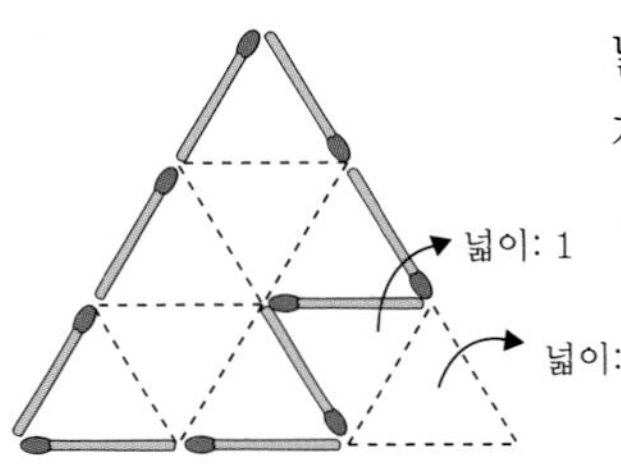

넓이 2만큼 줄어든 도형을 만들기 위해서는 작은 정삼각형 2개만큼 줄어든 도형을 만들면 됩니다.

[답]

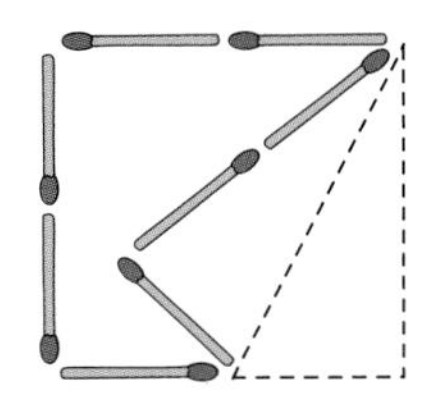

성냥개비 한 개의 길이를 1이라고 하면 전체 정사각형의 넓이는 4이므로 넓이가 $\frac{1}{2}$이 되게 하기 위해서는 넓이가 2만큼 줄어들어야 합니다. 성냥개비 3개를 움직여 넓이 2가 줄어들게 하려면 넓이가 1인 직각삼각형 2개만큼 줄어든 모양을 만들면 됩니다.

P.52

[답]

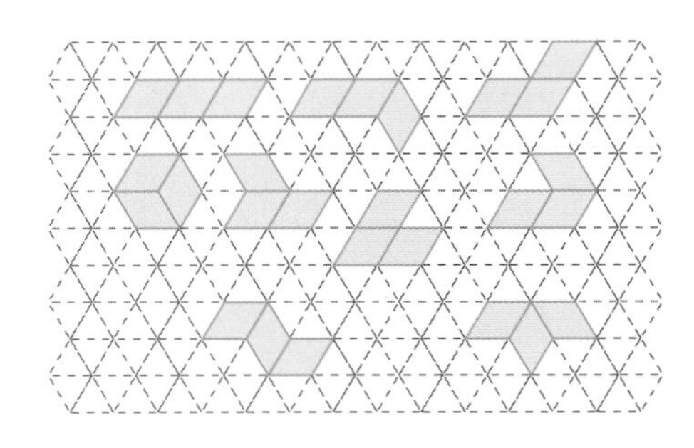

P.53

[풀이] 바둑돌이 ★이 표시된 칸에 가기 위해서는 내가 옮기기 전에 바둑돌이 색칠된 위치에 있어야 합니다. 상대방이 색칠된 칸에 바둑돌을 옮기도록 하기 위해서는 내 순서에 C로 옮겨야 합니다. C에서는 상대방이 ↘로 움직이면 ★ 모양으로 옮겨서 이길 수 있고, 상대방이 D나 F의 위치로 이동하면 E이나 G의 위치로 이동하여 상대방이 색칠된 위치에 가도록 할 수 있습니다. 따라서 처음에 C 칸으로 옮기면 됩니다.

	A		
B	C	D	E
	F		
	G		★

[답] C

[풀이] 1에서 50까지의 수의 가운데 수인 25보다 큰 수인지를 물어봅니다.
대답이 "아니오"라고 나오면 1에서 25까지의 수이고, "예"라고 대답하면 26에서 50 사이의 수입니다.
"아니요"라는 대답이 나왔을 때, 1에서 25까지의 수의 가운데 수인 13보다 큰 수인지 물어봅니다.
"아니요"라고 대답하면 1에서 13 사이의 수이고 , "예"라고 대답하면 14에서 25 사이의 수입니다.
이런 식으로 수의 범위를 계속 반으로 줄여 가면 6번의 질문으로 어떠한 수라도 맞힐 수 있습니다.
[답] 6번

Thinking 팩토

P.54

[답]

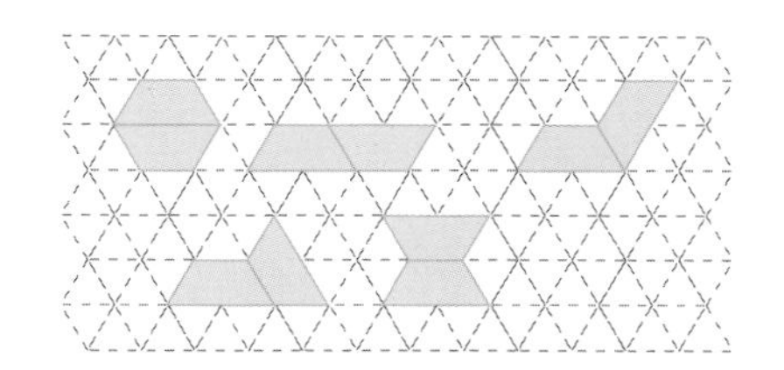

[풀이]

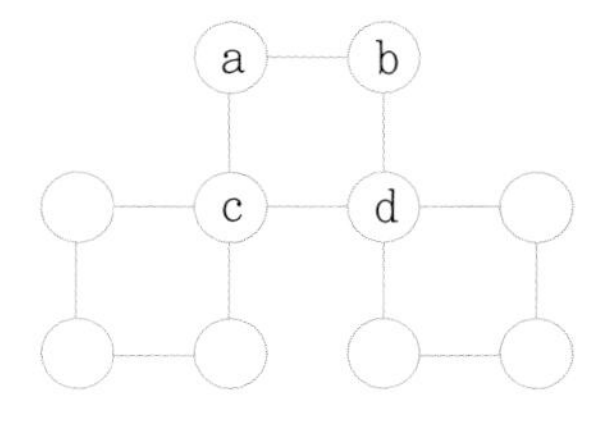

정사각형의 꼭짓점에 있는 네 수의 합이 21이므로
$21\times3=(1+2+3+4+5+6+7+8+9+10)+(c+d)$
$63=55+(c+d)$
$c+d=8$입니다.
$a+b+c+d=21$이고, $c+d=8$이므로
$a+b=13$입니다.
그러므로 $a+b=13$, $c+d=8$이 되도록 숫자를 넣으면 됩니다.

[답]

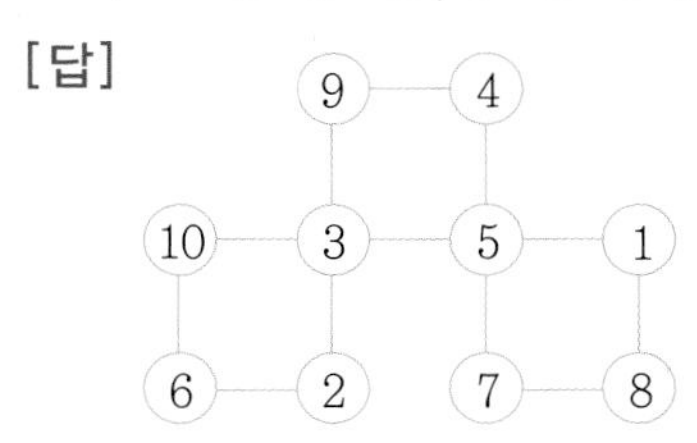

이외에도 여러 가지 방법이 있습니다.

[풀이] 여러 가지 방법이 있습니다.

예를 들어, 1에서 9까지 수를 사용하여 가로, 세로, 대각선의 합이 같도록 만들 수 있습니다. 이때 각 줄의 합을 구해 보면 다음과 같습니다.

$(1+2+3+4+5+6+7+8+9)\div3=15$

또, 정가운데 칸에는 가운데 수인 5가 들어가야 합니다. 즉, 가운데 5가 들어가고 각 줄의 합이 15가 되도록 빈칸을 채웁니다.

8	1	6
3	5	7
4	9	2

이것을 이용하여 가로, 세로, 대각선의 세 분수의 합이 1이 되도록 만들 수 있습니다. 각 줄의 합이 15이므로 분모가 15가 되는 분수를 만들면 각 줄의 합이 $\frac{15}{15}$(=1)이 됩니다.

[답]

$\frac{8}{15}$	$\frac{1}{15}$	$\frac{6}{15}$
$\frac{3}{15}$	$\frac{5}{15}$	$\frac{7}{15}$
$\frac{4}{15}$	$\frac{9}{15}$	$\frac{2}{15}$

이외에도 여러 가지가 있습니다.

[답]

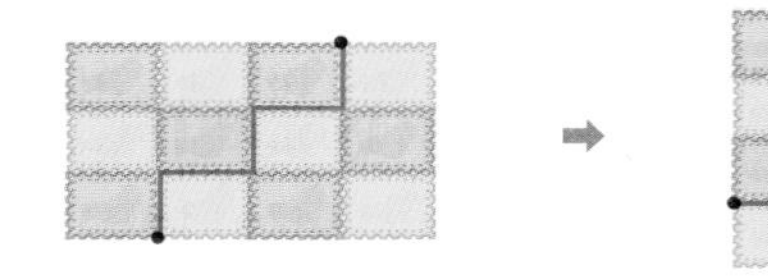

[풀이] (1)

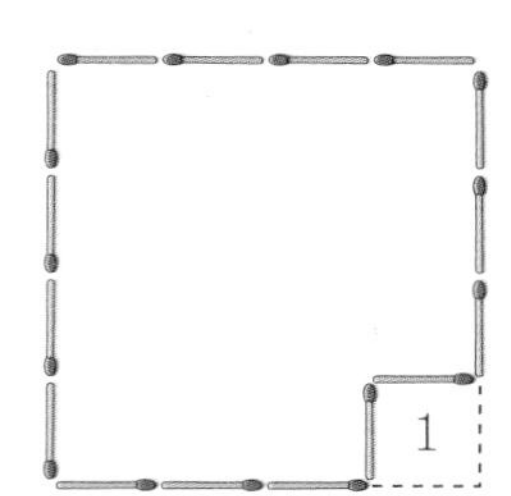

넓이 1이 줄어들어야 하므로 넓이 1인 사각형 한 개가 줄어든 모양을 만들면 됩니다.

(2)

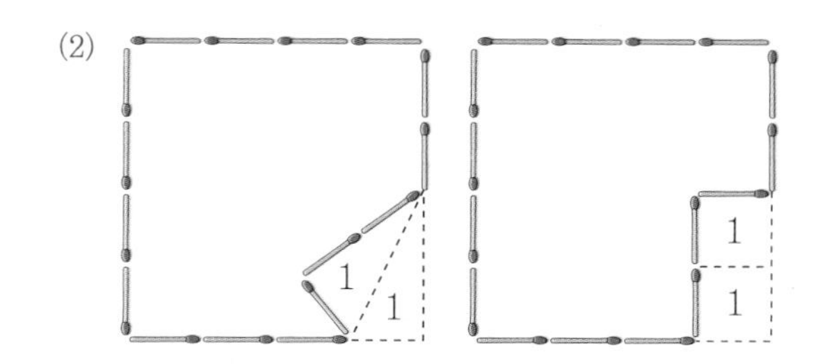

넓이 2가 줄어들어야 하므로 넓이 1인 삼각형 또는 사각형 2개가 줄어든 모양을 만들면 됩니다.

(3) 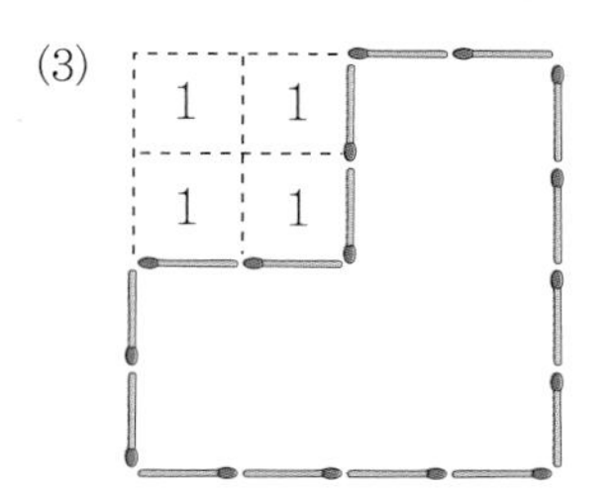

넓이 4가 줄어들어야 하므로 넓이 1인 사각형 4개가 줄어든 모양을 만들면 됩니다.

(4) 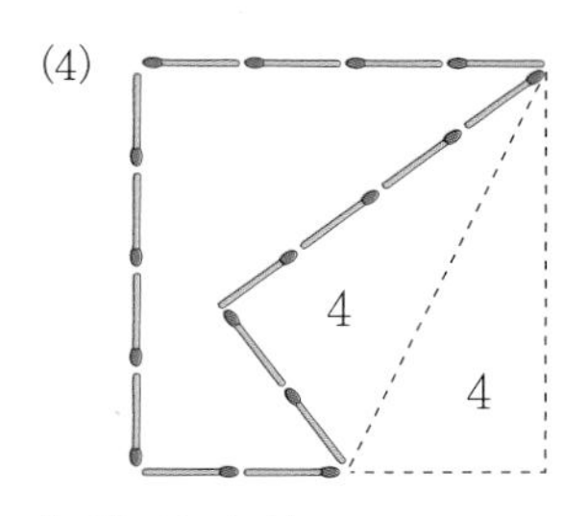

넓이 8이 줄어들어야 하므로 넓이 4인 삼각형 2개가 줄어든 모양을 만들면 됩니다.

[답] 풀이 참조

P.57

[풀이] (1) 검은 바둑돌이 이기기 위해서는 흰 바둑돌이 오른쪽 끝으로 가고 검은 바둑돌이 흰 바둑돌의 바로 왼쪽에 있어서 흰 바둑돌이 움직일 수 없도록 해야 합니다. 이렇게 하기 위해서는 흰 바둑돌이 오른쪽으로 가도록 만들어야 하므로 검은 바둑돌이 오른쪽으로 3칸 움직입니다. 흰 바둑돌이 오른쪽으로 움직이면 움직인 칸 수만큼 따라가서 오른쪽 끝으로 가도록 합니다.

(2) 윗줄에 있는 검은 돌을 왼쪽으로 한 칸 움직이거나, 아랫줄에 있는 검은 돌을 오른쪽으로 한 칸 움직입니다. 이렇게 윗줄과 아랫줄이 대칭이 됩니다. 이후 흰 돌이 움직이면 검은 돌은 흰 돌과 똑같이 움직이면 됩니다. 예를 들어, 윗줄의 흰 돌이 왼쪽으로 3칸 움직이면 아랫줄의 검은 돌은 오른쪽으로 3칸 움직입니다. 이런 방법으로 움직이다가 검은 바둑돌이 흰 바둑돌의 바로 왼쪽으로 오면 흰 바둑돌은 오른쪽으로 갈 수밖에 없습니다. 흰 바둑돌이 오른쪽으로 가면 검은 바둑돌은 흰 바둑돌을 따라 가서 가장 오른쪽 칸에 갇히도록 합니다.

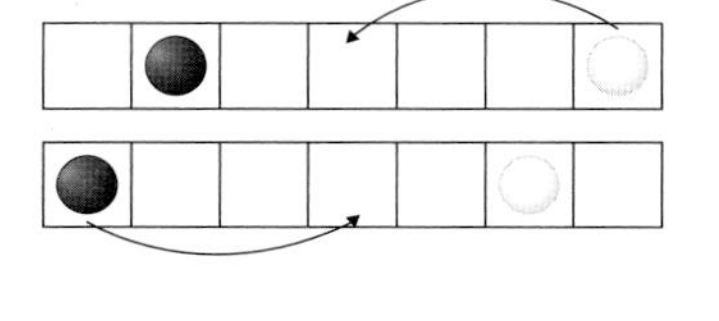

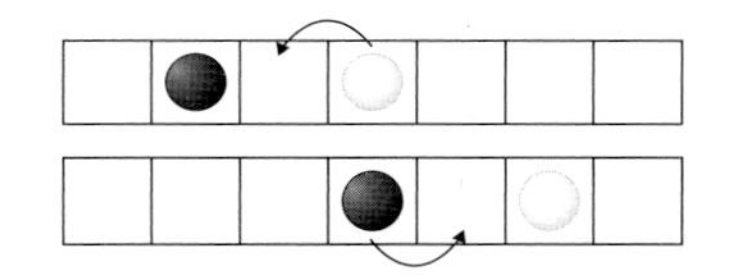

[답] (1) 오른쪽 3칸

(2) 윗줄 검은 바둑돌을 왼쪽으로 1칸 움직이거나 아랫줄 검은 바둑돌을 오른쪽으로 1칸 움직입니다.

Ⅲ 기하

1. 오일러의 정리 P.60

Free **FACTO**

[풀이]

	꼭짓점의 수(v)	모서리의 수(e)	면의 수(f)	v−e+f
(1) 삼각기둥	6	9	5	2
(2) 삼각뿔	4	6	4	2
(3) 오각기둥	10	15	7	2

[풀이] • (각기둥의 꼭짓점의 개수)=(밑면의 변의 개수)×2
(팔각기둥의 꼭짓점의 개수)=8×2=16(개)
• (각기둥의 모서리의 개수)=(밑면의 변의 개수)×3
(팔각기둥의 모서리의 개수)=8×3=24(개)
[답] 꼭짓점 16개, 모서리 24개

[풀이] (□각뿔을 잘랐을 때 생기는 두 도형의 꼭짓점의 개수의 합)=(□+□)+(□+1)=25
□×3+1=25
□×3=24
□=8
따라서 자르기 전의 입체도형은 팔각뿔입니다.
[답] 팔각뿔

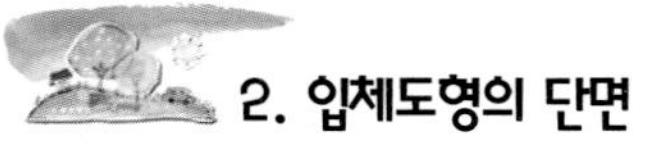

2. 입체도형의 단면 P.62

Free **FACTO**

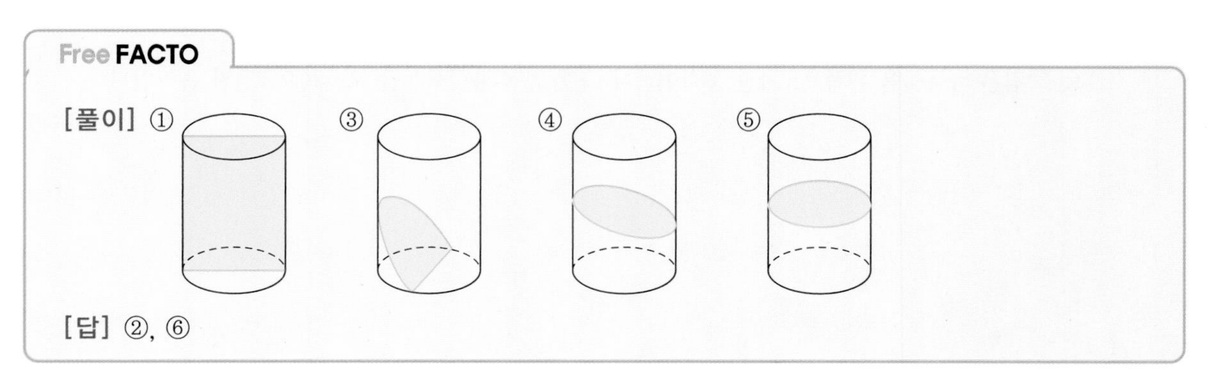

[답] ②, ⑥

[풀이] 구는 어느 쪽으로 잘라도 단면이 모두 원입니다.
[답] 원

[풀이] (1) 밑면과 평행하게 자른 단면

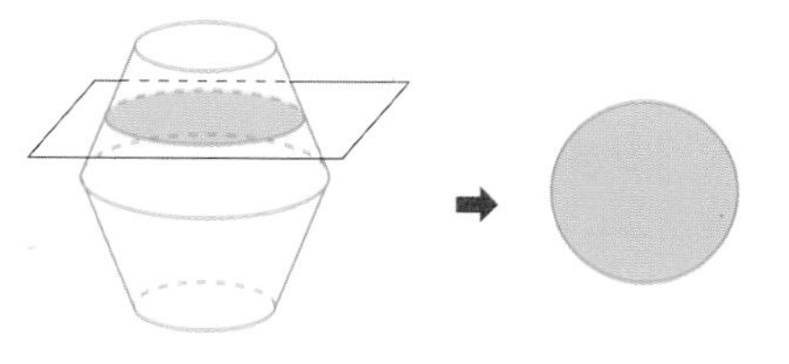

(2) 밑면과 수직이고, 밑면의 중심을 지나게 자른 단면

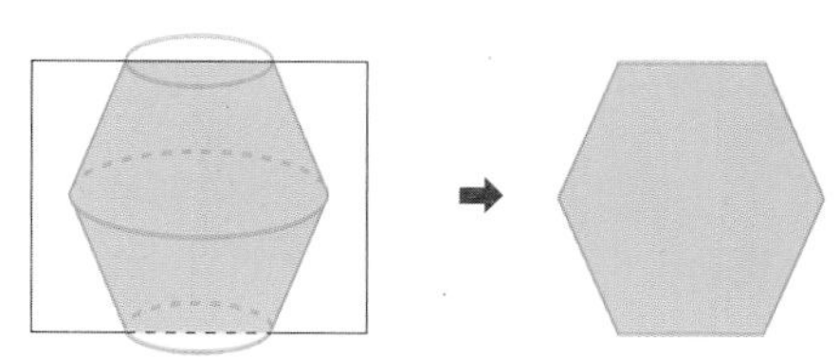

[답] 풀이 참조

3. 회전체

P.64

Free FACTO

[풀이]

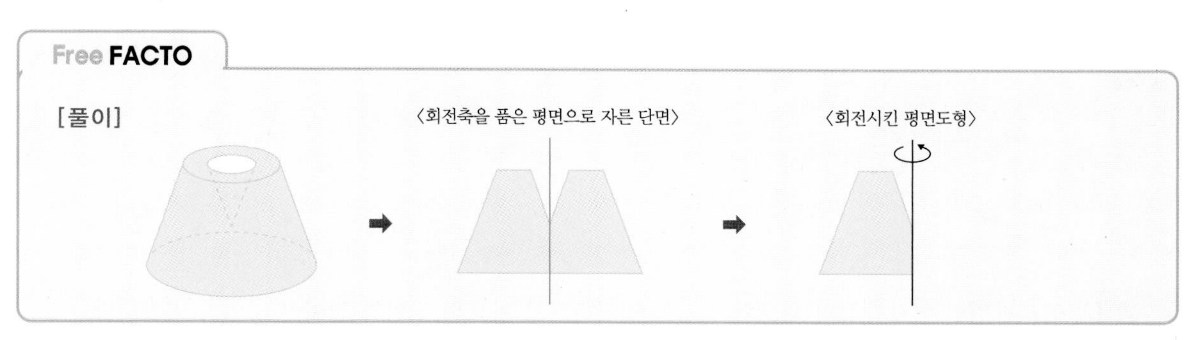

[풀이] 각 입체도형의 회전시킨 평면도형을 그리면 다음과 같습니다.

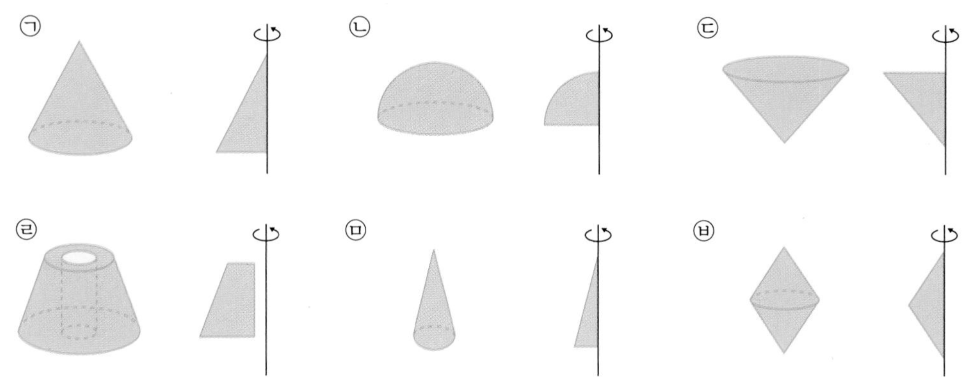

[답] ㉡, ㉣

Creative 팩토 P.66

[풀이] □각기둥의 면의 개수는 □+2=10

□=8 ⇒ 팔각기둥

□각뿔의 면의 개수는 □+1=10

□=9 ⇒ 구각뿔

[답] 팔각기둥, 구각뿔

[풀이]

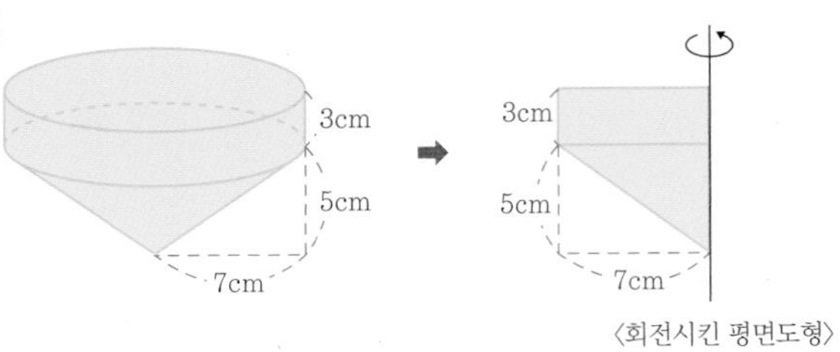

〈회전시킨 평면도형〉

[답] 풀이 참조

P.67

[풀이] 막대 12개를 12개의 모서리로, 연결고리 8개를 꼭짓점 8개로 하여 정육면체를 만듭니다.

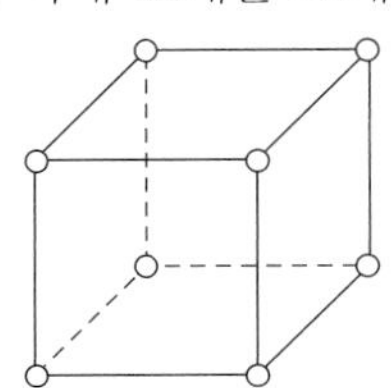

[풀이] 단면인 직사각형의 세로의 길이는 일정하므로 가로의 길이가 길어야 넓이가 커집니다. 따라서 가로의 길이가 대각선으로 가장 긴 ㉢ 단면의 넓이가 가장 큽니다.

[답] ㉢

P.68

[풀이] (1) 직사각형

(2) 원

(3) 타원

(4)

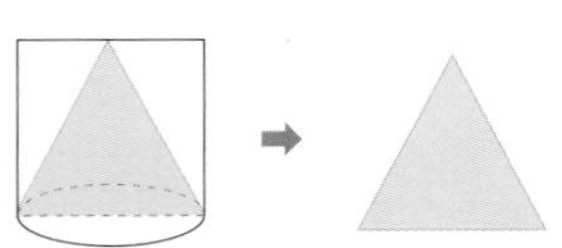

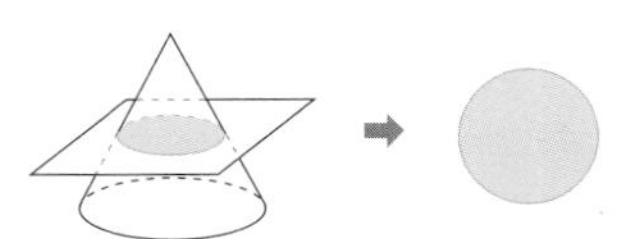

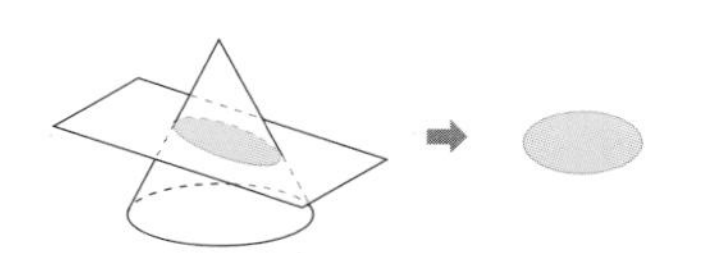

P.69

[풀이] (1) 직사각형

(2) 밑면의 모양이 삼각형인 각기둥이므로 삼각기둥입니다.

(3) 밑면과 수직이면서 밑면의 가로와 평행하게 한 번 자른 후, 밑면과 수직이면서 밑면의 세로와 평행하게 또 한 번 자르면, 밑면의 모양이 직사각형인 사각기둥 4개가 만들어집니다.

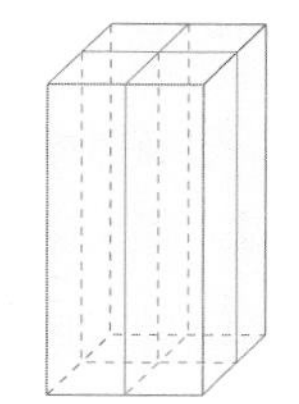

[답] (1) 직사각형 (2) 삼각기둥 (3) 풀이 참조

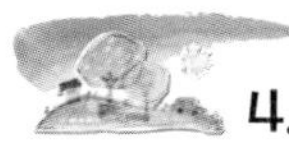

4. 회전체의 부피가 최대일 때

P.70

Free FACTO

[풀이] 넓이가 12cm인 직사각형을 모두 구하면

직사각형	①	②	③	④	⑤	⑥
가로(cm)	1	2	3	4	6	12
세로(cm)	12	6	4	3	2	1

원기둥을 만들 때 (가로)=(밑면의 반지름), (세로)=(높이)가 되므로 원기둥의 부피는
① 37.68cm³ ② 75.36cm³ ③ 113.04cm³ ④ 150.72cm³ ⑤ 226.08cm³ ⑥ 452.16cm³
입니다. 따라서 부피가 최대일 때는 452.16cm³, 최소일 때는 37.68cm³입니다.

[답] 최대: 452.16cm³, 최소: 37.68cm³

[풀이] (1) (1cm, 2cm) (2cm, 1cm)

(2) (1cm, 2cm)일 때,
밑면의 넓이 $2\times2\times3.14=12.56(cm^2)$
옆면의 넓이 $(2\times2\times3.14)\times1=12.56(cm^2)$
겉넓이는 $12.56\times2+12.56=37.68(cm^2)$
(2cm, 1cm)일 때,
밑면의 넓이 $1\times1\times3.14=3.14(cm^2)$
옆면의 넓이 $(1\times2\times3.14)\times2=12.56(cm^2)$
겉넓이는 $3.14\times2+12.56=18.84(cm^2)$
따라서 가장 큰 겉넓이는 $37.68(cm^2)$입니다.

[답] (1) (1cm, 2cm), (2cm, 1cm) (2) $37.68cm^2$

5. 최단거리 P.72

Free FACTO

[풀이] 입체의 전개도를 그려 점 A와 점 B를 연결하는 가장 짧은 선인 곧은 선을 그립니다.

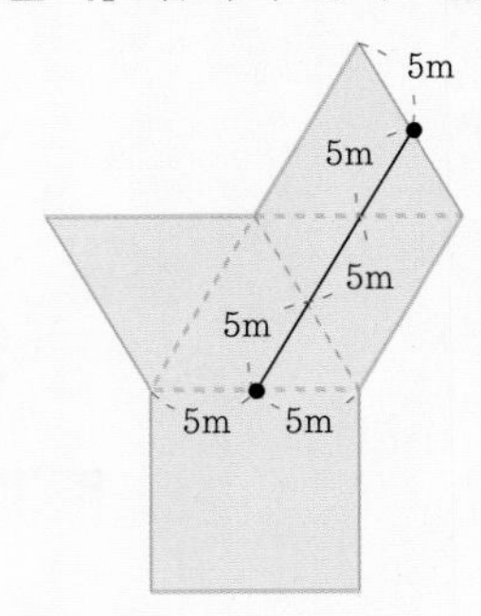

따라서 가장 짧은 선의 길이는 $5\times3=15$(m)입니다.

[답] 15m

[풀이]

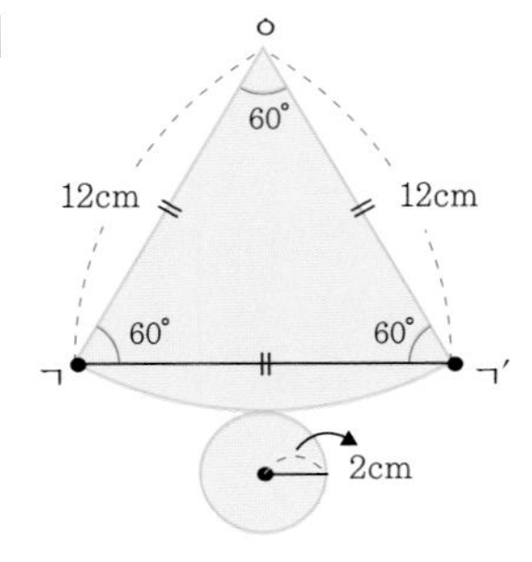

점 ㄱ과 ㄱ′가 입체도형에서는 모두 하나의 점 ㄱ이므로, 전개도에서 점 ㄱ과 ㄱ′를 잇는 곧은 선이 가장 짧은 선입니다. 삼각형 ㅇㄱㄱ′가 정삼각형이므로 선분 ㄱㄱ′의 길이는 12cm입니다.

[답] 12cm

[풀이]

삼각형 ㅈㅂㅅ의 넓이: $10\times5\div2=25(\text{cm}^2)$

[답] 25cm²

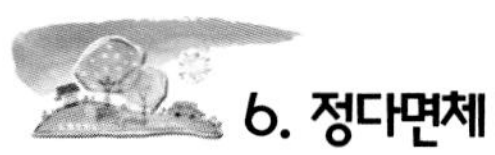

6. 정다면체 P.74

Free FACTO

[풀이] 각 입체도형의 한 꼭짓점에서 만나는 면을 펼치면 다음과 같습니다.

정사면체: 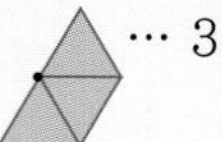 ··· 3개

정팔면체: 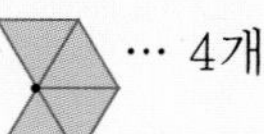 ··· 4개

정이십면체: 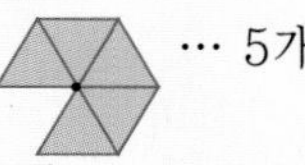 ··· 5개

한 꼭짓점에서 정삼각형 6개를 모으면 평면이 되므로 입체도형을 만들 수 없습니다.

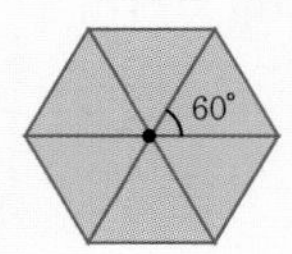

$60° \times 6 = 360°$

[풀이] 전개도를 접으면 정사면체가 만들어집니다.

면: $3+1=4$(개)
모서리: $3 \times 2=6$(개)
꼭짓점: $3+1=4$(개)

[답] 면: 4개, 모서리: 6개 , 꼭짓점: 4개

Creative 팩토 P.76

[풀이] 둘레의 길이가 12cm이므로 직사각형의 (가로)+(세로)=6cm인데, 둘레의 길이가 일정한 직사각형을 회전시켜 만든 원기둥의 부피는 가로의 길이가 세로의 길이의 2배일 때 최대가 되므로 직사각형의 가로가 4cm, 세로가 2cm일 때입니다. 이때의 부피는

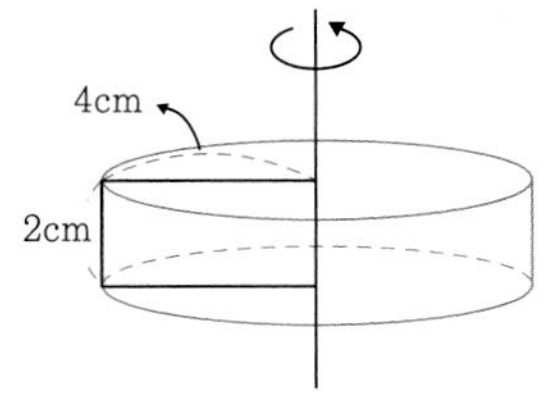

$4 \times 4 \times 3.14 \times 2 = 100.48(cm^3)$

[답] $100.48cm^3$

 [답]

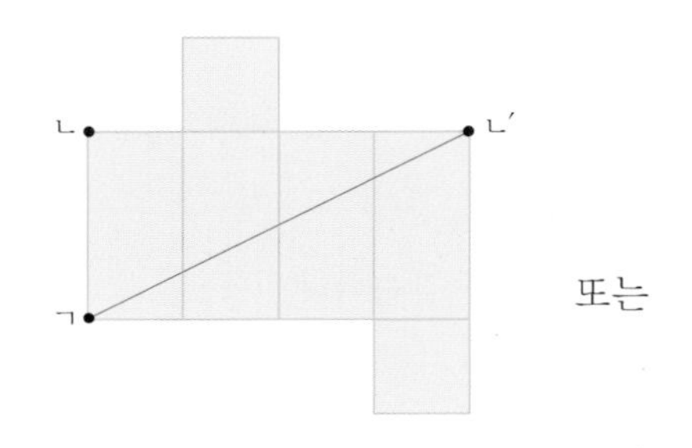

또는

P.77

 **[풀이]** (1) (이 정다면체의 꼭짓점의 개수)=(정육면체의 면의 개수)이므로 꼭짓점 6개, 면 8개, 모서리 12개입니다. (정팔면체)

(2) 이 정다면체의 면의 개수가 8개이므로, 각 면의 중심을 이으면 꼭짓점의 개수가 8개인 정다면체가 만들어집니다. (정육면체)

(3) 정사면체의 면의 개수가 4개이므로 각 면의 중심을 이으면 꼭짓점의 개수가 4개인 정다면체, 즉 정사면체가 만들어집니다.

[답] (1) 꼭짓점: 6개, 면: 8개, 모서리: 12개 (2) 8개 (3) 정사면체

P.78

 **[풀이]** (1) A:

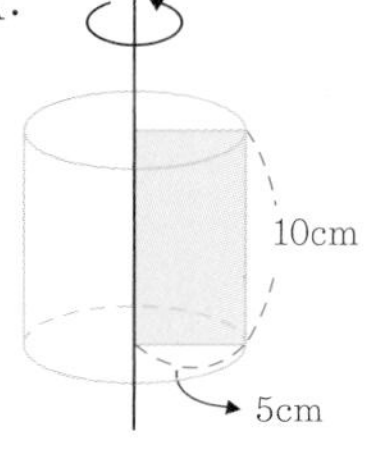

B:

(2) A: $(5\times5\times3.14)\times10=785(\text{cm}^3)$

B: $(10\times10\times3.14)\times5=1570(\text{cm}^3)$

(3) A: $(5\times5\times3.14)\times2+(10\times3.14\times10)=471(\text{cm}^2)$

B: $(10\times10\times3.14)\times2+(20\times3.14\times5)=942(\text{cm}^2)$

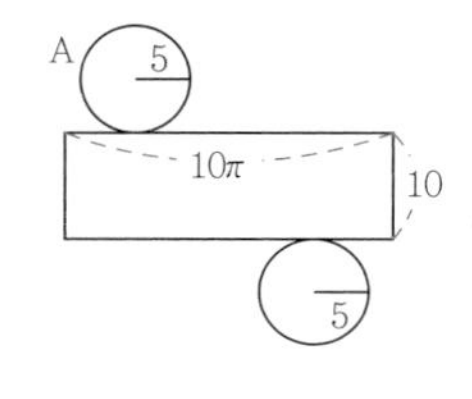

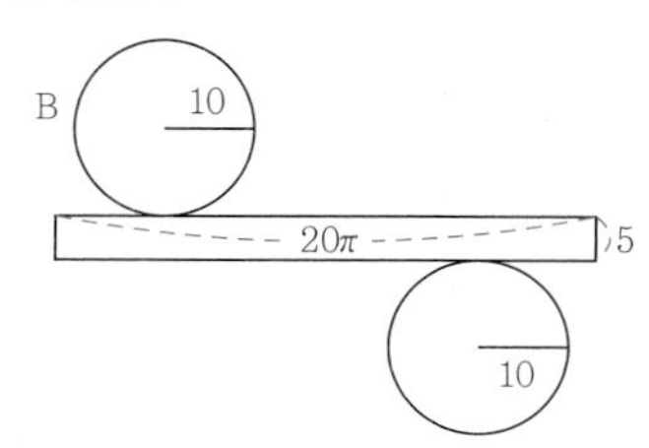

[답] (1) 풀이 참조 (2) A: 785cm^3, B: 1570cm^3 (3) A: 471cm^2, B: 942cm^2

P.79

응용 5 **[풀이]** (1) 꼭짓점을 한 번 잘라내면 입체도형의 면의 개수는 1개 늘어납니다.
(2) 모두 4개의 꼭짓점을 잘라내므로 면의 개수가 4개 늘어나서 남은 입체도형의 면의 개수는
(원래 정사면체의 면의 개수)+(늘어난 면의 개수)$=4+4=8$(개)가 됩니다.
(3) 8개의 정삼각형으로 만들어진 입체도형인 정팔면체입니다.
[답] (1) 풀이 참조　　(2) 8개　　(3) 정팔면체

Thinking 팩토

P.80

[풀이] ㉠ ㉡ ㉢ ㉣

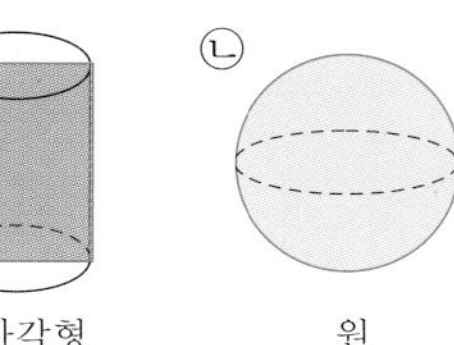

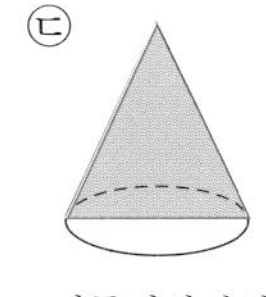

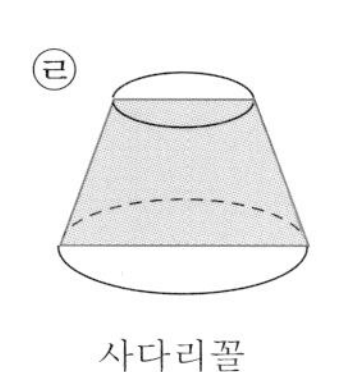

직사각형　　원　　이등변삼각형　　사다리꼴

[답] ㉡ 원, ㉢ 이등변삼각형, ㉣ (등변)사다리꼴

[풀이] 밑면의 모양이 육각형이므로 육각기둥의 꼭짓점의 개수는 $6\times2=12$(개), 면의 개수는 $6+2=8$(개), 모서리의 개수는 $6\times3=18$(개)입니다.
[답] 꼭짓점: 12개, 면: 8개, 모서리: 18개

P.81

[풀이] (1) 정육각형: 20개, 정오각형: 12개
(2) 정육각형의 변의 개수: $6\times20=120$(개)
정오각형의 변의 개수: $5\times12=60$(개)
$120+60=180$(개)
(3) 2개의 변이 만나 1개의 모서리가 되므로 입체도형의 모서리의 개수는 $180\div2=90$(개)입니다.
[답] (1) 정육각형 20개, 정오각형 12개　　(2) 180개　　(3) 90개

P.82

도전 4 **[풀이]** (1)

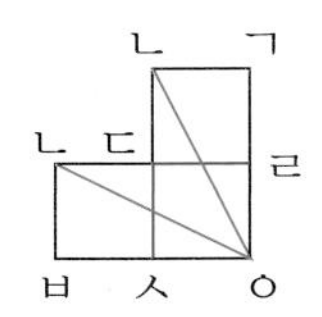

(2) 모서리 ㄷㄹ, 모서리 ㄷㅅ

(3)

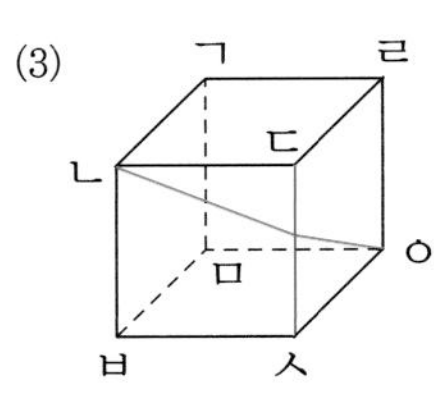

〈모서리 ㄷㅅ을 지나는 선〉

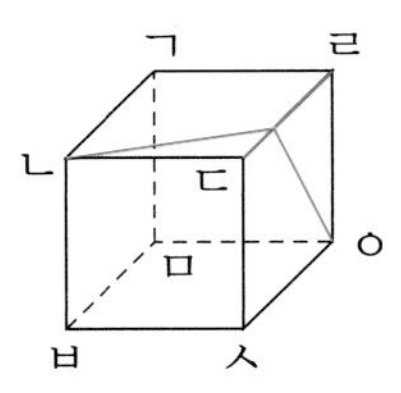

〈모서리 ㄷㄹ을 지나는 선〉

• 뒤에서 보이는 정육면체의 세 면을 펼친 모양

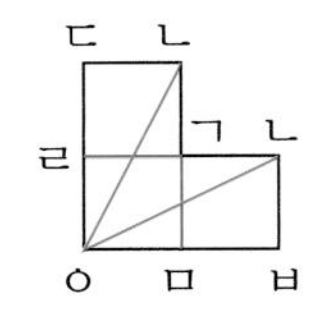

• 아래에서 보이는 정육면체의 세 면을 펼친 모양

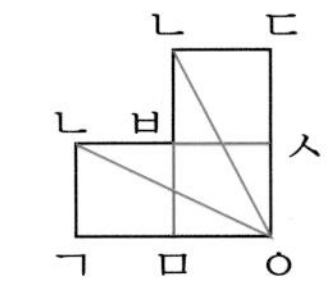

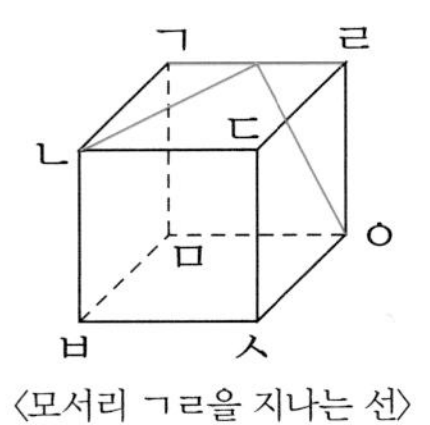

〈모서리 ㄱㄹ을 지나는 선〉

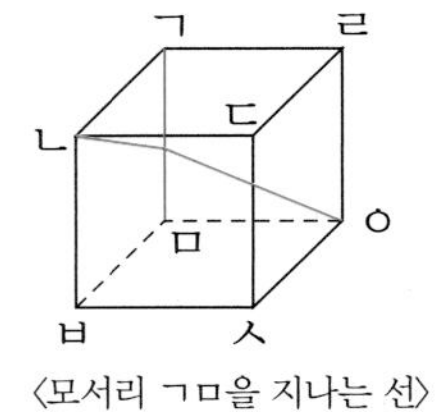
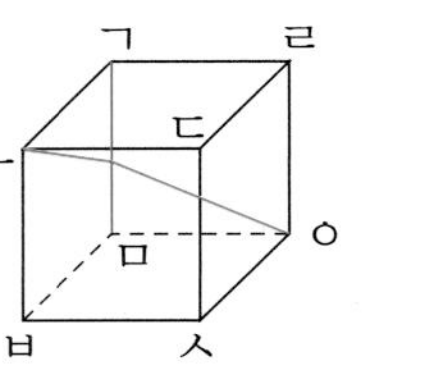

〈모서리 ㄱㅁ을 지나는 선〉

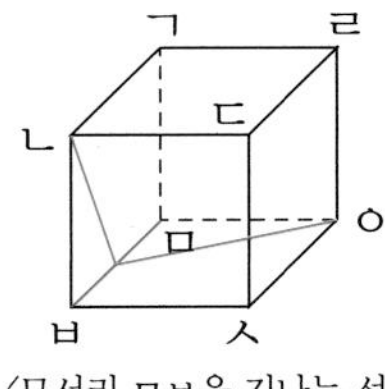

〈모서리 ㅁㅂ을 지나는 선〉

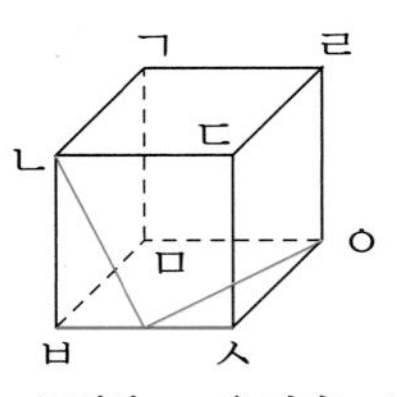

〈모서리 ㅂㅅ을 지나는 선〉

[답] (1) 풀이 참조 (2) 모서리 ㄷㄹ, 모서리 ㄷㅅ

(3) 모서리 ㄷㅅ을 지나는 선을 제외한 5개 중에 3개를 그리면 됩니다.

P.83

[풀이] (1) 그림과 같이 한 꼭짓점에 모이는 각의 합이 360°가 되면 평면이 만들어지므로 입체도형이 만들어지지 않고, 360°보다 커지면 면이 서로 겹치게 됩니다.

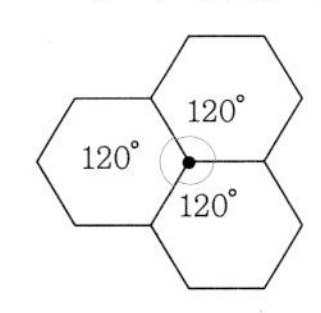

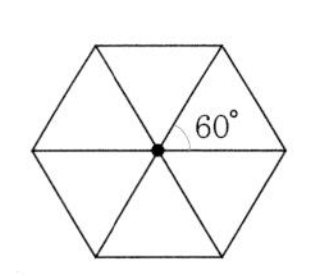

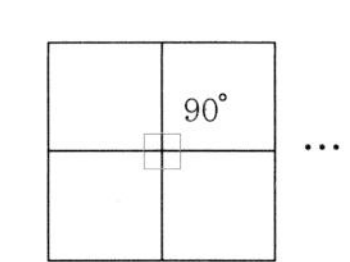

…

(2) 정삼각형의 한 각의 크기는 60°입니다. 따라서 한 꼭짓점에 모이는 정삼각형 3개, 4개, 5개로 정다면체를 만들 수 있습니다.

$60° \times 3 = 180°$

$60° \times 4 = 240°$

$60° \times 5 = 300°$

정사각형의 한 각의 크기는 90°입니다. 따라서 한 꼭짓점에 모이는 정사각형 3개로 정다면체를 만들 수 있습니다.

$90° \times 3 = 270°$

정오각형의 한 각의 크기는 108°입니다. 따라서 한 꼭짓점에 모이는 정오각형 3개로 정다면체를 만들 수 있습니다.

$108° \times 3 = 324°$

[답] (1) 풀이 참조 (2) 정삼각형, 정사각형, 정오각형

바른 답 · 바른 풀이

Ⅳ 규칙 찾기

1. 암호 P.86

Free FACTO

[풀이] ◿ ⟍ ∠ ◸ ⟍ ⊔ ∨ ∧ ◺ ⌝ ∠ ⊏ ⟍ ⊐ ∨ ⌜ □

$1+(7+2)\times3-(6+4)\div5$

$=1+9\times3-10\div5$

$=1+27-2$

$=26$

[답] 26

[풀이] ∟ ◿ ⊐ ◿ □ ◺ ⊓

$3+4+5-8=4$

[답] 4

[풀이] 앞의 칸의 ▼은 60을 나타내므로

▼▼▼ | ≪▼▼ $60\times3+10\times2+2$

$=180+20+2$

$=202$

[답] 202

2. 약속 P.88

Free FACTO

[풀이] 이 계산기는 짝수를 넣고 한 번 누르면 ÷2, 홀수를 넣고 한 번 누르면 −1을 합니다.
따라서 마지막에 1이 되기 위해서는 그 전의 수는 2이어야 합니다. 규칙에 따라 거꾸로 찾아보면 다음과 같습니다.

$1 \xleftarrow{\div2} 2$; $2 \xleftarrow{-1} 3 \xleftarrow{\div2} 6$; $6 \xleftarrow{-1} 7$; $6 \xleftarrow{\div2} 12$
$2 \xleftarrow{\div2} 4$; $4 \xleftarrow{-1} 5 \xleftarrow{\div2} 10$; $4 \xleftarrow{\div2} 8$; $8 \xleftarrow{-1} 9$; $8 \xleftarrow{\div2} 16$

따라서 4번 누르면 1이 되는 수는 7, 12, 10, 9, 16이고 합은 54입니다.

[답] 54

[풀이] 이 상자는 3의 배수를 넣으면 ÷3, 3의 배수가 아닌 수를 넣으면 −1을 합니다. 따라서 마지막에 1이 되도록 거꾸로 찾아보면 다음과 같습니다.

```
                    ÷3 27
            ÷3  9 ↙
               ↙    ↖ −1 10
   ÷3    3
      ↙     ↖     ÷3 12
          −1  4 ↙
 1              ↖ −1 5

   ↖      ÷3      ÷3 18
 −1   2 ←── 6 ↙
                ↖ −1 7
```

따라서 상자에 3번 통과시키면 1이 되는 수는 5, 7, 10, 12, 18, 27입니다.

[답] 5, 7, 10, 12, 18, 27

[풀이] △=1일 때,
(1, 1)=1+1=2
(1, 2)=1+4=5
(1, 3)=1+9=10
(1, 4)=1+16=17
(1, 5)=1+25=26(×)

△=2일 때,
(2, 1)=4+1=5
(2, 2)=4+4=8
(2, 3)=4+9=13
(2, 4)=4+16=20(×)

△=3일 때,
(3, 1)=9+1=10
(3, 2)=9+4=13
(3, 3)=9+9=18
(3, 4)=9+16=25(×)

△=4일 때,
(4, 1)=16+1=17
(4, 2)=16+4=20(×)

△가 5 이상이면 20보다 작은 수가 될 수 없습니다.

[답] (1, 1), (1, 2), (1, 3), (1, 4), (2, 1), (2, 2), (2, 3), (3, 1), (3, 2), (3, 3), (4, 1)

3. 패리티 검사 P.90

Free FACTO

[풀이]

a	b	c
2	0	3

이라면 a+b=2 → 3, b+c=3 → 4, a+c=5 → 5 가 되어야 하므로

b는 0이 아닌 1이 되어야 둘씩 더해지는 식이 참이 됩니다. 즉, a=2, b=1, c=3입니다.

[답] (2, 1, 3)

[풀이]

a	b	c
3	6	$\cancel{5}$ 4

이라면 $a \times b = 3 \times 6 = 18$

$b \times c = 6 \times \overset{4}{\cancel{5}} = 24$

$a \times c = 3 \times \overset{4}{\cancel{5}} = 12$

즉, c가 4로 수정되야 합니다.

[답] (3, 6, 4)

Creative 팩토

P.92

[풀이] CCCXXI+XXXIV

$=(300+20+1)+(30+4)$

$=355$

$=$CCCLV

[답] CCCLV

[풀이] 홀수째 번 자리의 숫자들을 더하면 $8+0+1+3+7+5=24$

짝수째 번 자리의 숫자들을 3배 해서 더하면

$(8+2+2+4+8+\square)\times3=(24+\square)\times3=72+3\times\square$

전체의 합은

$96+3\times\square$

이 전체의 합의 일의 자리 숫자를 10에서 뺀 수가 4이므로

$96+3\times\square$의 일의 자리 숫자는 6이 되어야 합니다.

따라서 $3\times\square$의 일의 자리 숫자가 0이 되어야 하므로 $\square=0$입니다.

[답] 0

P.93

[풀이] 아래 그림과 같이 ㉯ 3번, ㉰ 3번 곱해지므로 ㉯와 ㉰에 가장 작은 수를 넣어야 합니다. ㉮와 ㉱는 한 번씩 곱해지므로 큰 수를 넣습니다.

㉮, ㉱=3, 4

㉯, ㉰=1, 2

$3\times4\times1\times1\times1\times2\times2\times2=12\times8=96$

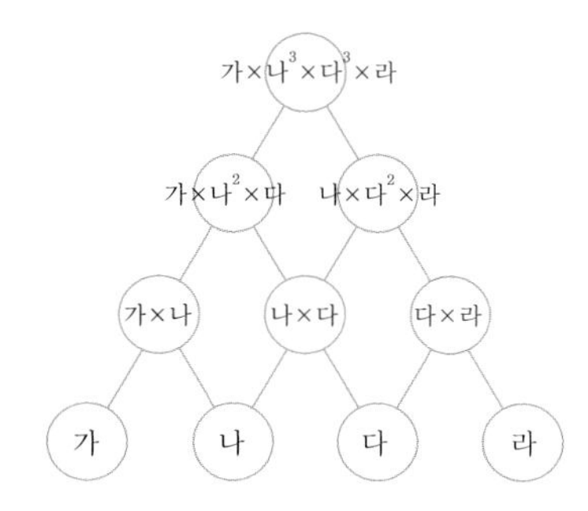

[답] 96

[풀이] (열, 행)으로 나타냅니다.
c=(3, 1), a=(1, 1), t=(5, 4)
[답] (3, 1), (1, 1), (5, 4)

P.94

[풀이] 시계 모양입니다. 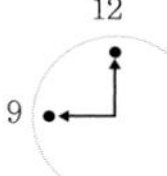

이므로 ㉠=9입니다.

[답] 9

[풀이] 다음과 같은 규칙으로 아래의 두 수의 합을 위에 나타낸 것입니다

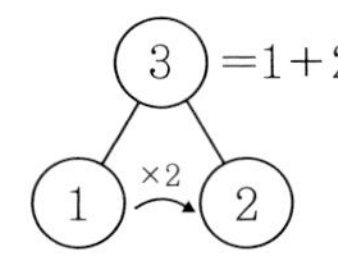

이 규칙에 따라 빈칸을 모두 채우면

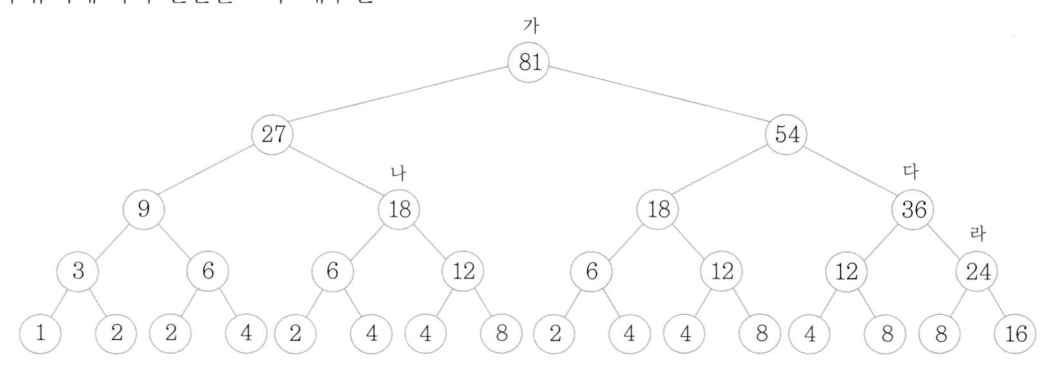

[답] 가: 81, 나: 18, 다: 36, 라: 24

P.95

[풀이] 4행에는 1의 개수가 짝수 개인데 패리티 비트가 0이므로 4행 중의 1개의 숫자가 틀렸습니다. 2열에는 1의 개수가 홀수 개인데 패리티 비트가 1이므로 2열 중의 1개의 숫자가 틀렸습니다.
[답] 4행 2열에 있는 0을 1로 수정해야 합니다.

[풀이] 가장 아래 칸을 각각 ㉠, ㉡, ㉢, ㉣이라고 하면

㉠+3×㉡+3×㉢+㉣
㉠+2×㉡+㉢ | ㉡+2×㉢+㉣
㉠+㉡ | ㉡+㉢ | ㉢+㉣
㉠ | ㉡ | ㉢ | ㉣

㉮=㉠+㉣+3×(㉡+㉢)이 됩니다.

1, 2, 3, 4를 배치해 보면

㉠	㉣	㉡	㉢	㉮
1	2	3	4	24
1	3	2	4	22
1	4	2	3	20
2	3	1	4	20
2	4	1	3	18
3	4	1	2	16

따라서 ㉮가 될 수 있는 수는 16, 18, 20, 22, 24입니다.
[답] 16, 18, 20, 22, 24

4. 군수열 P.96

Free FACTO

[풀이] 분자와 분모의 합이 같은 것끼리 묶으면

$\left(\frac{1}{1}\right), \left(\frac{1}{2}, \frac{2}{1}\right), \left(\frac{1}{3}, \frac{2}{2}, \frac{3}{1}\right), \left(\frac{1}{4}, \frac{2}{3}, \frac{3}{2}, \frac{4}{1}\right), \cdots$

(분자)+(분모)가 2, 3, 4, 5, … 이므로 분자는 1부터, 분모는 가장 큰 수부터 차례대로 나타납니다.
합이 2는 1개, 3는 2개, 4는 3개씩 커지므로 50째 번 수는 (1+2+3+…+9)+5로 10째 번 묶음의 5째 번 분수입니다.
합이 11인 수들 중에서 5째 번 분수이므로 $\frac{5}{6}$입니다.

[답] $\frac{5}{6}$

[풀이] 분모가 같은 것끼리 ( )로 묶으면 다음과 같습니다.

$\left(\frac{1}{1}\right), \left(\frac{1}{2}, \frac{2}{2}\right), \left(\frac{1}{3}, \frac{2}{3}, \frac{3}{3}\right), \left(\frac{1}{4}, \frac{2}{4}, \cdots\right), \cdots$

□째 번 ( )에는 □개의 분수가 있고, □째 번 괄호까지는 1+2+3+4+…+□개의 수가 있습니다.
1+2+3+4+5+6+7=28이므로 7째 번 괄호까지는 28개의 수를 쓰게 됩니다. 따라서 30째 번 수는 8째 번 괄호의 둘째 번 수가 됩니다.

8째 번 괄호는 $\left(\frac{1}{8}, \frac{2}{8}, \frac{3}{8}, \cdots\right)$이므로 30째 번 수는 $\frac{2}{8}$ 입니다.

[답] $\frac{2}{8}$

5. 피보나치 수열 P.98

Free FACTO

[풀이] 첫째 번 계단을 오르는 방법: 1가지
둘째 번 계단을 오르는 방법: 1칸씩 2번 오르거나 2칸을 1번에 오를 수 있으므로 2가지
셋째 번 계단을 오르는 방법: 첫째 번 계단에서 2칸 오르거나 둘째 번 계단에서 1칸 오를 수 있으므로
$1+2=3$(가지)
넷째 번 계단을 오르는 방법: 둘째 번 계단에서 2칸 오르거나 셋째 번 계단에서 1칸 오를 수 있으므로
$2+3=5$(가지)
다섯째 번 계단을 오르는 방법: 셋째 번 계단에서 2칸 오르거나 넷째 번 계단에서 1칸 오를 수 있으므로
$3+5=8$(가지)
[답] 8가지

[풀이] 위의 문제와 같이 피보나치 수열을 이룹니다.
1, 2, 3, 5, 8, 13, 21
[답] 21

6. 수의 관계 P.100

Free FACTO

[풀이] 통화를 안 한다면 [방법1]이 5000원 더 저렴합니다. 그러나 1분 통화할 때마다 [방법2]가 100원씩 저렴해지므로 50분이 되면 금액이 결국 같아지게 됩니다. 따라서 [방법1]이 더 적게 들거나 같은 것은 50분까지 통화를 하였을 경우입니다.
[답] 50분

[풀이] 민수는 동생보다 저금한 돈이 3000원 적지만 하루가 지날 때마다 200원씩 차이가 줄어듭니다.
$3000\div200=15$(일)이므로 3월 15일에 둘의 저금액은 같아집니다. 따라서 3월 16일부터는 민수가 저금한 금액이 동생보다 많아집니다.
[답] 3월 16일

[풀이] 거북이는 1분에 20m를 달리므로 $1000\div20=50$(분)
토끼는 1분에 100m를 달리므로 $1000\div100=10$(분) 걸립니다.
즉, $50-10=40$(분)이므로 토끼는 낮잠을 40분 넘게 자야 합니다.
[답] 40분

Creative 팩토 ······ P.102

[풀이] 각 줄의 맨 앞의 수는 2, 4, 6, 8, …씩 커지는 계차수열입니다.
각 줄은 4씩 커지는 등차수열이므로 열째 줄의 맨 앞의 수는
$3+(2+4+6+\cdots+18)=3+20\times9\div2=93$입니다.
열째 줄은 수가 모두 11개로 마지막 수는 4씩 10번 커져야 하므로
$93+4\times10=133$입니다.
따라서 열째 줄에 놓인 수들의 합은 $(93+133)\times11\div2=113\times11=1243$입니다.
[답] 1243

[풀이] 몸길이 1cm인 미생물 1마리인 경우

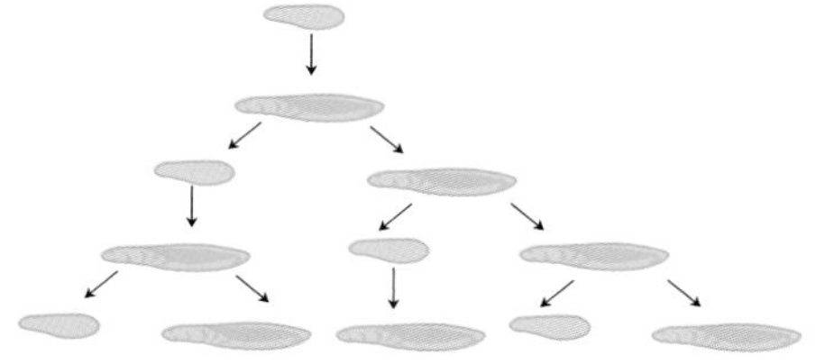

미생물의 마리 수는 피보나치 수열을 이룹니다.
1, 1, 2, 3, 5, 8, 13
한 마리가 1시간이 지나면 13마리가 되므로 6마리이면 $13\times6=78$(마리)
[답] 78마리

······ P.103

[풀이] 수가 7개씩 배열되면 2줄을 내려갑니다.
따라서 $100\div7=14\cdots2$에서 $14\times2=28$째 줄까지 98까지의 수를 쓰게 되고, 100은 29째 줄의 둘째 번에 쓰게 됩니다.
[답] (29, 4)

[풀이] B 자동차가 30분 먼저 출발했으므로 30km 앞서 있습니다. 그런데 두 자동차의 거리는 1시간에 40km씩 줄어드므로 30km를 줄어들게 하려면 $\frac{30}{40}$(시간) 즉, 45분이 지나야 합니다.
[답] 45분

······ P.104

[풀이] [방법1]은 2시간 주차에 10000원이고, [방법2]는 2시간 주차에 $700\times12=8400$(원)이므로 2시간은 [방법2]가 1600원 저렴합니다. 하지만 추가로 10분이 늘어날 때마다 200원씩 차이가 줄어듭니다.
$1600\div200=8$이므로 2시간 후로부터 80분이 더 지나면 [방법1]이 더 저렴해집니다.
따라서 [방법2]가 더 요금이 많이 나오는 것은
2시간+1시간 20분=3시간 20분 이후입니다.
[답] 3시간 20분

응용 6 [풀이] 아기 토끼를 ○, 두 달 된 토끼를 ●로 나타내면

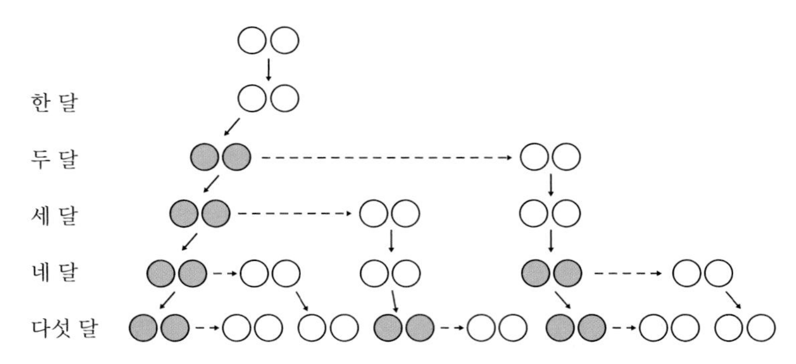

매달 토끼는 피보나치 수열을 이루면서 늘어납니다.

1, 1, 2, 3, 5, 8, 13, 21, 34, 55, 89, 144, 233,⋯

따라서 12달 후에는 233쌍이 됩니다.

[답] 233쌍

응용 7 [풀이] (1), (1, 2, 1), (1, 2, 3, 2, 1), (1, 2, 3, 4, 3, 2, 1), ⋯

( ) 안의 수의 개수가 1, 3, 5, 7개로 늘어납니다.

100째 번은 $1+3+5+\cdots+19=100$에서 ( ) 안의 마지막 수이므로 1입니다.

[답] 1

응용 8 [풀이]

첫째 칸을 채우는 방법은 1가지
둘째 칸을 채우는 방법은 2가지
셋째 칸을 채우는 방법은 3가지
넷째 칸을 채우는 방법은 5가지
칸을 채우는 방법은 1, 2, 3, 5, 8, 13, 21, 34, ⋯로 피보나치 수열을 이룹니다.
따라서 여덟째 칸까지 모두 채우는 방법은 34가지입니다.

[답] 34가지

Thinking 팩토

도전 01 [풀이] 1부터 시작해서 대각선 방향으로 수의 개수는 1개, 2개, 3개, ⋯ 늘어나므로 색칠된 칸의 앞줄까지 쓴 수의 개수는 $1+2+3+\cdots+11=12\times11\div2=66$(개)입니다.

그림에서 짝수째 번 줄은 ↗방향으로 1씩 커지고, 홀수째 번 줄은 ↙방향으로 1씩 작아집니다.

색칠된 칸은 대각선 방향으로 12째 줄의 6째 칸이므로 66 다음의 6째 번 수인 $66+6=72$입니다.

[답] 72

도전 02 [풀이] 4분 동안 40m 따라잡았으므로 남은 20m를 따라잡으려면 그로부터 2분 후입니다.

[답] 2분 후

P.107

[풀이]

ㅈ ㅏ ㅇ ㄷ ㅗ ㄱ ㄷ ㅐ

[답] 장독대

[풀이] 6과 A, 8과 B의 차가 모두 3이므로 A=3 또는 9, B=5 또는 11

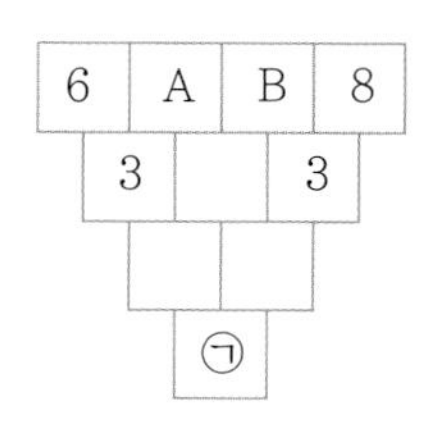

6 9 5 8	6 9 11 8	6 3 5 8	6 3 11 8
3 4 3	3 2 3	3 2 3	3 8 3
1 1	1 1	1 1	5 5
0	0	0	0

[답] 0

P.108

[풀이] 배열된 수를 보고 규칙을 찾으면 오른쪽으로 갈 때는 2배에 1을 더하고, 왼쪽으로 갈 때는 2배한 것입니다. 따라서

$1 \xrightarrow{\text{오른쪽}} 3 \xrightarrow{\text{왼쪽}} 6 \xrightarrow{\text{오른쪽}} 13 \xrightarrow{\text{왼쪽}} 26 \xrightarrow{\text{오른쪽}} 53 \xrightarrow{\text{왼쪽}} 106$

7행의 색칠된 수는 106이 됩니다.

[답] 106

[풀이] 원판을 다음 그림과 같은 순서로 옮깁니다.

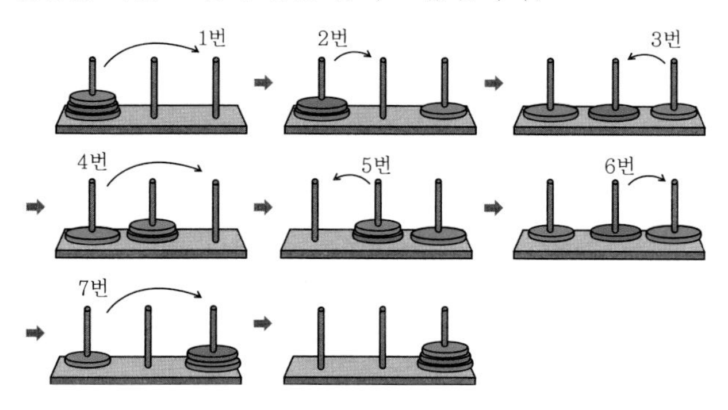

따라서 최소 7번 움직이면 모든 원판을 오른쪽 끝에 있는 기둥으로 옮길 수 있습니다.

[답] 7번

P.109

[풀이]

0	0	1	0	1
0	0	1	1	0
1	1	0	0	1
0	1	1	1	1
1	1	1	0	

칠해져 있는 부분 중에 한 수가 잘못되어 있으므로 가로, 세로 공통으로 들어가 있는 '1' → '0' 이 되어야 합니다.

0010 → 2, 0011 → 3, 1000 → 8, 0111 → 7

[답] 2387

[풀이] 홀수가 1, 2, 3, …개로 묶여 있으므로 여섯 째 번 묶음까지 홀수는 $1+2+\cdots+5+6=21$(개)이고, 여섯째 번 묶음의 마지막 홀수는 $1+2\times20=41$입니다.
따라서 일곱째 번 묶음의 홀수는 43, 45, 47, 49, 51, 53, 55이므로 수들의 합은
$(43+55)\times7\div2=98\times7\div2=343$입니다.
[답] 343

V 도형의 측정

1. 원주율(π) P.112

Free FACTO

[풀이] 상현이가 달린 거리는 $12\times2\times3.14=75.36$(m)이고,
영민이가 달린 거리는 $13\times2\times3.14=81.64$(m)입니다.
그러므로 영민이는 $81.64-75.36=6.28$(m)를 상현이보다 더 달렸습니다.
[답] 6.28m
[별해]
영민이가 달린 원의 반지름은 상현이가 달린 원의 반지름보다 1m 더 깁니다. 따라서 반지름이 1m인 원의 둘레만큼을 더 달렸다고 할 수 있습니다.
$1\times2\times3.14=6.28$(m)

[풀이] 지구의 단면의 둘레는 $6400\times2\times3.14=40192$(km)입니다. 지구보다 반지름이 10km 더 큰 구의 단면의 둘레는 $6410\times2\times3.14=40254.8$(km)입니다. 따라서 지구보다 반지름이 10km 더 큰 구의 단면의 둘레는 $40254.8-40192=62.8$(km) 더 깁니다.
[답] 62.8km
[별해] 지구보다 반지름이 10km 더 큰 구의 단면의 둘레는 반지름이 10km인 원의 둘레인 $10\times2\times3.14=62.8$(km)만큼 지구의 단면의 둘레보다 더 길다고 할 수 있습니다.

2. 원주 P.114

Free FACTO

[풀이] 네 개의 선분의 길이의 합은 $10\times4=40$(cm)입니다.
네 개의 곡선 부분의 길이의 합은 반지름이 5cm인 원의 둘레와 같으므로 $5\times2\times3.14=31.4$(cm)입니다.
따라서 끈의 길이는 $40+31.4=71.4$(cm)입니다.
[답] 71.4cm

[풀이] 선분의 길이의 합은 $20\times2=40$(cm)이고, 곡선 부분의 길이의 합은 지름이 10cm인 원의 둘레와 같으므로 $10\times3.14=31.4$(cm)입니다.
따라서 끈의 길이는 $40+31.4=71.4$(cm)입니다.
[답] 71.4cm

[풀이]

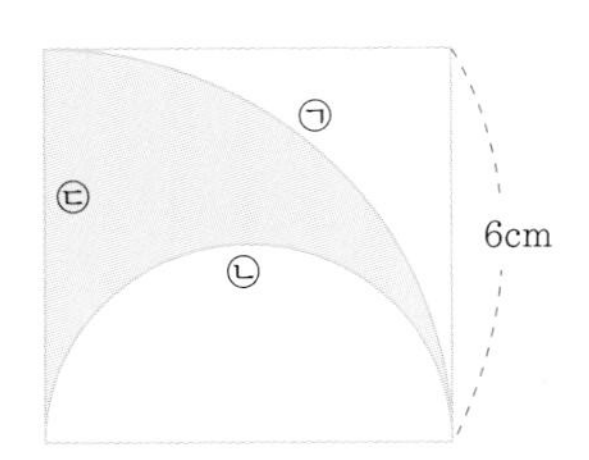

㉠의 길이는 $6\times2\times3.14\times\frac{1}{4}=9.42$(cm)

㉡의 길이는 $6\times3.14\times\frac{1}{2}=9.42$(cm)

㉢의 길이는 6cm입니다.

따라서 색칠된 도형의 둘레는 $9.42+9.42+6=24.84$(cm)입니다.

[답] 24.84cm

3. 원의 넓이

P.116

Free FACTO

[풀이] 작은 부채꼴의 반지름은 $3-2=1$(m)입니다.
따라서 소가 풀을 뜯어 먹을 수 있는 땅의 넓이는

$3\times3\times3.14\times\frac{1}{2}+1\times1\times3.14\times\frac{1}{2}=14.13+1.57=15.7(m^2)$

[답] $15.7m^2$

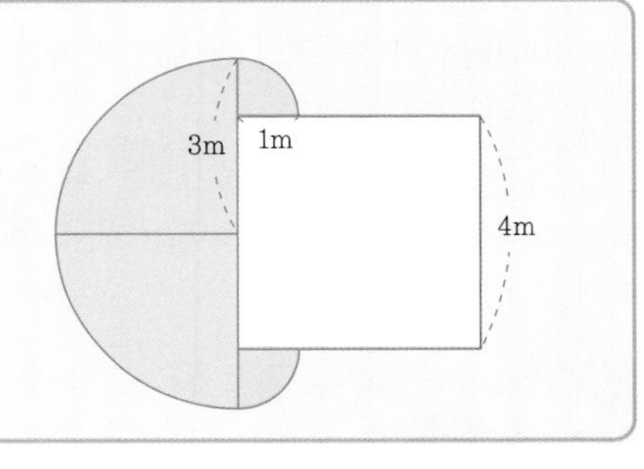

[풀이] 코끼리가 움직일 수 있는 땅의 넓이를 그림으로 나타내면 다음과 같습니다.

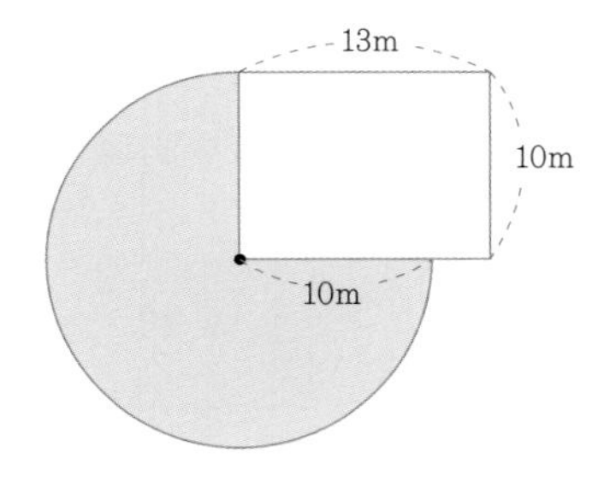

따라서 코끼리가 움직일 수 있는 땅의 넓이는 $10\times10\times3.14\times\frac{3}{4}=235.5(m^2)$입니다.

[답] $235.5m^2$

[풀이] 양이 움직일 수 있는 가장 넓은 범위를 그림으로 나타내면 다음과 같습니다.

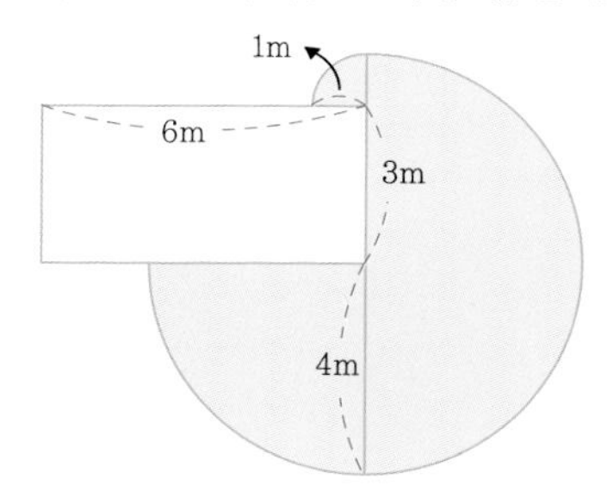

따라서 양이 움직일 수 있는 가장 넓은 범위는

$4\times4\times3.14\times\frac{3}{4}+1\times1\times3.14\times\frac{1}{4}=37.68+0.785=38.465(m^2)$입니다.

[답] $38.465m^2$

Creative  P.118

[풀이] 동전이 굴러간 거리는 동전의 둘레의 2배와 같으므로 $(2\times2\times3.14)\times2=25.12$(cm)입니다.

[답] 25.12cm

[풀이]

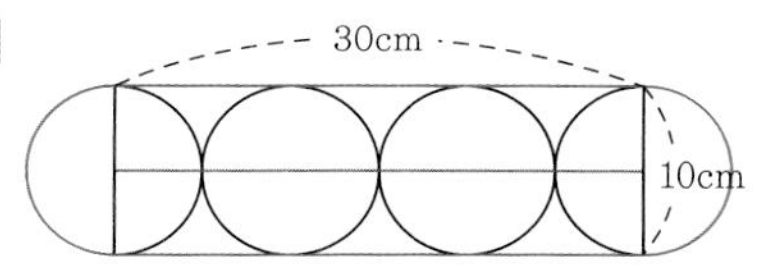

선분의 길이의 합은 $30\times2=60$(cm)이고, 곡선 부분의 길이의 합은 $5\times2\times3.14=31.4$(cm)입니다.
따라서 끈의 길이는 $60+31.4=91.4$(cm)입니다.

[답] 91.4cm

P.119

[풀이] (가)

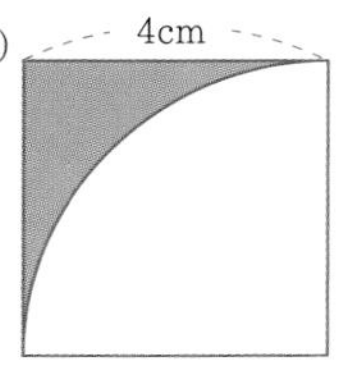

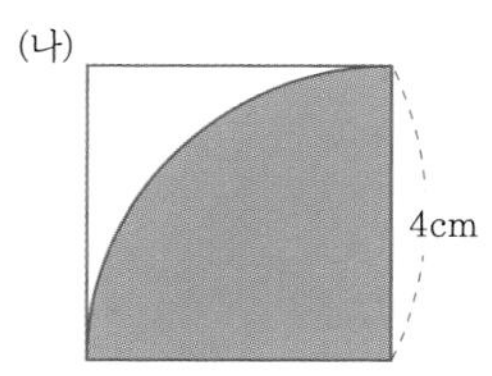

(가)와 (나)의 색칠된 도형의 둘레는 모두 $4\times2+4\times2\times3.14\times\frac{1}{4}=14.28$(cm)입니다.

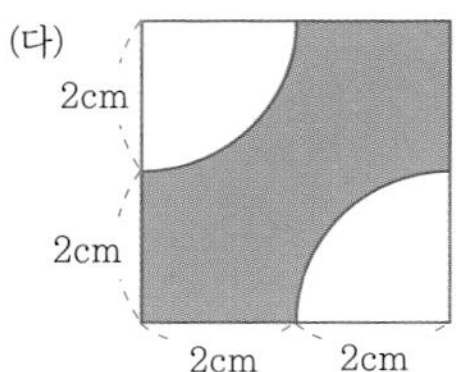

(다)의 색칠된 도형의 둘레는 $2\times4+2\times2\times3.14\times\frac{1}{2}=14.28$(cm)

[답] (가), (나), (다)의 색칠된 도형의 둘레는 모두 14.28cm입니다.

4 [풀이] 원 (가)의 중심이 움직인 거리는 오른쪽 그림과 같습니다.
따라서 원 (가)의 중심이 움직인 거리는 반지름이 7.5cm인 원의 둘레와 같습니다. 즉, $7.5 \times 2 \times 3.14 = 47.1$(cm)입니다.
[답] 47.1cm

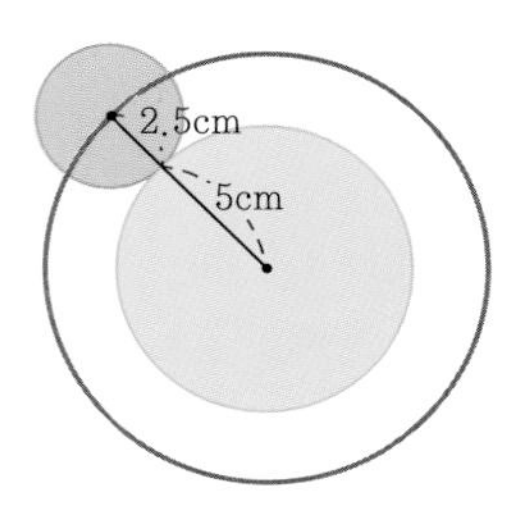

5 [풀이] (1) 정사각형의 넓이는 $10 \times 10 = 100$(cm^2)이고, 원의 넓이는 $5 \times 5 \times 3.14 = 78.5$($cm^2$)입니다. 따라서 색칠된 부분의 넓이는 $100 - 78.5 = 21.5$(cm^2)입니다.
(2) 반으로 잘라서 그림과 같이 옮기면 (1)의 그림과 색칠된 부분의 넓이가 같습니다.

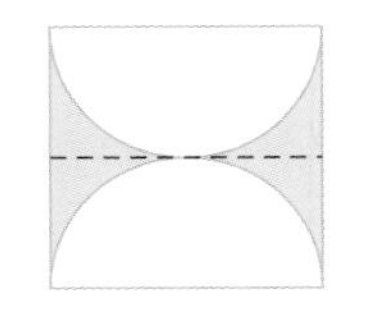 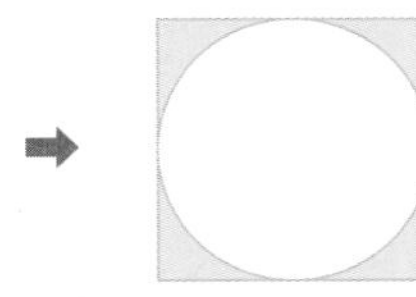

(3) 4등분으로 잘라서 그림과 같이 옮기면 (1)의 그림과 색칠된 부분의 넓이가 같습니다.

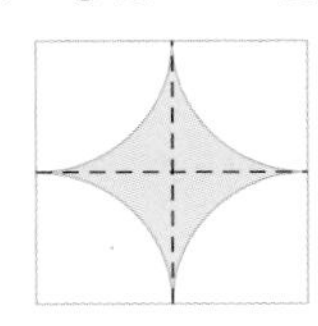 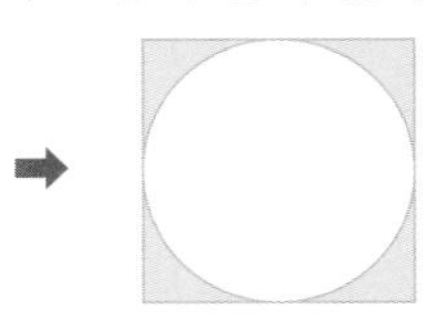

따라서 (1), (2), (3)의 넓이는 모두 21.5cm^2입니다.
[답] (1) 21.5cm^2 (2) 21.5cm^2 (3) 21.5cm^2

6 [풀이] 보조선을 그어 색칠된 부분을 그림과 같이 옮길 수 있습니다.
따라서 색칠된 부분의 넓이의 합은 한 변의 길이가 20cm인 정사각형의 넓이의 반인
$20 \times 20 \times \frac{1}{2} = 200$($cm^2$)입니다.

  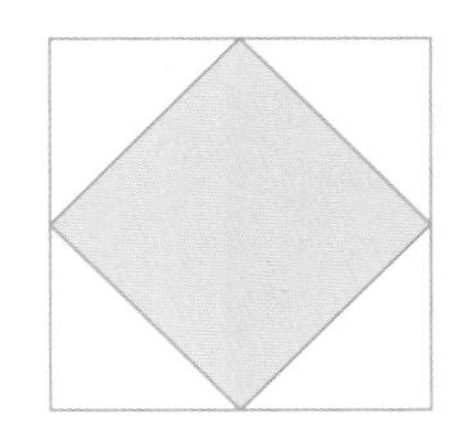

[답] 200cm^2

P.120

[풀이]

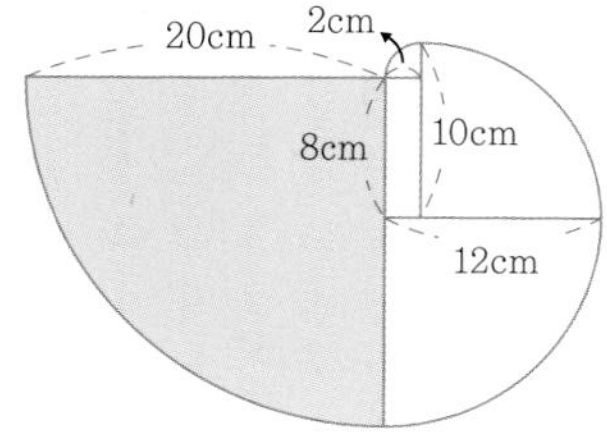

따라서 색칠된 부분의 넓이는 $20 \times 20 \times 3.14 \times \frac{1}{4} = 314(cm^2)$입니다.
[답] $314cm^2$

[풀이] 양이 풀을 먹을 수 있는 땅을 그림으로 나타내면 다음과 같습니다.

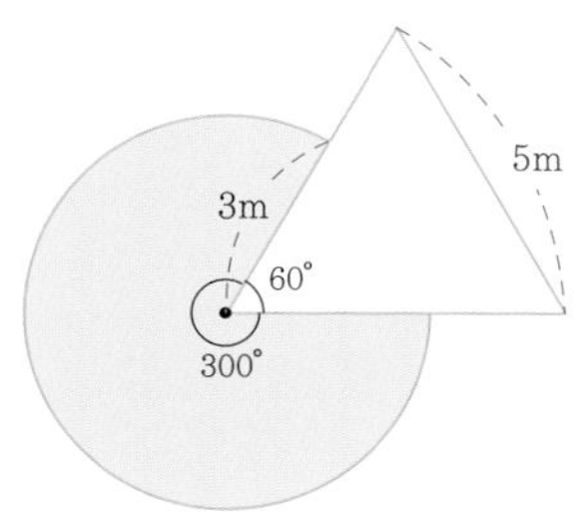

따라서 양이 풀을 먹을 수 있는 땅의 넓이는 $3 \times 3 \times 3.14 \times \frac{300}{360} = 23.55(m^2)$
[답] $23.55m^2$

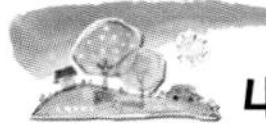

4. 아르키메데스의 묘비

P.122

Free FACTO

[풀이] 원기둥의 밑면의 반지름은 $40 \div 2 = 20(cm)$입니다.
따라서 밑면의 넓이는 $20 \times 20 \times 3.14 = 1256(cm^2)$입니다.
원기둥의 높이는 40cm이므로 원기둥의 부피는 $1256 \times 40 = 50240(cm^3)$입니다.
[답] $50240cm^3$

[풀이] 원기둥 (가)의 부피는 $10 \times 10 \times 3.14 \times 20 = 6280(cm^3)$이고, 사각기둥 (나)에 원기둥에 있는 물을 부으면 부은 물의 부피와 같은 부피가 만들어져야 합니다.
즉, $50 \times 8 \times$(높이)$=6280(cm^3)$입니다.
따라서 높이는 15.7cm입니다.
[답] 15.7cm

[풀이] 오각기둥의 밑넓이는 다음과 같이 구할 수 있습니다.

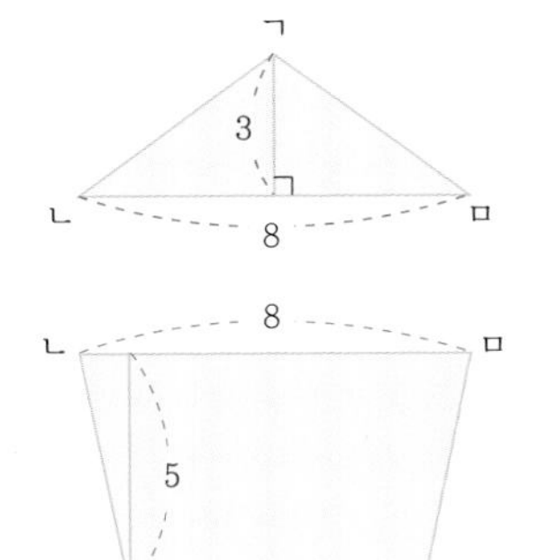

(△ㄱㄴㅁ의 넓이)$=8\times3\times\frac{1}{2}=12$(cm²)

(□ㄴㄷㄹㅁ의 넓이)$=(8+6)\times5\times\frac{1}{2}=35$(cm²)

따라서 밑면인 오각형의 넓이는 $12+35=47$(cm²)이고, 오각기둥의 부피는 $47\times10=470$(cm³)입니다.
[답] 470cm³

5. 부피과 겉넓이 P.124

Free FACTO

[풀이] 한 모서리가 2cm인 쌓기나무 1개의 부피는 $2\times2\times2=8$(cm³)입니다.
쌓기나무 하나의 부피가 8cm³이므로 부피가 32cm³이려면 쌓기나무는 4개 필요합니다.
오른쪽 그림과 같이 이어 붙인 면이 가장 많을 때 겉넓이가 가장 작습니다. 그러므로 가장 작은 겉넓이는 $4\times16=64$(cm²)입니다.
[답] 64cm²

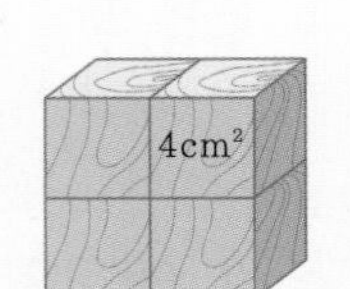

[풀이] 입체도형의 겉넓이를 가장 크게 하려면 쌓기나무를 이어 붙인 면의 개수가 가장 적어야 하고, 그것을 그림으로 나타내면 오른쪽과 같습니다.
따라서 입체도형의 겉넓이의 최댓값은 $4\times1\times4+1\times1\times2=18$(cm²)입니다.
[답] 18cm²

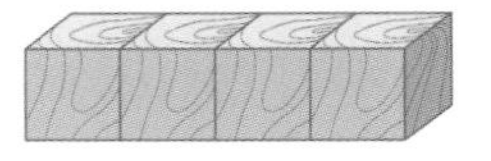

[풀이] 정육면체 하나의 겉넓이는 6cm²이고, 4개이면 $6\times4=24$(cm²)입니다. 정육면체 4개를 이어 붙일 때 두 면만 맞닿도록 한다면 겉넓이가 22cm²인 모양이 나오겠지만 정육면체를 4개를 이어 붙일 때는 적어도 여섯 면은 맞닿아야 하므로 22cm²인 모양은 만들 수 없습니다.
정육면체 개수를 하나 더 늘려서 생각해 보면 5개의 겉넓이는 $6\times5=30$(cm²)입니다. 이때, 8면을 맞닿도록 모양을 만들면 겉넓이는 $30-8=22$(cm²)가 됩니다. 이 모양의 부피는 5cm³입니다. 겉넓이가 22cm²이고, 부피가 가장 작아야 하므로 정육면체의 개수를 더 늘려 볼 필요가 없습니다. 따라서 이 모양의 가장 작은 부피는 5cm³입니다.
[답] 5cm³

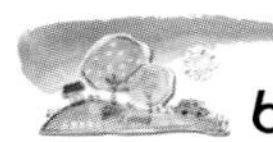

6. 쌓기나무의 겉넓이 P.126

Free FACTO

[풀이] 그림의 움푹 들어간 부분에 쌓기나무 하나를 끼워 넣어도 겉넓이의 변화는 없습니다. 8개의 쌓기나무를 끼워 넣으면 다음과 같은 모양이 됩니다.

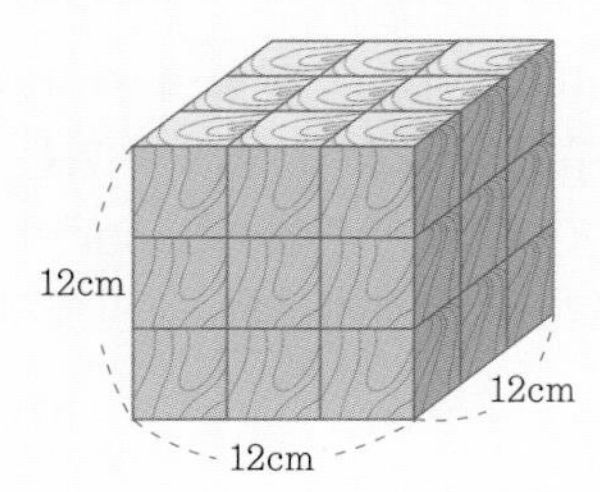

따라서 이 모양의 겉넓이는 $12\times12\times6=864(cm^2)$

[답] $864cm^2$

[풀이] 움푹 들어간 부분에 쌓기나무 3개를 끼워 넣어 그림과 같이 직육면체를 만들어도 겉넓이의 변화는 없습니다.

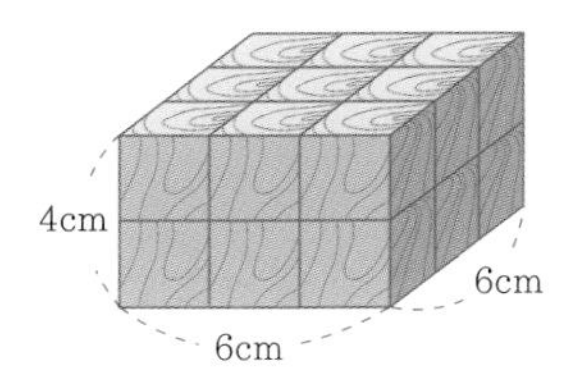

따라서 이 모양의 겉넓이는 $(6\times4\times4)+(6\times6\times2)=96+72=168(cm^2)$

[답] $168cm^2$

[풀이] 앞, 뒤, 오른쪽 옆, 왼쪽 옆, 아래, 위에서 보이는 면의 개수를 알아보면 다음과 같습니다.

앞 (앞, 뒤)

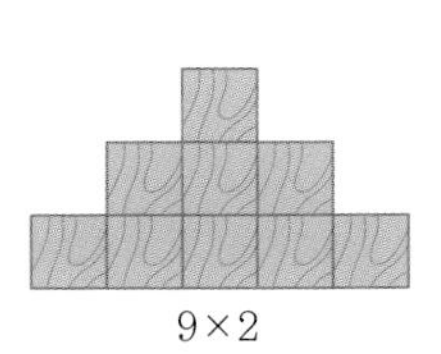

9×2

옆 (오른쪽, 왼쪽)

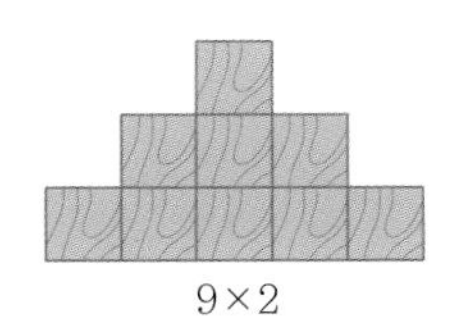

9×2

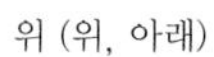

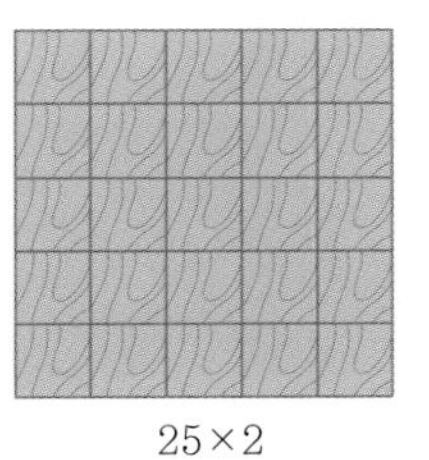

25×2

$18+18+50=86$

따라서 필요한 색종이는 모두 86장입니다.

[답] 86장

Creative 팩토 P.128

[풀이] (가)의 부피는 (밑넓이)$\times$3, (나)의 부피는 (밑넓이)$\times$5, (다)의 부피는 (밑넓이)$\times$7입니다. 밑면의 넓이가 모두 같으므로 (가), (나), (다)의 부피비는 3: 5: 7입니다.

[답] 3: 5: 7

[풀이] 물통의 밑넓이는 $5\times5\times3.14=78.5(cm^2)$이고, 높이는 10cm이므로 물통에 가득 찬 물의 부피는 $78.5\times10=785(cm^3)$입니다. 삼각기둥에 담긴 물의 부피와 물통의 물의 부피는 같아야 합니다. 삼각기둥의 밑넓이가 $100cm^2$이므로 삼각기둥에 담긴 물의 부피가 $785cm^3$이 되기 위해서는 높이가 $785\div100=7.85(cm)$가 되어야 합니다. 따라서 삼각기둥의 밑면에서부터 7.85cm까지 물이 찹니다.

[답] 7.85cm

P.129

[풀이] (1) 직사각형입니다.

(2) 직사각형의 가로의 길이는 반지름 5cm인 원의 둘레의 길이와 같으므로 $5\times2\times3.14=31.4(cm)$입니다.

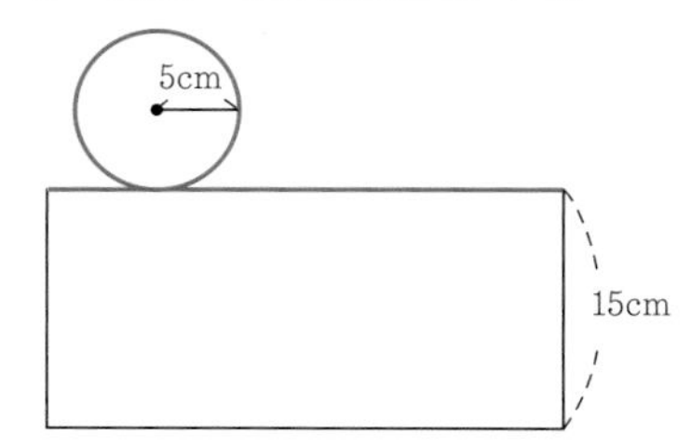

직사각형의 세로의 길이는 원기둥의 높이와 같으므로 15cm입니다.

(3) 직사각형의 넓이는 $31.4\times15=471(cm^2)$입니다.

[답] (1) 직사각형 (2) 가로 31.4cm, 세로 15cm (3) $471cm^2$

[풀이] 다음 그림과 같이 움푹 들어간 곳에 부피가 $1cm^3$인 정육면체를 끼워 넣은 직육면체의 겉넓이와 같습니다.

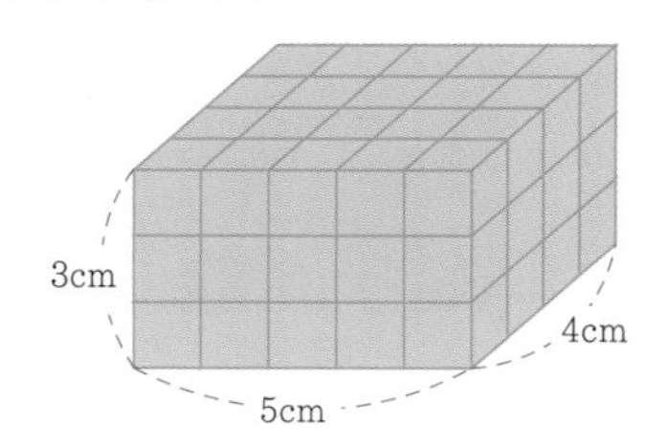

따라서 이 모양의 겉넓이는 $(5\times4\times2)+(3\times5\times2)+(4\times3\times2)=40+30+24=94(cm^2)$입니다.

[답] $94cm^2$

P.130

[풀이] 주어진 모양을 앞, 뒤, 오른쪽 옆, 왼쪽 옆, 위, 아래에서 보면 그림과 같습니다.

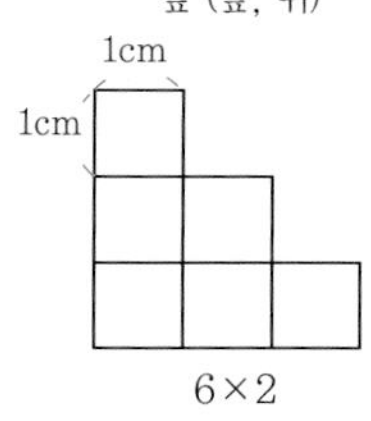

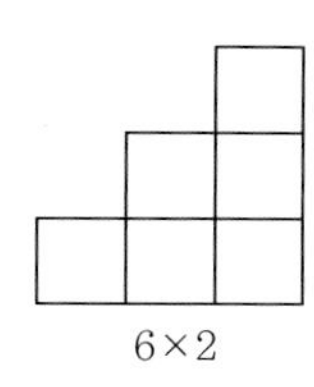

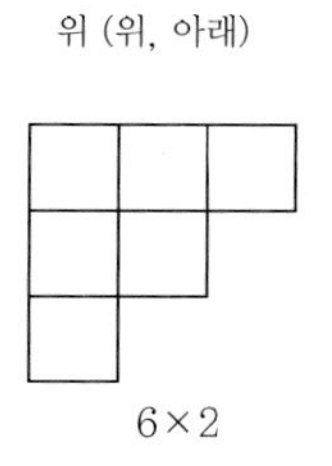

따라서 이 모양의 겉넓이는 $12\times3=36(cm^2)$입니다.

[답] $36cm^2$

[풀이] (1) 큰 정육면체의 한 면의 넓이는 $24\div6=4(cm^2)$입니다.

(2) 큰 정육면체의 한 면의 넓이가 $4cm^2$이므로 한 변의 길이는 2cm입니다.
따라서 큰 정육면체의 부피는 $2\times2\times2=8(cm^3)$입니다.

[답] (1) $4cm^2$ (2) $8cm^3$

P.131

[풀이] (1) 한 면의 넓이는 $(5\times5)-(1\times1)=24(cm^2)$입니다. 따라서 구멍이 뚫린 정육면체의 6면의 넓이의 합은 $24\times6=144(cm^2)$입니다.

(2) 직육면체 하나의 옆넓이는 $2\times1\times4=8(cm^2)$입니다.

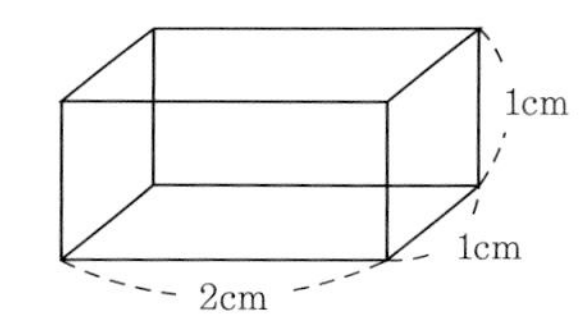

(3) 페인트가 칠해진 부분의 넓이는 작은 직육면체 6개의 옆넓이와 구멍 뚫린 정육면체의 6면의 넓이의 합과 같으므로 $8\times6+144=192(cm^2)$입니다.

[답] (1) $144cm^2$ (2) $8cm^2$ (3) $192cm^2$

Thinking 팩토

P.132

[풀이]

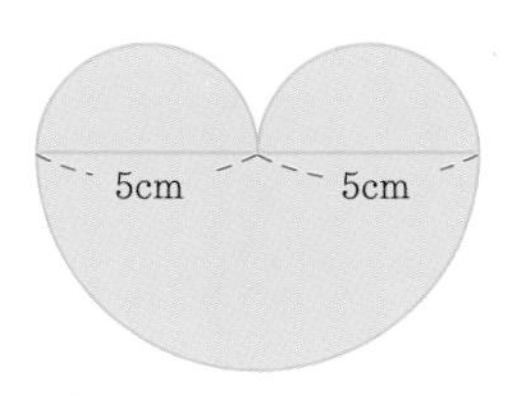

도형의 둘레는 $5\times3.14+10\times3.14\div2=31.4(cm)$입니다.

[답] 31.4cm

[풀이] ㉠의 둘레는 $6\times3.14+3\times3.14\times2=37.68$(cm)입니다.
㉡의 둘레는 $6\times3.14+2\times3.14\times3=37.68$(cm)입니다.
㉢에서 가장 작은 원의 지름을 □라 하면 중간 원의 지름은 6−□이므로
㉢의 둘레는 $6\times3.14+\square\times3.14+(6-\square)\times3.14=37.68$(cm)입니다.
따라서 ㉠, ㉡, ㉢의 둘레는 모두 같습니다.
[답] 모두 같습니다.

P.133

[풀이] (1) 1단계에서 굵게 그려진 도형의 선분의 길이의 합은 1×3cm이고, 곡선 부분의 길이의 합은 지름이 1cm인 원 둘레와 같으므로 $1\times3.14=3.14$(cm)입니다.
따라서 굵게 그려진 도형의 둘레는 $3+3.14=6.14$(cm)

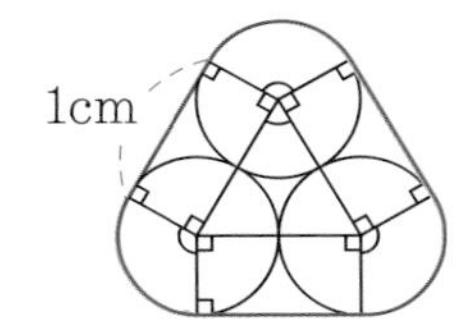

(2) 2단계에서 굵게 그려진 도형의 둘레는 $2\times3+3.14=9.14$(cm)입니다.

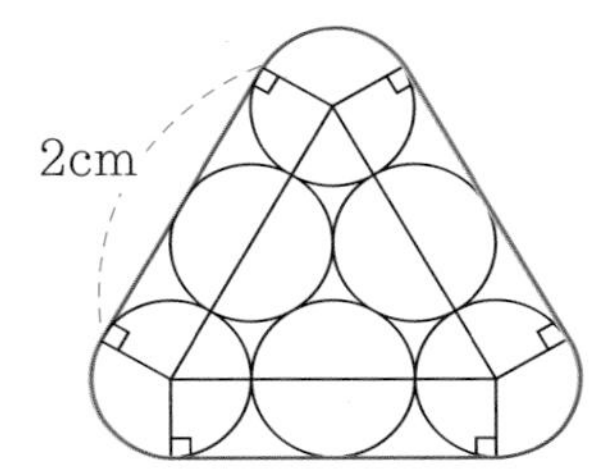

(3) 3단계에서 굵게 그려진 도형의 둘레는 $3\times3+3.14=12.14$(cm)입니다.
단계가 하나씩 늘어날 때마다 도형의 둘레는 3cm씩 증가합니다.
(4) 5단계에서 굵게 그려진 도형의 둘레는 $3\times5+3.14=18.14$(cm)입니다.
[답] (1) 6.14cm (2) 9.14cm (3) 12.14cm (4) 18.14cm

P.134

[풀이] 정육면체와 직육면체를 잘라내도 겉넓이에는 변화가 없습니다. 남은 부분의 겉넓이는 한 모서리가 10cm인 정육면체의 겉넓이와 같아서 $10\times10\times6=600$(cm^2)입니다.
[답] 600cm^2

[풀이] 앞, 뒤, 오른쪽 옆, 왼쪽 옆, 위, 아래에서 보면 각각 넓이가 1cm^{2}인 정사각형이 다음과 같은 개수로 있습니다.
앞: 13개, 뒤: 13개, 오른쪽 옆: 4개, 왼쪽 옆: 4개, 위: 6개, 아래: 6개
따라서 도형의 겉넓이는 $13\times2+4\times2+6\times2=46$(cm^2)입니다.
[답] 46cm^2

P.135

[풀이] 연필로 종이 위에 그릴 수 있는 가장 큰 도형은 그림과 같습니다.

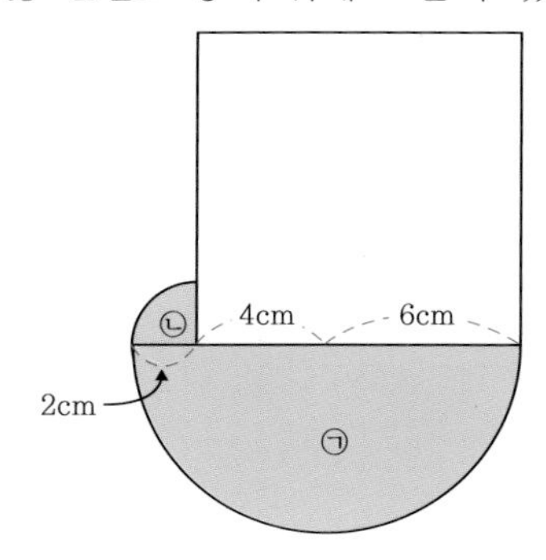

㉠의 넓이는 $6\times6\times3.14\div2=56.52(cm^2)$이고, ㉡의 넓이는 $2\times2\times3.14\div4=3.14(cm^2)$입니다.
따라서 연필로 그릴 수 있는 가장 큰 넓이는 $56.52+3.14=59.66(cm^2)$입니다.
[답] $59.66cm^2$

[풀이] 색칠된 부분을 모으면 그림과 같습니다.

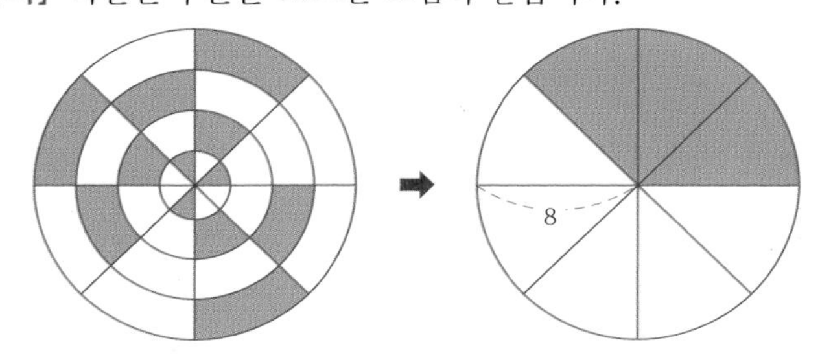

따라서 색칠된 부분의 넓이는 전체 원의 넓이의 $\frac{3}{8}$인 $8\times8\times3.14\times\frac{3}{8}=75.36(cm^2)$입니다.

[답] $75.36cm^2$

Memo

Memo

Memo

팩토는 자유롭게 자신감있게 창의적으로
생각하는 주·니·어·수·학·자입니다.

Free **A**ctive **C**reative **T**hinking **O**. Junior mathtian

논리적 사고력과 창의적 문제해결력을 키워 주는

매스티안 교재 활용법!

대상	창의사고력 교재		연산 교재
	팩토슐레 시리즈	팩토 시리즈	원리 연산 소마셈
4～5세	팩토슐레 Math Lv.1 (6권)		
5～6세	팩토슐레 Math Lv.2 (6권)	킨더팩토 A, 킨더팩토 B, 킨더팩토 C, 킨더팩토 D	소마셈 K시리즈 K1～K8
6～7세	팩토슐레 Math Lv.3 (6권)		
7세～초1		키즈 원리A, 탐구A / 키즈 원리B, 탐구B / 키즈 원리C, 탐구C	소마셈 P시리즈 P1～P8
초1～2		Lv.1 원리A, 탐구A / Lv.1 원리B, 탐구B / Lv.1 원리C, 탐구C	소마셈 A시리즈 A1～A8
초2～3		Lv.2 원리A, 탐구A / Lv.2 원리B, 탐구B / Lv.2 원리C, 탐구C	소마셈 B시리즈 B1～B8
초3～4		Lv.3 원리A, 탐구A / Lv.3 원리B, 탐구B / Lv.3 원리C, 탐구C	소마셈 C시리즈 C1～C8
초4～5		Lv.4 기본A, 실전A / Lv.4 기본B, 실전B	소마셈 D시리즈 D1～D6
초5～6		Lv.5 기본A, 실전A / Lv.5 기본B, 실전B	
초6～		Lv.6 기본A, 실전A / Lv.6 기본B, 실전B	

자르는 선

창의사고력 초등 수학 팩토

총괄평가

권장 시험 시간	50분

유의사항

- 총 문항 수(10문항)를 확인해 주세요.
- 권장 시험 시간(50분) 안에 문제를 풀어 주세요.
- 부분 점수가 있는 문제들이 있습니다. 끝까지 포기하지 말고 최선을 다해 주세요.

시험일시 ________ 년 ____ 월 ____ 일

이　름 ________________

채점 결과를 매스티안 홈페이지(http://www.mathtian.com)에 방문하여 양식에 맞게 입력해 보세요.
「총괄평가 결과지」를 직접 받아보실 수 있습니다.

매스티안

1 |**보기**|는 18을 연속하는 자연수의 합으로 나타낸 것입니다. 이와 같이 45를 가능한 한 여러 가지 방법으로 연속하는 자연수의 합으로 나타내어 보시오.

보기

$18=5+6+7$, $18=3+4+5+6$

답 ______________________________

2 숫자 카드 [1], [2], [5], [6] 을 모두 사용하여 아래와 같은 식을 만들 때, 계산 결과가 가장 큰 값과 가장 작은 값을 구하시오.

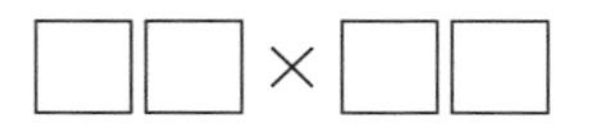

답 가장 큰 값 : __________, 가장 작은 값 : __________

3 다음 |**규칙**|에 따라 선을 그어 보시오.

규칙

- 원 안의 수는 연결된 선분의 개수입니다.
- 선을 이을 때에는 가로, 세로, 대각선 방향으로 하나씩 이을 수 있습니다.
- 선끼리 교차하거나 겹쳐지지 않습니다.

2	1	1	3
2	6	4	1
1	3	3	1
3	1	2	2

✂ 자르는 선

❹ 성냥개비 12개로 넓이가 16인 정삼각형을 만들었습니다. 성냥개비 4개를 움직여 넓이가 10인 도형을 만들려고 합니다. 그 방법을 그림으로 그려 보시오.

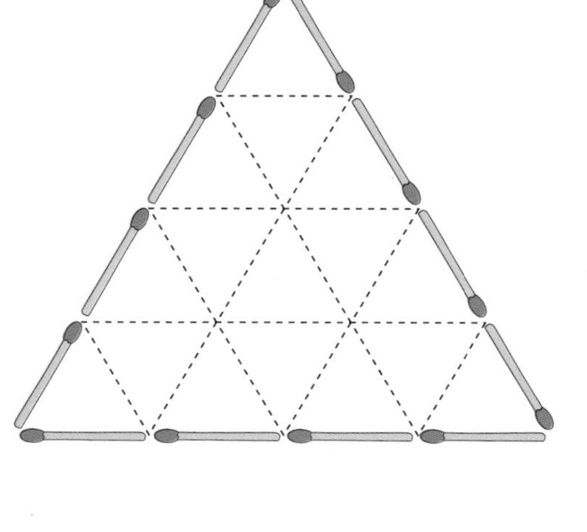
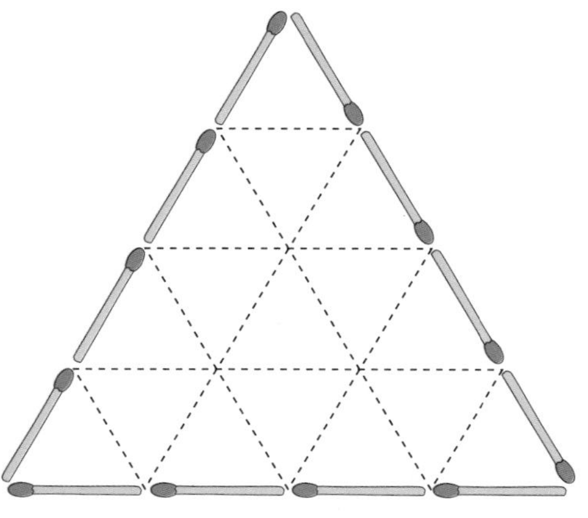

❺ 다음 회전체는 어떤 평면도형을 회전축을 중심으로 회전시켜 얻은 것입니다. 회전시킨 평면도형을 그리시오.

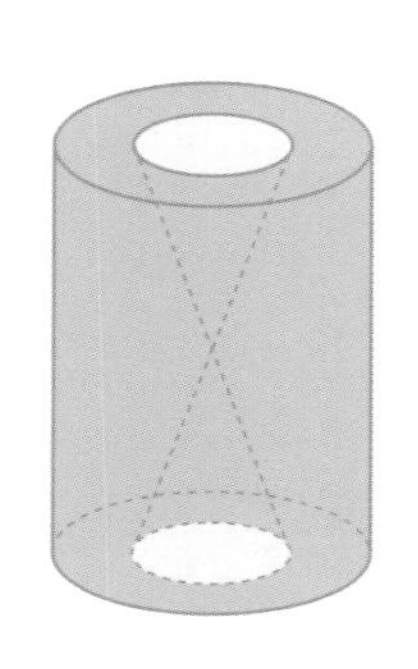
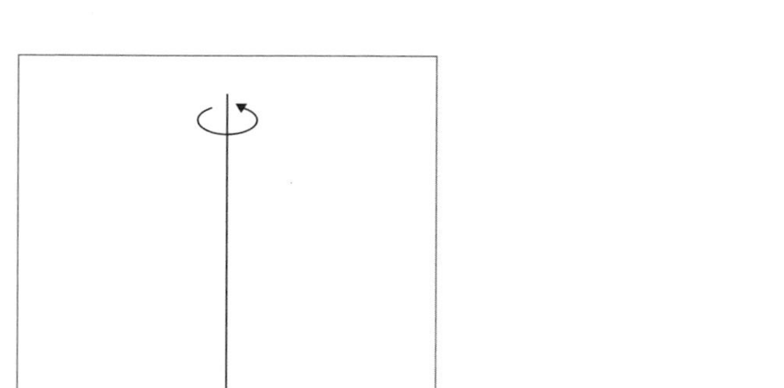

6 왼쪽 전개도를 접어 오른쪽 원뿔을 만들었습니다. 점 ㄱ에서 출발하여 원뿔을 한 바퀴 돌아 다시 점 ㄱ까지 오는 가장 짧은 선의 길이를 구하시오.

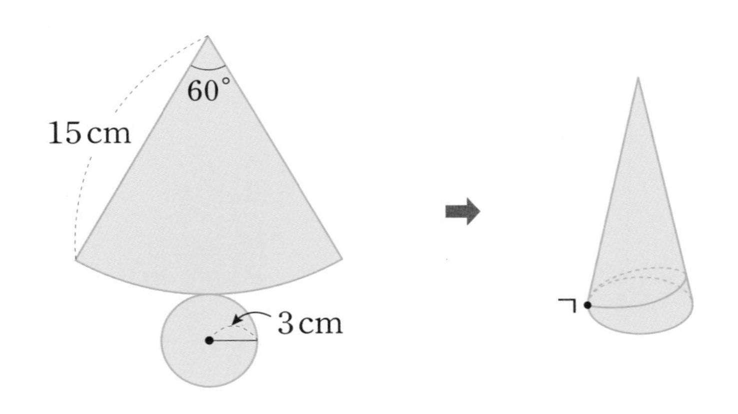

답 ________ cm

7 어떤 상자에 수를 넣으면 다음과 같은 규칙으로 수가 나옵니다.

규칙

9 → □ → 7 13 → □ → 11 6 → □ → 3 14 → □ → 7

8 → □ → 4 5 → □ → 3 10 → □ → 5 7 → □ → 5

이 상자에 3번 통과시켜서 1이 나오는 수를 모두 구하시오.

답 ________________

8 A 자동차는 1시간에 90 km를 달리고, B 자동차는 1시간에 60 km를 달립니다. B 자동차가 먼저 출발하고 40분이 지나 A 자동차가 같은 방향으로 달린다면 A 자동차는 출발하고 몇 분이 지나서 B 자동차를 따라잡을 수 있는지 구하시오.

답 ________ 분

9 다음은 밑면의 반지름이 6 cm인 원기둥 4개를 묶은 모양을 위에서 내려다본 것입니다. 끈의 길이를 구하시오. (원주율: 3.14)

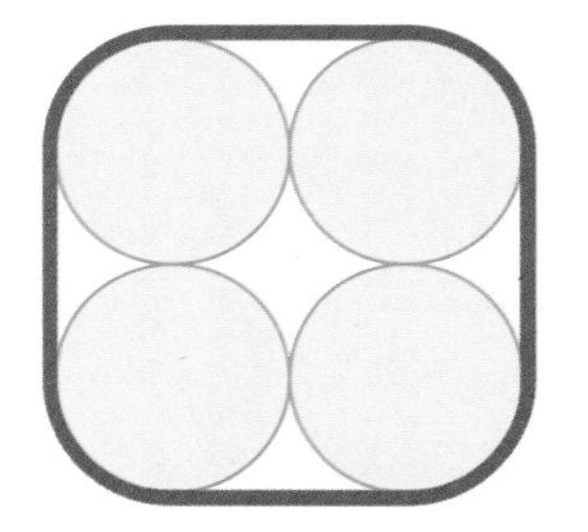

답 __________ cm

10 원기둥 (가)에 물을 가득 넣고, 사각기둥 (나)에 옮겨 담으면, 물은 몇 cm까지 차오르는지 구하시오. (원주율: 3.14)

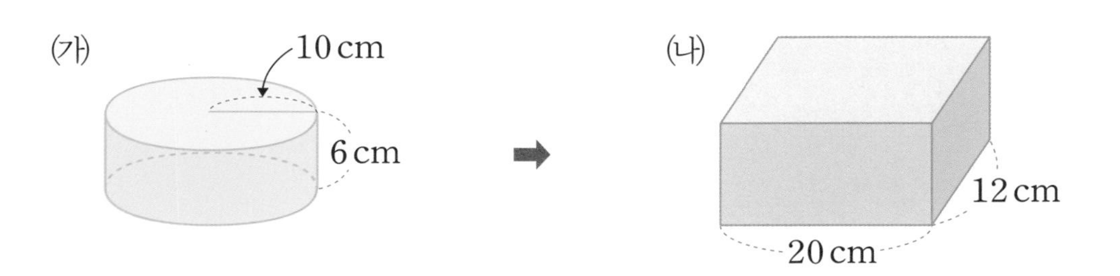

답 __________ cm

팩토 Lv.6 – 실전 A

총괄평가

1 2개: $45=22+23$
3개: 3×15, 가운데 수가 15 ➡ $45=14+15+16$
5개: 5×9, 가운데 수가 9 ➡ $45=7+8+9+10+11$
6개: 3×15, 가운데 두 수의 합이 15
➡ $45=5+6+7+8+9+10$
9개: 9×5, 가운데 수가 5
➡ $45=1+2+3+4+5+6+7+8+9$

답 $45=22+23$
$45=14+15+16$
$45=7+8+9+10+11$
$45=5+6+7+8+9+10$
$45=1+2+3+4+5+6+7+8+9$

2 가장 큰 값: 십의 자리에 큰 수 6과 5를 넣고 가장 큰 수 6에 2와 1 중 큰 수 2가 곱해지도록 만듭니다.

$$\begin{array}{r} 61 \\ \times\ 52 \\ \hline 122 \\ 305\ \ \\ \hline 3172 \end{array}$$

가장 작은 값: 십의 자리에 작은 수 1과 2를 넣고 가장 작은 수 1에 큰 수 6이 곱해지도록 만듭니다.

$$\begin{array}{r} 15 \\ \times\ 26 \\ \hline 90 \\ 30\ \ \\ \hline 390 \end{array}$$

답 3172, 390

3 답

4 넓이가 6만큼 줄어든 도형을 만들기 위해서는 작은 정삼각형 6개만큼 작아진 도형을 만들면 됩니다.

예

답 풀이 참조

5

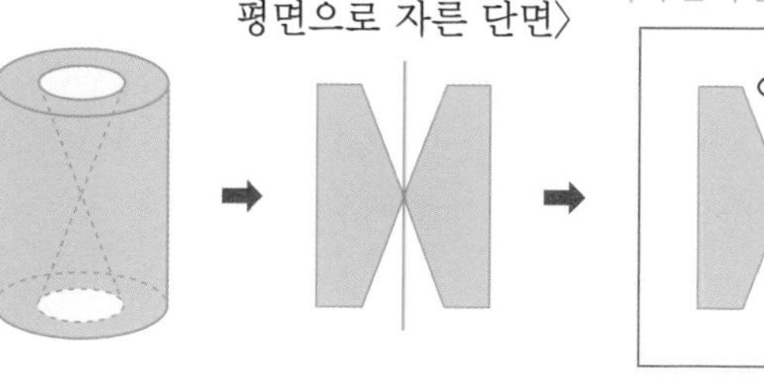

답 풀이 참조

6

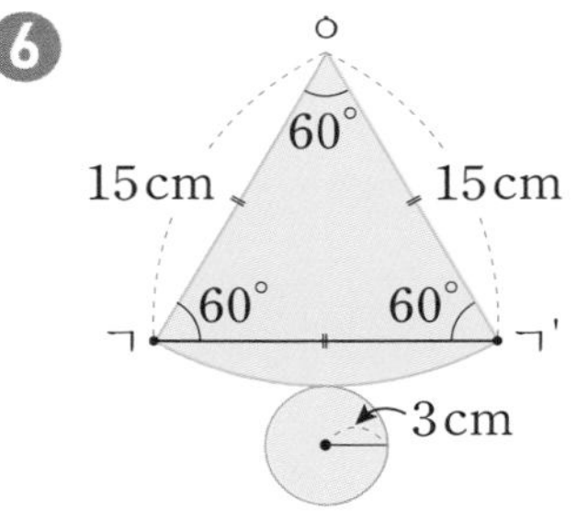

점 ㄱ과 점 ㄱ'가 입체도형에서는 하나의 점이므로, 전개도에서 점 ㄱ과 점 ㄱ'를 잇는 곧은선이 가장 짧은 선입니다. 삼각형 ㅇㄱㄱ'가 정삼각형이므로 선분 ㄱㄱ'의 길이는 15cm입니다.

답 15

7 이 상자는 홀수를 넣으면 -2, 짝수를 넣으면 $\div2$가 됩니다. 따라서 마지막에 1이 되도록 거꾸로 찾아보면 다음과 같습니다.

따라서 상자에 3번 통과시켜 1이 나오는 수는 7, 8, 10, 12입니다.

답 7, 8, 10, 12

8 B 자동차가 40분 먼저 출발했으므로 40km 앞서 있습니다. 그런데 A와 B 자동차 사이의 거리는 1시간에 30km씩 줄어드므로 40km를 줄어들게 하려면 $\frac{40}{30}=1\frac{1}{3}$(시간) 즉, 80분이 지나야 합니다.

답 80

9 4개의 파란색 선분의 길이의 합은 $12\times4=48$(cm)입니다.
4개의 빨간색 곡선 부분의 길이의 합은 반지름이 6cm인 원의 둘레와 같으므로 $6\times2\times3.14=37.68$(cm)입니다.
따라서 끈의 길이는 $48+37.68=85.68$(cm)입니다.

답 85.68

10 원기둥 (가)에 가득 담은 물의 양은 $10\times10\times3.14\times6=1884$(cm^3)이므로 사각기둥 (나)에 옮겨 담은 물의 높이는 다음과 같이 구합니다.
$20\times12\times$(높이)$=1884$(cm^3) → 높이$=7.85$(cm)
따라서 물은 7.85cm까지 차오릅니다.

답 7.85

총괄평가

정답 및 풀이

Wow! Smart Grammar 1

집필진: 김미희, E·NEXT 영어연구회
김미희, 김미정, 민문선, 민아현, 신가윤, 정민경, 진보나, 홍정민, Christina KyungJin Ham

김미희 선생님은 이화여자대학교 영어교육과를 졸업하고 EBS English에서 방영하는 'Yo! Yo! Play Time'과 'EBS 방과 후 영어'를 집필 및 검토하셨으며, 베스트셀러인 '10시간 영문법'과 '영어 글쓰기왕 비법 따라잡기' 등의 많은 영어교재를 집필하셨습니다. E·NEXT 영어연구회는 김미희 선생님을 중심으로, 세계 영어교육의 흐름에 발맞추어 효과적이고 바람직한 영어 교수·학습 방법을 연구하는 영어교육 전문가들의 모임입니다.

지은이 김미희
펴낸이 정규도
펴낸곳 다락원

초판 1쇄 발행 2011년 9월 30일
초판 6쇄 발행 2019년 4월 3일

편집장 최주연
책임편집 장경희, 오승현
영문교정 Michael A. Putlack

아트디렉터 정현석
디자인 김은미, 윤미주, 이승현

다락원 경기도 파주시 문발로 211
전화: (02)736-2031 내선 250~252
Fax: (02)732-2037
출판등록 1977년 9월 16일 제406-2008-000007호

값 **12,000**원

ISBN 978-89-277-4021-6
978-89-277-4024-7(set)

http://www.darakwon.co.kr
다락원 홈페이지를 통해 본책과 워크북의 영문 해석 자료를 받아 보실 수 있습니다.

출간에 도움 주신 분들

배정연(키다리교육센터 메인 강사)
전남숙(수지 키즈컬리지 원장)
Leigh Stella Lage(성남외국어고등학교 원어민교사)
이명수(덕소 아이스펀지 잉글리쉬 원장)
이선옥(OK's Class 원장)
박혜정(잉글루 고창 어학원 원장)
신은숙(플러스 공부방 원장)

내지 일러스트 안효순 **표지 일러스트** 노유이

Wow! Smart Grammar

1

Smart Grammar를 추천합니다!

외국어를 배우면서 실력을 한 단계 더 올리기 위해서는 문법 공부가 반드시 필요합니다. 하지만 생소한 문법 용어와 설명 때문에 많은 학생들이 문법을 어려워하지요. **WOW! Smart Grammar** 시리즈는 기존의 문법 교재와는 달리, 초등학생의 발달 단계와 영어 학습 능력에 맞추어 구성하였으며 문장 속에서 문법을 배우는 것이 큰 특징입니다. 억지로 문법에 꿰어 맞춰진 것처럼 지루한 예문이 아니라, 재미있는 스토리가 있는 생동감 넘치는 문장을 통해 문법을 자연스럽고 즐겁게 터득할 수 있는 살아있는 영문법 교재입니다.

이상민 (경희대학교 영미어학부 교수, 초중등 영어교과서 저자, EBS 방과후 영어 총괄기획)

영문법을 풀어가는 방식이 참신하고 재미있군요. 그런데 재미있다고 해서 저학년 위주의 가벼운 내용만 들어 있는 것이 아니라, 초등 영문법의 핵심 내용을 토대로 보다 심화된 중학교 기본 과정까지 다루고 있다는 점을 높이 평가합니다. 내용 구성이나 문제 유형 등 여러 면에서 영어교육 전문가 선생님들이 오랜 시간 동안 현장에서 직접 적용해보고 지도해 본 실제 경험이 고스란히 녹아 들어가 있다는 느낌이 듭니다. 또한 구성도 알차고, 워크북과 단어장까지 들어 있어 요즘 같은 자기주도학습 시대에 딱 맞는 교재라고 생각합니다.

이재영 (안양관악초등학교 교장, 경기도초등영어교육연구회 회장, 한국초등영어교육학회 부회장)

건물을 건축할 때 기초공사가 가장 중요하듯 이 책은 학생들의 영어 실력 향상을 위해 꼭 필요한 내용들을 좋은 구성을 통해 보여줌으로써 학생들에게 영어 학습의 튼튼한 기초를 제공해주고 있습니다. 또한 각 Unit마다 Story Grammar를 통해 윙키의 이야기 속에 녹아있는 문법적인 요소를 자연스럽게 추출해볼 수 있도록 한 점은 흥미를 잃지 않고 통합적으로 문법을 공부하며 영어 실력을 향상시키는 데 효과 만점이라고 할 수 있습니다.

이미현 (수내초등학교 교사)

부담스럽지 않은 구성에다 연습문제가 풍부해서 참 좋네요. 단순히 연습문제의 개수만 많은 것이 아니라 쉬운 문제부터 어려운 문제까지 차근차근 단계적으로 풀어볼 수 있게끔 구성되었고, 만화 등 여러 가지 다양한 상황들이 들어간 문제 유형들로 이루어져 있어 실제 아이들의 생활에서 활용될 수 있는 문법학습에 매우 효과적입니다.

최호정 (Brown International School 국제학교 BIS 서초캠퍼스 원장)

문법을 쉽고 재미있게 설명하고 있어서 좋고, 단계별 · 수준별로 구성된 연습문제와 워크북의 문제 등 풍부한 문제를 제공하고 있으며, 잘 정리된 단어장까지 완벽하게 준비된 교재입니다. 학원 교재로서는 선생님들의 일을 줄여준 고마운 교재이며, 또한 자기주도학습을 하기에도 좋은 교재라고 생각됩니다.

제니퍼 김 (English Hunters 원장)

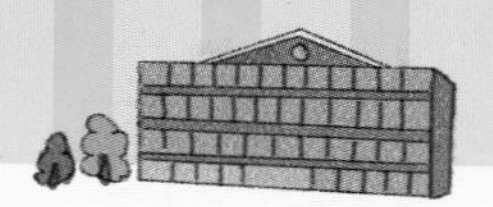

영어를 배우면서 영문법에 어려움을 많이 느끼는 학생들이 대부분인데, **WOW! Smart Grammar**는 문법의 개념을 쉽고 친근감 있게 생활 언어로 설명해 주어서 아이들이 영문법의 기본 구조를 흥미 진진하게 이해하고 받아들일 수 있게 해주는 좋은 문법 지침서입니다. 각 Unit의 끝에 나오는 문화 관련 페이지도 형식적인 내용이 아니고 정성 들여 꾸며져서 재미있고 유익합니다.

유병희 (동백 정철어학원 원장)

사실 영문법을 가르치다 보면 아이들이 문법 용어와 표현을 어려워하는데요, **WOW! Smart Grammar**에서는 그런 문제점을 해결해주네요. 품사의 뜻과 문장의 구조 등 문법을 재미있게 설명해 주어서 좀더 접근하기 쉽게 되어 있어요. 또한 이 책은 실생활에서 쓰는 문장들을 예문으로 사용했기 때문에 문법을 문제풀이를 위해서만 공부하는 것이 아니라 배운 표현을 실생활에도 적용할 수 있게 해주네요.

이우리 (리버스쿨 분당 초등 전담 강사)

WOW! Smart Grammar will help students gain the confidence to improve their English ability. The book consists of guidelines that cover grammar, practice exercises, and activities which correlate with the national English textbooks used in public schools.

Puthea Sam (성남송현초등학교 원어민 교사)

WOW! Smart Grammar is a new and exciting book for young English learners. It uses a lot of imaginative scenarios to help kids understand the lessons. The unique fiction included is fascinating to young minds and serves to help motivate children to study. There are also a lot of nonfiction sections that are equally as interesting. All the activities included are fun and relevant to the book's curriculum. This book makes learning English enjoyable and easy. I recommend this book for anyone looking for a creative way to improve a child's English grammar.

Daniel Brown (서강대학교 외국어 교육대학원 전임 강사)

이 책의 구성과 특징

각 Unit별 주제에 맞는 실생활 속의 문장과 흥미로운 스토리로 문법을 익히고, 단계적으로 구성된 연습문제를 풀면서 실력을 다져 나갈 수 있도록 구성되어 있어요. 스토리는 연습문제에도 계속 연결되어 흐르기 때문에, 딱딱하고 지루한 문법을 공부하기 위해 문제를 푸는 것이 아니라 재미있는 스토리를 읽으면서 배운 문법 내용을 확인할 수 있어요. 초등 핵심 영문법뿐 아니라 중학 기초 영문법 내용도 미리 배울 수 있어요.

Unit별 핵심 정리
해당 Unit에서 학습할 중요 문법 내용이 무엇인지를 문장 속에서 풀어서 보여줍니다.

문법 설명
핵심 문법 내용을 이해하기 쉽게 풀어서 설명하고, 실생활에서 사용하는 다양한 문장을 통해 확인할 수 있도록 합니다.

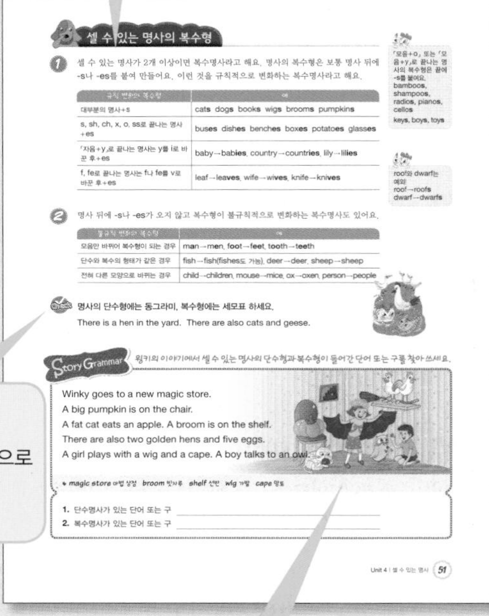

Check✓
앞에서 배운 핵심 문법 내용을 짧은 퀴즈 형식으로 간단하게 확인하고 넘어가는 코너로, 망각 곡선을 늦춰 기억력을 높여 줍니다.

Story Grammar
재미있고 흥미로운 스토리를 읽으면서 스토리 속에 녹아있는 문법 내용을 다지고 정리합니다.

기초 탄탄 Quiz Time
학습한 문법 내용을 점검하는 1단계 기초 문법 문제를 풀어봅니다.
앞 페이지에서 읽은 스토리는 이 코너의 문제들에서도 계속 이어집니다.

기본 튼튼 Quiz Time

한 단계 올라간 기본 문법 문제를 풀어봅니다.
이 코너에서도 스토리가 녹아 들어간 문제를 풀면서
배운 문법 내용을 확인합니다.

실력 쑥쑥 Quiz Time

기사, 만화, 일기 등 일상생활과 관련된 실용영어가
스토리 속에 녹아있는 심화된 문제를 풀면서
배운 문법을 최종 확인합니다.

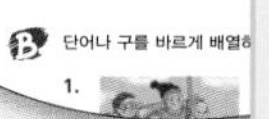

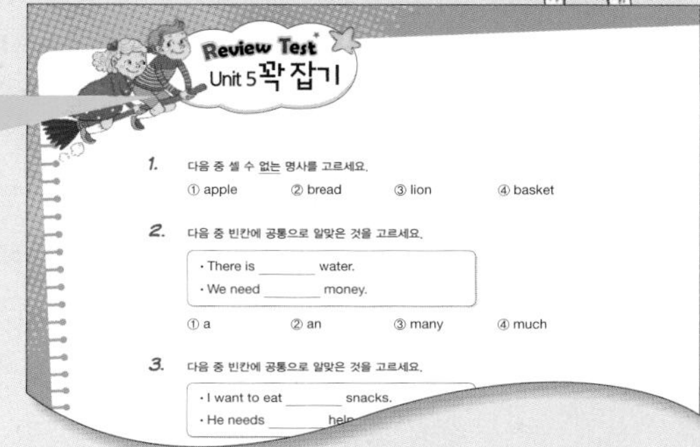

Unit 꽉 잡기 Review Test

종합 문제를 풀면서 최종 점검 및 복습을 하는 코너입니다.
새롭게 바뀐 영어교과 교육과정의 개정 내용을 반영해서
장차 중학교의 중간·기말고사는 물론 각종 공인 영어 시험의
달라진 시험 유형에도 대비할 수 있도록 다양한 유형의
문제들로 구성하였습니다.

Super Duper Fun Time

해당 Unit과 관련된 영어권 문화 상식과 배경 지식을
즐겁게 습득할 수 있는 코너입니다.

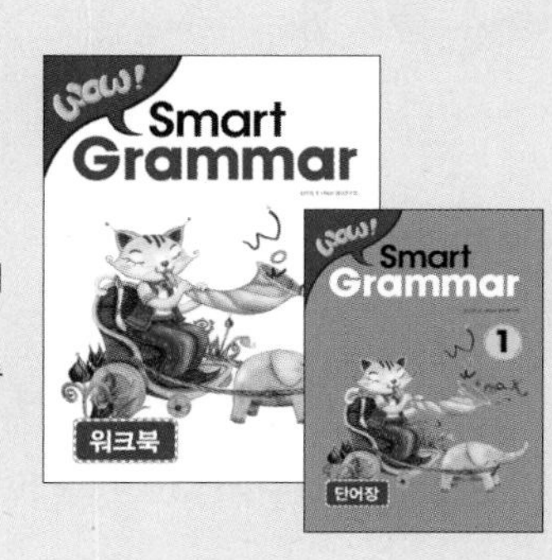

별책부록: 워크북 & 단어장

핵심 문법 사항을 스스로 정리하고 다양한 연습문제를 풀어보면서
실력을 확실히 다질 수 있는 **워크북**과,
각 Unit에 나왔던 중요 단어와 문장을 한데 모아 다시 한 번 익힐 수
있는 깜찍한 사이즈의 **단어장**이 들어 있습니다.

WOW! Smart Grammar 시리즈는 전체 3권으로 구성되었으며,
각 권당 8개의 Unit으로 이루어져 있고, 한 Unit을 2차시에 걸쳐 수업할 수 있습니다.
WOW! Smart Grammar 1권부터 3권까지 일주일에 2번 수업할 경우 총 6개월 코스가 됩니다.

WOW! 아주 쉬운 문법 용어

영문법은 어렵다고? 지금 고개 끄떡끄떡한 친구들은~

문장의 단위와 종류

어떤 음을 발음할 때,
목이나 이, 혀 등에 부딪혀서 소리가 나면 자음이라고
하고, 아무데도 부딪히지 않고 소리가 나면 모음이라고 해.
예를 들어, B를 발음하면 윗입술과 아랫입술이 서로 만나잖아!
그러니까 B는 자음이야!
영어의 모음에는 알파벳 A, E, I, O, U 이렇게 5개가 있어.
그 5개를 제외하면 모두 자음이야.

단어는 알파벳의 자음과 모음이 만나서 만들어진 것을 말해.
구는 그런 단어들이 두 개 이상 모여서 의미를 이루는 거야.
하지만 구에는 주어와 동사는 들어있지 않다는 거 기억해!

자음
모음

문장도 구처럼 두 개 이상의 단어가 모여서 이루어져.
그럼 '구'랑 다른 게 뭐냐고?
좋은 질문! 문장에는 반드시 주어와 동사가 있다는 거지.

주어는 문장의 주인이 되는 단어를 말하고,
동사는 주어의 행동이나 상태를 나타내는 단어야.

영어에서 동사는 주어가 뭐냐,
언제의 일을 말하느냐에 따라
모양이 변하거든.
동사가 그렇게 변하기 이전의
원래의 기본 모양을 동사원형이라고 해.

Unit 1

일단 이걸 한번 읽어봐!!

품사와 문장의 구성요소

단어가 문법적으로 어떤 역할을
하느냐에 따라 분류한 것을
품사라고 하는데,
명사, 동사, 형용사, 부사 같은 걸 말해.

사람, 동물, 사물, 장소 등
이름을 나타내는 말은 모두 명사야.
이 명사를 대신해서 쓰는 말이 바로 대명사고.

형용사는 명사를 꾸며주는 말인데,
'예쁜', '착한', '커다란'처럼
성질, 상태, 수량, 크기 등을 나타내지.
부사는 보통 형용사를 꾸며주는데, 형용사뿐 아니라 동사와
다른 부사까지 꾸며주는 마당발이기도 해!

접속사는
and, but, or, so
같은 것들을 말하는데,
단어나 구, 문장 등을 서로 연결해주는
접착제 같은 존재야.

전치사는
명사나 대명사 앞에 와서
시간, 장소, 방향 등을 나타내 줘.

문장을 만드는 중요한 요소를
문장 구성의 주요소라고 해.
여기에는 주어, 서술어, 목적어, 보어가 있지.
서술어는 주어의 동작이나 상태를 나타내.
목적어는 동작의 목적, 대상이 되는 말로 동사 뒤에 와.
보어는 주어나 목적어를 보충 설명해 주지.
참, 수식어(구)는 '꾸며주는 말'이란 뜻인데,
이것도 문장의 구성요소라고 볼 수 있어.

Go to Unit 2

WOW! 아주 쉬운 문법 용어

명사와 관사

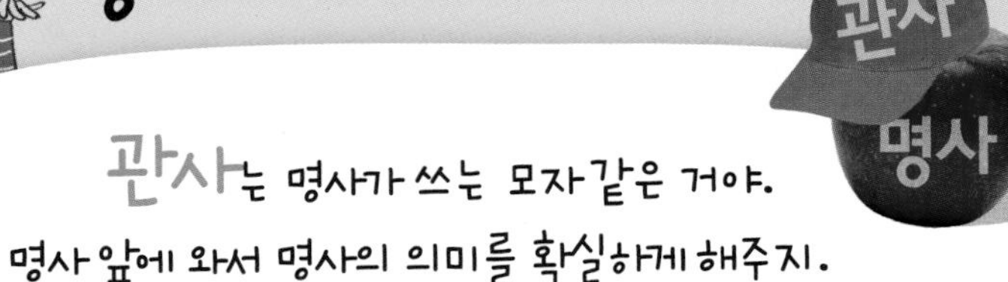

관사는 명사가 쓰는 모자같은 거야.
명사 앞에 와서 명사의 의미를 확실하게 해주지.
관사에는 정관사와 부정관사가 있어.
정관사는 정해져 있는 특정한 것임을 나타내는 관사인데, 바로 the야.
부정관사는 특별히 정해지지 않을 것을 나타내는 관사야.
a와 an이 있는데, 셀 수 있는 단수명사 앞에 쓰이지.

Go to Unit 3

셀 수 있는 명사, 셀 수 없는 명사

LOVE

명사라고 해서 다 셀 수 있는 건 아냐. 셀 수 없는 명사도 있지.
셀 수 없는 명사에는 뭐가 있는지 알아볼까?
사람 이름, 나라 이름처럼 세상에서 단 하나뿐인 고유한 이름을 가진 명사를 고유명사라고 하는데, 첫 글자는 항상 대문자로 써.
또, 액체, 기체, 가루처럼 일정한 형태가 없고 쪼개도 그 성질이 변하지 않는 물질명사도 있지. love, time처럼 눈으로 볼 수 없고 모양도 없는 추상적인 것도 있어. 바로 추상명사야.

하나, 둘 셀 수 있는 명사가 한 개만 있다면 단수명사 또는 명사의 단수형이라고 불러.
셀 수 있는 명사가 두 개 이상이면 복수명사 또는 명사의 복수형이라고 하지.

Unit 4, 5

그런데 이렇게 셀 수 없는 명사들도 수량표현과 함께 쓰면 셀 수가 있다는 거!!
수량을 나타내는 수량표현에는
some, much, a lot of, a little, a glass of,
a piece of 등 여러 가지가 있어.

인칭대명사와 지시대명사

인칭대명사는 사람을 가리키는 대명사를 말하는데,
1인칭(나, 우리), 2인칭(너, 너희들), 3인칭(그, 그녀, 그것, 그들)이 있어.
I, you, he, she, it, they 등이 바로 인칭대명사야.
주격이냐, 목적격이냐, 소유격이냐에 따라 모양이 달라져.

지시대명사는
가까이 있거나 멀리 있는 명사를 가리키는 대명사로
this, that, these, those 등을 말해.

Go to Unit 6

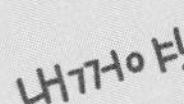

소유대명사는
「소유격 + 명사」인데, '~의 것'으로 해석하지.
mine, yours, his, hers, theirs 등이 있어.

be동사, 일반동사

be동사는
명사나 대명사가 어떠하다고 설명해 주는데
꼭 필요한 동사야.
바로 am, are, is들이지.

명사나 대명사의 상태,
또는 움직임을 나타내는 동사들이 **일반동사**야.
움직임이나 동작을 나타내는 동사인 동작동사,
움직임이 아닌 지식(know, think ...),
소유(have, want ...), 감정(love, like ...) 등을
나타내는 상태동사가 여기에 속해.
동사를 도와주는 보조동사인 **조동사**도 있어.
can, will, may, must 같은 친구들이지.

내가 도와줄까?

Go to Unit 7, 8

2권

3권

문장의 단위와 종류

- 단어 → 구 → 문장으로 단위가 커져요.

  Winky plays with a dog. 윙키는 개와 함께 논다.

  Winky(단어) plays(단어) with a dog(구) → 문장

- 문장의 종류에는 평서문, 의문문, 명령문, 청유문, 감탄문이 있어요.

  He is a good boy. 윙키는 착한 소년이다.

  (평서문)

문장의 단위

1 알파벳에는 자음과 모음이 있어요. 자음과 모음이 만나서 단어를 만들어요. 단어는 띄어쓰기의 기본이 되고 혼자 쓸 수 있는 최소의 의미 단위에요.

Winky is a good boy.
단어 단어 단어 단어 단어

2 구란 두 단어 이상이 모여 하나의 의미 덩어리를 이루지만, 주어(~은/는, ~이/가)와 동사(~하다/이다)는 들어있지 않은 것을 말해요.
문장은 단어들의 집합으로 주어와 동사를 포함하면서 완전한 의미를 가져요.

He **goes** **to the park** **with his dog.** 그는 개와 함께 공원에 간다.
단어(주어) 단어(동사) 구 구 → 문장

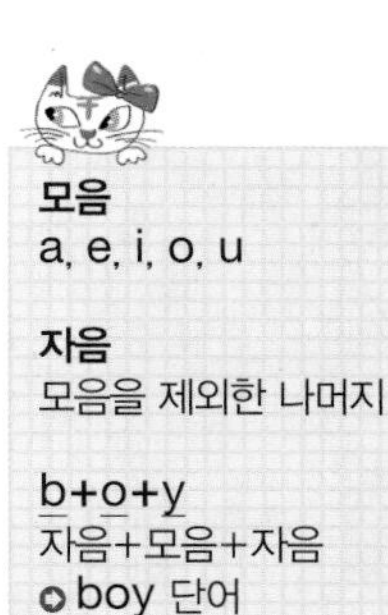

모음
a, e, i, o, u

자음
모음을 제외한 나머지

b+o+y
자음+모음+자음
○ boy 단어

문장의 단위
단어 < 구 < 문장

Check **단어에는 동그라미, 구에는 네모, 문장에는 밑줄을 그으세요.**

1. Pinky is at home.

2. She plays with a ball.

문장의 규칙과 종류

1 문장의 첫 글자는 항상 대문자로 시작하고, 끝에는 문장의 종류에 따라 온점(.)이나 물음표(?), 느낌표(!)를 붙여요.

His family members are his dad, mom, and Pinky**.**
대문자로 시작 온점
그의 가족 구성원은 아빠, 엄마, 핑키이다.

2 문장을 이루는 단어들은 일정한 규칙에 의해 배열이 되고, 이 규칙에 따라 문장의 종류를 나눠요. 문장의 종류에는 평서문, 의문문, 명령문, 청유문, 감탄문 등이 있어요.

(1) **평서문** '…는 ~이다'로 해석하고 문장 끝에 온점(.)을 붙여요.
평서문은 「주어+동사」의 순서이며, 긍정문과 부정문이 있어요.

She is Winky's mom. (긍정문) **She is** not a cook. (부정문)
주어+동사 주어+동사+not
그녀는 윙키의 엄마이다. 그녀는 요리사가 아니다.

(2) **의문문** '…는 ~이니?'라고 물어보는 문장으로 문장 끝에 물음표(?)를 붙여요.
의문문은 보통 「동사+주어」의 순서이며, 의문사가 있는 의문문과 의문사가 없는 의문문이 있어요.

Who is Winky's dad? **Does he cook** well?
의문사+동사+주어 조동사+주어+동사원형
윙키의 아빠는 누구니? 그는 요리를 잘하니?

의문문 만들기
- He is smart.
  → Is he smart?
  동사+주어
- He arrives at 7.
  → Does he
  조동사+주어
  arrive at 7?
  +동사

(3) **명령문** '~해라'라고 지시하거나 명령하는 문장으로 동사원형으로 시작해요. 동사원형이란 동사의 현재형 뒤에 -(e)s가 붙지 않은 기본 형태를 말해요.

Get in the car. 차에 타라. (Get: 동사원형)   **Don't shout**. 소리지르지 마라. (Don't+동사원형 → 부정 명령문)

(4) **청유문** '~하자'라고 청하고 권유하는 문장으로 주로 「Let's+동사원형 ~.」으로 써요.

Let's go to the amusement park. 놀이공원에 가자. (Let's+동사원형)

(5) **감탄문** '정말 ~하구나!'라고 감탄하는 문장으로 주로 What이나 How로 시작하고 끝에 느낌표(!)를 붙여요.

Wow! **What a happy day (it is)**! 와! 정말 행복한 날인 걸! (What+a(n)+형용사+명사(+주어+동사)!)

What 감탄문
What+a(n)+형용사+명사(+주어+동사)!
She is a very smart girl.
→ What a smart girl (she is)!

How 감탄문
How+형용사/부사(+주어+동사)!
The book is very fun.
→ How fun the book is!

Check 다음 문장의 종류를 쓰세요.

1. Winky's family goes to the amusement park. ....
2. What are they going to do there? ....

윙키의 이야기에서 문장의 단위와 종류를 알아보아요.

Winky and Pinky like to ride on the roller coaster.
A man says, "What is your height?
Hmm, you are not short. Ride on the roller coaster."
Winky and Pinky shout,
"Hooray! How exciting! Let's go."

* *ride* 타다 *roller coaster* 롤러코스터 *height* 키(신장) *shout* 소리지르다 *exciting* 흥미진진한

1. 이야기에서 구를 찾아 쓰세요. ....
2. 다음 문장의 종류에 해당하는 문장을 모두 찾아 쓰고, 우리말로 해석해 보세요.
   - 의문문 ....
   - 감탄문 ....
   - 명령문 ....

알파벳을 배열해서 단어를 만드세요.

1. oby ➔ b ________ 소년
2. rpak ➔ p ________ 공원
3. mfalyi ➔ f ________ 가족
4. drei ➔ r ________ 타다
5. tsohu ➔ s ________ 소리지르다
6. ethhig ➔ h ________ 키

B 다음 문장을 읽고, 네모 안에 단어의 개수를 적으세요.

1. Look at the roller coaster.

2. People wait in a line.

in a line
줄을 서서, 한 줄로

3. Ride on the roller coaster.

4. How fast it is!

형광펜 쫘~악
사람 이름(Pinky, Winky), 지역 또는 나라 이름(Seoul, Korea, USA), I(나는) 등은 문장 중간에 와도 항상 대문자로 시작해요.

문장의 규칙에 맞게 쓴 것은 동그라미, 잘못 쓴 것은 ×표 하세요.

gift shop 선물 가게
excited 흥분한, 신이 난
dragon doll 용 인형
gondola 곤돌라

1. pinky enters the gift shop. ________
2. She is very excited ________
3. How cute the dragon doll is! ________
4. She buys A dragon doll. ________
5. Hurry up! Let's go ride on the gondola. ________

D 첫 글자는 대문자로 하고, 문장 끝에는 알맞은 문장 부호를 넣어 문장을 다시 쓰세요.

1. he wants to ride the bumper car

➲ ....

2. let's go ride the bumper cars

➲ ....

3. is it a fun ride

➲ ....

4. she does not want to ride it

➲ ....

5. what an awesome day

➲ ....

bumper car 범퍼카
a fun ride 재미있는 놀이기구
awesome 굉장한

형광펜 쫘~악

- What+a(n)+형용사+명사(+주어+동사)!
- How+형용사/부사(+주어+동사)!

E (   ) 안에 문장의 종류를 쓰세요.

1. Pinky decides to ride on the merry-go-round. (   )
2. Let's go ride on the merry-go-round. (   )
3. They ride on the merry-go-round. (   )
4. A boy on the merry-go-round is waving. (   )
5. Fasten your seatbelt. (   )
6. Don't move. (   )
7. How fast it spins! (   )
8. The merry-go-round is not dangerous. (   )
9. Let's ride on it again next time. (   )
10. What a fun merry-go-round it is! (   )

decide 결심하다, 결정하다
merry-go-round 회전목마
wave (손을) 흔들다
fasten 고정시키다, 붙들어 매다
seatbelt 안전벨트
spin 회전하다
dangerous 위험한
next time 다음에

단어와 문장 부호를 바르게 배열해서 문장을 완성하세요.

a slice of pizza 피자 한 조각
delicious 맛있는
for dessert 후식으로

1. eats Winky pizza a slice of .
   윙키는 피자 한 조각을 먹는다.
   ➲ ....

2. delicious What pizza a !
   얼마나 맛있는 피자인가!
   ➲ ....

3. Pinky not like does the . pizza
   핑키는 피자를 좋아하지 않는다.
   ➲ ....

4. She to wants salad a eat .
   그녀는 샐러드를 먹고 싶어한다.
   ➲ ....

5. eats She . for dessert ice cream
   그녀는 후식으로 아이스크림을 먹는다.
   ➲ ....

문장을 읽고, (　　) 안에 문장의 종류를 쓰세요.

cafeteria 구내식당
line up 줄을 서다

1. People wait in the cafeteria. (　　　　　)
2. Line up here. (　　　　　)
3. Are you hungry? (　　　　　)
4. Let's have some food. (　　　　　)
5. Wow! How delicious! (　　　　　)

C 틀린 부분을 찾아 동그라미 하고, 바르게 고쳐 다시 쓰세요.

for a bit 잠시
have fun 재미있다

1. they sit on a bench?
   ➲ ....

2. let's Rest for a bit here.
   ➲ ....

3. pinky, Did you have fun.
   ➲ ....

4. Yes, i had so much fun?
   ➲ ....

5. Oh, What a great idea.
   ➲ ....

ghost house 유령의 집 (= haunted house)
there is(are)+주어 ~이 있다
scared 무서워하는
run out of ~ 밖으로 도망가다

밑줄 친 부분을 바꿔  안의 문장으로 다시 고쳐 쓰세요.

1. Go to the ghost house.
   ➲ 청유문 ....

2. Is there a ghost in the ghost house?
   ➲ 평서문 ....

3. It is dark in the ghost house.
   ➲ 의문문 ....

4. She is very scared.
   ➲ 감탄문 ....

5. She runs out of the ghost house.
   ➲ 청유문 ....

형광펜 쫘~악

평서문 주어+동사 ~.
의문문 동사+주어 ~?
명령문 동사원형 ~.
청유문 Let's+동사원형 ~.
감탄문 What+a(n)+형용사+명사(+주어+동사)!
How+형용사/부사(+주어+동사)!

문장을 읽고, ( ) 안에 문장의 종류를 쓰세요.

Let's go to the penguin show. ( )

What time does the penguin show start? ( )

The penguin show starts at 2 o'clock. ( )

What a lovely penguin! ( )

The penguin is very smart. ( )

Come and watch the penguin's talent. ( )

start at ~에 시작하다

smart 영리한

talent 재능, 재주

다음 안의 문장으로 고쳐 다시 쓰세요.

1. Let's go to the penguin show.

➡ 명령문 ....

2. The penguin show starts at 2 o'clock.

➡ 의문문 ....

3. The penguin is very smart.

➡ 감탄문 ....

4. Watch the penguin's talent.

➡ 청유문 ....

 빈칸에 알맞은 단어를 보기에서 골라 넣어 이야기를 완성하세요.

How Don't magicians What dangerous Let's

amazing 놀라운
snack 과자
unbelievable 믿을 수 없는
magic 마술
magician 마법사
get off (차에서) 내리다

Review Test
Unit 1 꽉 잡기

1. 다음 중 알파벳의 자음으로 시작하는 단어를 고르세요.

① apple ② park ③ orange ④ umbrella

2. 다음 중 문장인 것을 고르세요.

① an amusement park
② a lovely ball
③ I love my family.
④ a handsome guy

3. 틀린 부분을 바르게 고쳐서 올바른 평서문으로 다시 쓰세요.

A Girl plays the piano?

 ______________________________

4. 다음 중 문장이 될 수 없는 것을 고르세요.

① How excited she is!
② It is so fun.
③ The cat is on the table.
④ packs Jane.

5. 다음 중 올바른 문장을 고르세요.

① you don't know me.
② She looks sad.
③ Are you happy.
④ how wonderful.

6. 다음 중 밑줄 친 부분에 알맞은 단어를 고르세요.

A: ________ you nervous?
B: Yes, I am.

① are ② Are ③ do ④ Do

7. 다음 중 올바른 문장을 고르세요.

① there are many animals at the zoo!
② A hippo in the Pond opens his mouth?
③ Ducks are walking in a line.
④ We are Watching the Animals at the Zoo.

8. 다음 중 문장의 종류가 다른 하나를 고르세요.

① Today is Winky's birthday.
② He loves his family.
③ How happy he is!
④ Winky goes to an amusement park with his family.

9. 다음 중 문장의 규칙에 맞는 것을 고르세요.

① What nice!
② How a nice ball it is!
③ Do she have a cap?
④ When is your birthday?

10. 다음 중 틀린 부분을 찾아 바르게 고친 것을 고르세요.

① Doesn't go home. → Don't go to home.
② She not does use a computer. → She do not use a computer.
③ Let's to school go. → Let's go school.
④ What an girl nice she is! → What a nice girl she is!

미국 친구의 일상 훔쳐보기

사실이 아닌 것을 강조할 땐 손 기호로 이렇게 표현해요.
남자 친구도 없으면서 남자 친구와 데이트할 거라고 허풍 치는 친구의 말에 '남자 친구'란 단어를 비꼬며 장난을 치네요.

나쁜 일이 일어나지 않기를 기원할 땐 책상 등 나무로 된 것을 두 번 두드리며 "Knock, knock." 또는 "Knock on wood."라고 해요. 자기도 모르게 한 말이 그대로 이루어질까 봐 걱정하는 친구를 달래주고 있군요.

영어에도 존댓말 같은 공손한 표현이 있답니다. 미국 친구들은 선생님을 부를 때 보통 Mr. 혹은 Ms. 뒤에 성(last name)을 붙여요.

품사와 문장의 구성요소

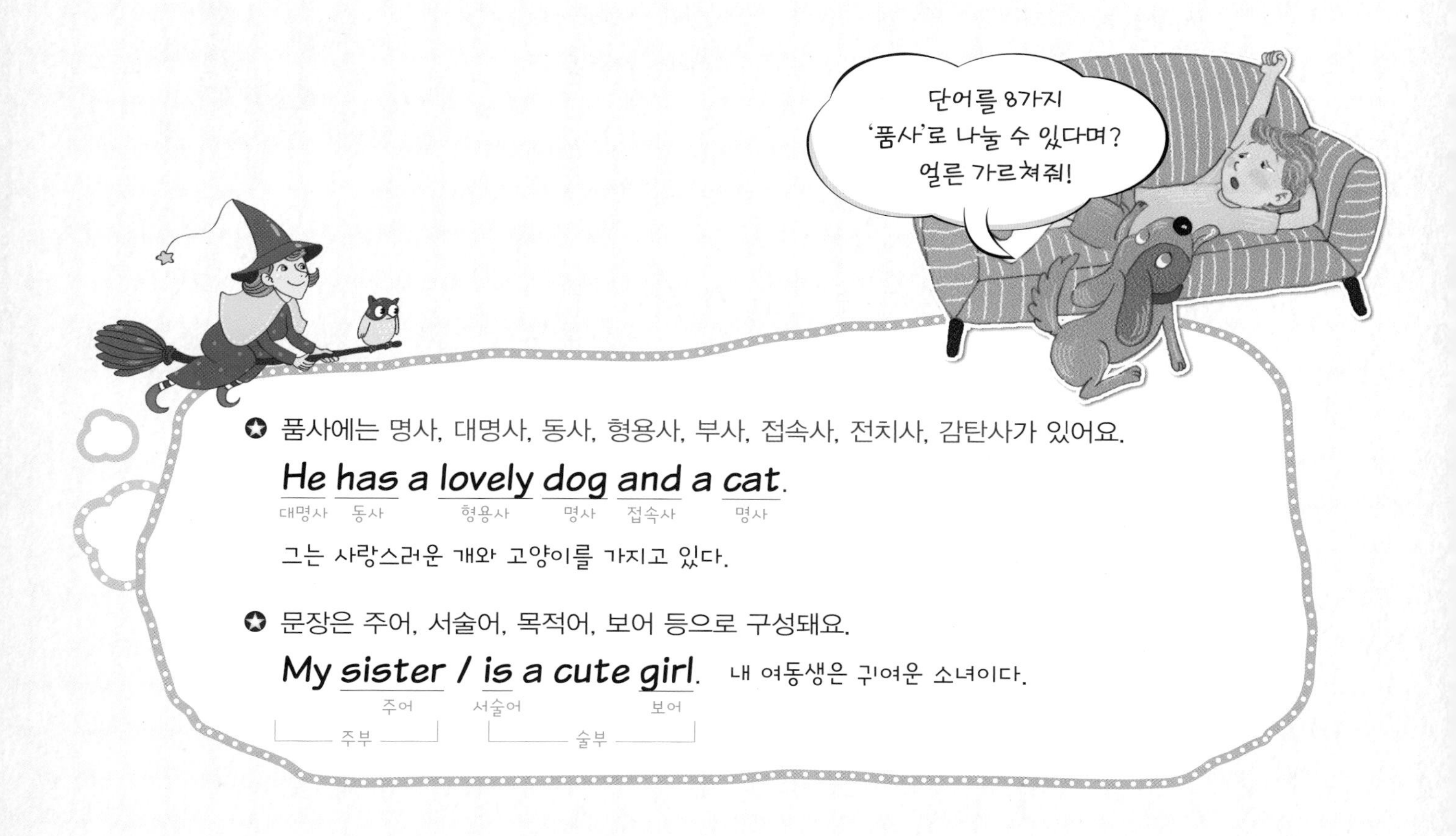

✪ 품사에는 명사, 대명사, 동사, 형용사, 부사, 접속사, 전치사, 감탄사가 있어요.

He has a lovely dog and a cat.

He(대명사) has(동사) a lovely(형용사) dog(명사) and(접속사) a cat(명사).

그는 사랑스러운 개와 고양이를 가지고 있다.

✪ 문장은 주어, 서술어, 목적어, 보어 등으로 구성돼요.

My sister / is a cute girl. 내 여동생은 귀여운 소녀이다.

My sister(주어) — 주부 / is(서술어) a cute girl(보어) — 술부

품사

8품사
명사, 대명사, 동사, 형용사, 부사, 접속사, 전치사, 감탄사

1 단어는 의미와 역할에 따라 8가지로 나눌 수 있는데, 이것을 8품사라고 해요.

품사	의미와 역할	예	문장
명사	사람이나 사물의 이름	Winky, brother, dog	**Winky** is **Pinky**'s older **brother**.
대명사	명사를 대신하는 말	I, you, she, he	**He** goes out for a walk with **his** dog.
동사	동작이나 상태를 나타내는 말	tell, read, study	He **sits** on a bench.
형용사	성질, 상태, 수량, 크기 등을 나타내는 말	easy, good, kind	Dinky sees a **beautiful** butterfly.
부사	동사, 형용사, 다른 부사 등을 꾸며주는 말	very, now, happily	The dog runs **fast**.
접속사	단어, 구, 문장 등을 연결하는 말	and, but, or	Winky **and** Pinky play on the swing.
전치사	명사나 대명사 앞에 와서 시간, 장소, 방향 등을 나타내는 말	at, in, on, for	They lie down **on** the grass.
감탄사	기쁨, 슬픔 등의 감정을 나타내는 말	oh, wow, oops	**Oh**! It's dark outside!

한 단어가 문장 속에서의 역할에 따라 품사가 달라질 수 있다.
She runs fast. (fast: 부사)
She is a fast runner. (fast: 형용사)

대명사에는 동그라미, 동사에는 세모, 형용사에는 별표 하세요.

1. They search for a small cat. **2.** It is on the big tree.

문장의 구성요소

1 문장은 크게 주부와 술부로 나눌 수 있어요.

(1) **주부** 주어가 들어 있어 문장에서 주체가 되는 부분을 말해요.

(2) **술부** 동사인 서술어가 들어 있어 주어의 동작이나 상태를 설명하는 부분을 말해요.

Winky and Pinky / **love the small cat**.
(Winky and Pinky: 주부 / love the small cat: 술부)
윙키와 핑키는 / 작은 고양이를 사랑한다.

문장의 구성요소
주어, 서술어, 목적어, 보어, 수식어(구)

2 문장을 구성하는 주요소에는 주어, 서술어, 목적어, 보어가 있어요. 이 외에 수식어(구)도 문장을 구성하는 요소에 들어가요.

(1) **주어** 문장의 주인이 되는 말로 '~은/는, ~이/가'로 해석해요. 주어에는 주로 명사나 대명사가 쓰여요.

Pinky is a cute girl. 핑키는 귀여운 소녀이다.

(2) **서술어** 주어의 동작이나 상태를 설명하며 '~이다/하다'로 해석해요. 서술어에는 동사가 쓰여요.

She **plays** with the cat. 그녀는 고양이와 놀고 있다.

(3) **목적어** 동작의 대상이 되는 말로 동사 뒤에 오며, '~을/를, ~에게'로 해석해요.

Winky likes **games**. 윙키는 게임을 좋아한다.

(4) **보어** 주어나 목적어를 보충 설명해 주는 역할을 하며, 주로 명사나 형용사가 쓰여요.

The game is **fun**. 그 게임은 재미있다.

(5) **수식어(구)** 문장의 주요소를 꾸며주는 말로 형용사(구)나 부사(구) 등이 주로 쓰여요.

He is **very** excited. 그는 매우 신이 나있다.

Check 선(/)으로 주부와 술부를 나누고, (　　) 안에 문장의 구성요소를 쓰세요.

1. Pinky finds the cat behind the tree.

(　　)(　　) (　　)　　(　　)

2. She runs very fast.

(　　)(　　)(　　)(　　)

Story Grammar 윙키의 이야기에서 문장의 구성요소와 품사를 알아보아요.

Winky and Pinky come back home.
Dad makes a delicious dinner.
They jump on the bed after dinner.
Dad opens the door and says,
"It's bedtime."
Pinky quickly lies down on the bed.
Wow! Today was a happy day.

1. 밑줄 친 문장을 주부와 술부로 나눠보세요.

2. 밑줄 친 단어를 맞는 품사 옆에 쓰세요.

- 명사 ....
- 대명사 ....
- 동사 ....
- 형용사 ....
- 부사 ....
- 접속사 ....
- 전치사 ....
- 감탄사 ....

Quiz Time

기초탄탄

A 단어와 알맞은 품사를 연결하세요.

1.	mother ·	·	명사
2.	short ·	·	대명사
3.	but ·	·	동사
4.	this ·	·	형용사
5.	tell ·	·	부사
6.	in ·	·	접속사
7.	very ·	·	전치사
8.	oh ·	·	감탄사

B 밑줄 친 단어의 품사를 쓰세요.

1. Dinky is my dog.
   (　　　) (　　　)

2. He has brown fur and big ears.
   (　　　) (　　　)

3. He likes to race with a rabbit.
   (　　　) (　　　)

4. That's very fun.
   (　　　)

5. Oops! Dinky falls on the grass.
   (　　　) (　　　)

6. I run fast toward Dinky.
   (　　　)(　　　)

7. Dinky and I are good friends.
   (　　　) (　　　)

fur 털
race 달리기 경주하다
fall 넘어지다
on the grass 잔디에서
toward ~을 향하여

C 밑줄 친 부분의 문장 속 구성요소를 쓰세요.

1. The cat is Minky. (   )
2. Minky has big eyes. (   )
3. She is cool. (   )
4. She is a mouse hunter. (   )
5. She catches mice fast. (   )
6. She likes to play with balls. (   )
7. She likes Pinky. (   )
8. Minky is a cute cat. (   )
9. She washes her face. (   )
10. I like Minky. (   )

형광펜 짜~악

문장에서 어떤 역할을 하느냐에 따라 단어의 문장 구성요소가 정해져요.

문장의 구성요소에는 주어, 서술어, 목적어, 보어, 수식어가 있어요.

turn off the light 불을 끄다

lie down 누워 있다

under the chair 의자 아래에

listen to the radio 라디오를 듣다

pet 쓰다듬다

D 주부와 술부를 선(/)으로 나누세요.

1. I sleep with my dog.
2. Dad turns off the light.
3. Dad reads a book in his room.
4. He wears eyeglasses.
5. A cat lies down under the chair.
6. Mom listens to the radio in the living room.
7. Mom pets the cat.

A 밑줄 친 단어를 알맞은 품사 박스에 써 넣으세요.

Winky has a dog.
He is Dinky.
Dinky likes yellow cheese and cold milk.

Pinky has a cat.
She is Minky.
Wow! Look at Minky!
She walks slowly on the roof.

on the roof 지붕 위를

명사	대명사	동사	형용사

부사	접속사	전치사	감탄사

B 보기에서 알맞은 단어를 골라 넣어 문장을 완성하고, (　　) 안에 품사를 쓰세요.

lunch　eat　wash　around　and　delicious　neatly

neatly 깨끗하게
do the dishes 설거지하다

1. Dad makes ________. (　　　)
2. Winky and Pinky ________ their hands. (　　　)
3. They sit ________ the table. (　　　)
4. They ________ lunch. (　　　)
5. The food is ________. (　　　)
6. Mom cleans the table ________. (　　　)
7. Winky ________ Pinky do the dishes. (　　　)

C 단어나 구를 바르게 배열하여 문장을 완성하고, 주부에 동그라미 하세요.

1. with a cup I drink water 나는 컵으로 물을 마셔요.

   ➲ ______________________________.

2. takes a rest Dinky 딩키는 휴식을 취해요.

   ➲ ______________________________.

3. A bird happily sings 새가 행복하게 노래해요.

   ➲ ______________________________.

D 보기에서 알맞은 단어를 골라 넣어 문장을 완성하고, (　　) 안에 그 단어가 어떤 문장 구성요소인지 쓰세요.

We	want	butterfly	next time

1

"Wow! __________ had a good time today." (　　)

2

"I saw a __________ and a rabbit." (　　)

3

"I __________ to swim in the river." (　　)

4

"Let's go together __________." (　　)

have a good time 좋은 시간을 가지다
saw 보았다 (see '보다'의 과거형)

각각의 단어에 밑줄을 긋고, 알맞은 품사를 밑에 쓰세요.

1. Winky washes his face.
2. He brushes his teeth.
3. Winky's mom reads books to Winky and Dinky.

brush one's teeth
이를 닦다

보기에서 알맞은 단어를 골라 넣어 이야기를 완성하세요.

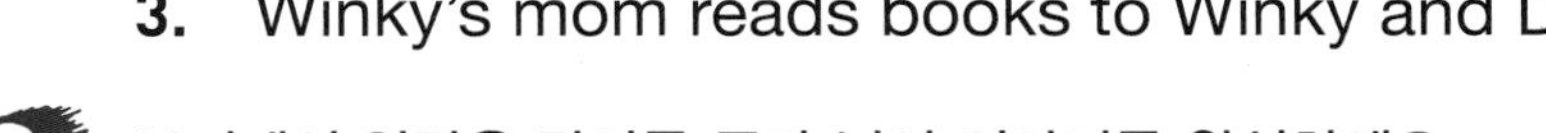

Winky lies ______ the sofa. Dinky wakes him up.

"I want to see some ducks ______ butterflies."

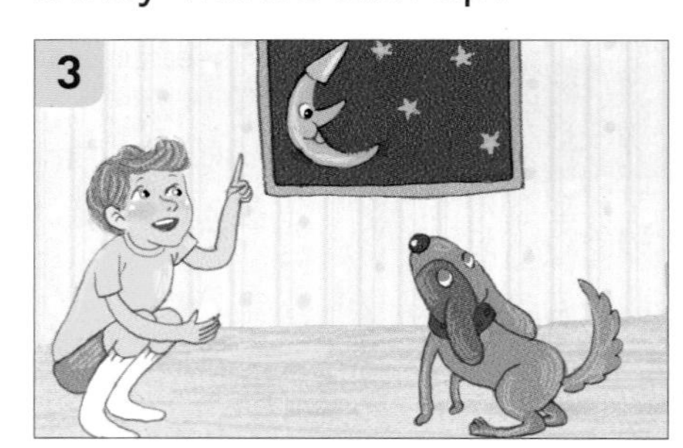

"Me too. ______ it's too late."

"I want to go out ______ you."

 주부에 어울리는 술부를 연결하여 문장을 완성하세요.

1. I •	• washes Minky's face.
2. Pinky •	• come home with my sister.
3. Minky •	• likes to wash her face.
4. Dinky •	• reads a book.
5. Dad  •	• makes dinner.
6. Pinky and I •	• takes a rest.
7. Mom  •	• drinks milk.
8. Dinky  •	• wash the dishes.

D 보기에서 알맞은 단어를 골라 넣어 문장을 완성하세요.

has brings is makes

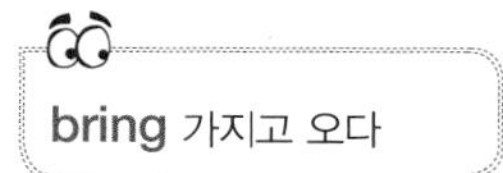
bring 가지고 오다

1. Dad .... chicken soup and salad.
2. Pinky .... the food.
3. Mom .... chocolate cake.
4. Winky .... happy.

Review Test Unit 2 꽉 잡기

1. 다음 중 대명사가 아닌 것을 고르세요.

① you ② we ③ it ④ look

2. 다음 중 빈칸에 알맞은 품사의 단어를 고르세요.

Winky ________ my brother.

① Pinky ② is ③ good ④ slowly

3. 다음 중 형용사가 아닌 것을 고르세요.

① sad ② easy ③ kind ④ happily

4. 다음 중 주부와 술부의 위치가 맞는 문장을 고르세요.

① Go I to the playground.
② I make a sandcastle with my friend.
③ My picked friend up some small stones.
④ Have we fun playing.

5. 다음 중 문장의 구성요소에 대한 설명이 올바른 것을 고르세요.

① 주어는 동작이나 상태를 나타낸다.
② 서술어는 주어를 보충 설명한다.
③ 목적어는 동작의 대상으로 '~에게, ~을/를'로 해석한다.
④ 보어는 문장의 주요소를 꾸며주는 역할을 한다.

6. 다음 밑줄 친 단어 중 역할이 다른 하나를 고르세요.

① I play hide and seek with my friend.
② I hide behind the wall.
③ My friend runs around me.
④ She goes up the slide.

7. 다음 중 같은 품사로 짝지어지지 않은 것을 고르세요.

① this – it
② student – desk
③ Wow – Oh
④ good – slowly

8. 다음 중 접속사가 쓰인 문장을 고르세요.

① I went to the park with Dinky on Monday.
② There are a lot of people in the park.
③ I walk, but Dinky runs.
④ I hold Dinky's rope tightly.

9. 다음 단어의 품사를 쓰세요.

1) friend ➜ ....
2) we ➜ ....
3) eat ➜ ....
4) hooray ➜ ....

10. 밑줄 친 부분을 바르게 고쳐 문장을 다시 쓰세요.

1) I run fastly. ➜ ....
2) I'm happily. ➜ ....

Let's Make a Story!

8품사를 넣어서 이야기를 만들어 보세요. 필요한 경우에는 단어의 형태를 바꾸세요.

명사	대명사	동사	형용사	부사	접속사	전치사	감탄사
frog	he	goes	smart	happily	and	in	wow

1

A (명사) ________ *'s Travels* is my favorite book.

2

The main character of the book is a (형용사) ________ (명사) ________.

3

(대명사) ________ (동사) ________ to the information center for his trip.

4

(대명사) ________ meets his friend there. So he talks (부사) ________ about the trip with his friend.

5

His friend gives him a wand (접속사) ________ a cape (전치사) ________ a box.

6

(감탄사) ________! How wonderful it is!

명사와 관사

'명사'가 뭔지 알아?
'관사'는 어디에 쓰는지도
설명해 줄게.

✪ 명사란 사람, 동물, 사물, 장소 등을 나타내는 이름을 말해요.

Pinky has a cap. 핑키는 모자를 가지고 있다.
(Pinky: 명사 / a cap: 부정관사+명사)

✪ 관사는 명사가 쓰는 모자처럼 명사 앞에 와서 명사의 의미를 확실하게 해줘요.

The cap is pink. 그 모자는 분홍색이다.
(The cap: 정관사+명사)

명사의 의미와 종류

1 사람이나 동물, 사물, 장소 등을 나타내는 이름을 명사라고 해요.

(1) 사람 Pinky, Winky, boy, student, teacher, doctor, scientist, cook, ...

(2) 동물 dog, cat, elephant, fox, mouse, deer, puppy, duck, rabbit, ...

(3) 사물 ball, bench, apple, cap, flower, mailbox, fence, bike, shoes, ...

(4) 장소 yard, house, school, classroom, park, department store, Korea, ...

2 눈에 보이지 않거나 일정한 모양이 없는 것, 이 세상에 하나 밖에 없는 것들의 이름도 명사에요.

Pinky buys some **ice cream**. 핑키는 아이스크림을 산다.
(Pinky: 사람 / ice cream: 일정한 형태가 없는 사물)

눈에 안 보이는 것
air, love, friendship, idea, dream, happiness, ...

일정한 모양이 없는 것
milk, bread, ...

세상에 하나뿐인 것
USA, New York, ...

3 명사는 하나, 둘로 개수를 셀 수 있는 명사와 셀 수 없는 명사로 나눌 수 있어요.
셀 수 있는 명사에는 boy, apple, dog, book 등이 있어요. 셀 수 없는 명사에는 일정한 모양이 없어서 어떤 그릇에 담느냐에 따라 모양이 달라지는 명사, 눈에 보이지 않는 명사, 세상에 하나 밖에 없는 명사 등이 속해요.

셀 수 있는 명사			셀 수 없는 명사					
boy	apple	rabbit	Winky	Pinky	Korea	Paris	New York	
fox	table	bench	Seoul	Japan	milk	water	juice	sand
father	key	house	paper	bread	sugar	cake	love	dream
desk	chair	book	idea	song	happiness		friendship	

셀 수 있는 명사에는 동그라미, 셀 수 없는 명사에는 세모표 하세요.

1. Pinky's cat likes cake and juice.

2. She buys some tomatoes and milk.

관사의 종류와 쓰임

관사는 명사 앞에 와서 여러 의미를 나타내요. 관사에는 **부정관사**와 **정관사**가 있어요.

(1) **부정관사** a 또는 an을 말해요. 특별히 정해져 있지 않은 셀 수 있는 단수명사 앞에 와서 '하나의'라는 뜻을 나타내지만, 굳이 해석하지 않아도 돼요. a는 첫소리가 자음인 단수명사 앞에, an은 첫소리가 모음인 단수명사 앞에 와요.

a book, **a** dog, **a** chair, **a** key

an apple, **an** eraser, **an** island, **an** owl

(2) **정관사** the를 말해요. 명사의 단수형, 복수형에 상관없이 정해져 있는 명사 앞에 와서 '그'라는 의미를 나타내지만 굳이 해석하지 않아도 돼요.

the가 오는 경우	예문
앞에 나온 명사를 다시 말할 때	Dad has a car. 아빠는 차가 있다. (앞에 나온 명사) He rides in **the** car. 그는 그 차에 탄다. (반복할 경우)
세상에 하나뿐인 명사 앞에	**The** sun is so hot. 태양이 매우 뜨겁다.
서로 알고 있는 것을 말할 때	Close **the** window, please. 그 문을 닫아줘.

악기 이름 앞에는 보통 the를 붙이지만 운동 경기 이름이나 식사 앞에는 정관사를 쓰지 않아요.
I play **the** piano. (○)
I play **the** *soccer*. (×)
I have **the** *lunch*. (×)

관사에 동그라미하고, 그 관사의 종류를 쓰세요.

1. There is a big store. They go into the store. ____________

2. Let's take the elevator. ____________

웡키의 이야기에서 관사를 찾아 동그라미 한 후, 명사를 분류하여 쓰세요.

Winky goes to a hat shop with his mom.
There is a parrot in the shop.
The parrot says, "Hello!"
Winky likes a blue cap.
He buys the cap.

* *parrot* 앵무새

1. 사람 명사 ____________ **2.** 동물 명사 ____________

3. 장소 명사 ____________ **4.** 사물 명사 ____________

 명사가 아닌 것을 찾아 동그라미 하세요.

1. girl, dog, happy, boy
2. Winky, shoes, paper, and
3. umbrella, air, sand, ask
4. Korea, begin, ball, beach
5. doll, daughter, key, down
6. fox, rabbit, toy, go
7. USA, pretty, family, fence
8. parrot, mother, give, cap

sand 모래
fence 울타리

형광펜 쫘~악

한 단어가 문장에서의 역할에 따라 여러 품사로 쓰일 수도 있어요.
love (명사) 사랑
(동사) 사랑하다

 셀 수 있는 명사에 동그라미, 셀 수 없는 명사에 세모표 하세요.

1.  bread  cap
2.  milk table
3.  apple air
4. 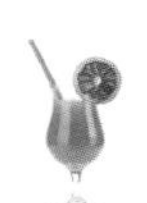  juice  rabbit
5. potato Tom
6.    sugar  key
7.   orange 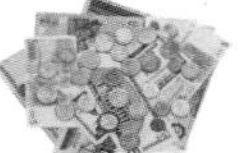 money
8.    doll   cake
9.   water  elephant
10.   book  oil

 괄호 안에 주어진 관사 중 알맞은 것을 고르세요.

1. There is (a / the) stationery store.
   (A / The) store is big.
2. They see (a / the) pen.
   (A / The) pen is long.
3. Winky meets (a / the) woman.
   (A / The) woman is pretty.
4. He wants to buy (a / the) cap.
   But Winky doesn't like the color of (a / the) cap.
5. (A / The) clerk comes to him.
   (A / The) clerk looks kind.

stationery store 문구점
store 가게
clerk 점원

 괄호 안에 알맞은 것을 고르세요.

1. Winky goes to (a / the / ×) store.
2. He plays (a / the / ×) guitar there.
3. He can't play (a / the / ×) violin.
4. But Pinky can play (a / the / ×) violin well.
5. Look at (a / the / ×) drum.
6. Wow! What (an / the / ×) amazing drum it is!
7. Look! Dinky beats (a / the / ×) drum now.

beat 치다

형광펜 짜~악

악기 앞에는 the를 붙여요. 하지만 셀 수 없는 명사인 music 앞에는 보통 관사를 붙이지 않아요.

명사를 찾아 동그라미 하세요.

1. Dad thinks about the dinner menu.
2. Dad takes some milk and cheese out of the refrigerator.
3. He buys some vegetables.
4. He buys some tomatoes for the salad dressing.
5. He uses his magic and stops time.
6. He mixes pepper and mayonnaise in the air.
7. He puts the new sauce into a container.

refrigerator 냉장고
vegetable 채소
dressing 드레싱, 소스
pepper 후추
mayonnaise 마요네즈
in the air 공중에서
container 그릇, 용기

형광펜 쫘~악

일반적으로 셀 수 없는 명사 앞에는 관사를 붙이지 않아요.

그림을 보고, 빈칸에 알맞은 명사를 보기에서 골라 쓰세요.

juice	dad	puppy	dish	cake

Winky's 윙키의
dessert 디저트, 후식

1.  Look at the cute ....

2.  The puppy follows Winky's ....

3.  Dad takes some .... from the refrigerator.

4.  He thinks about .... for dessert.

5.  He puts two pieces of cake on a ....

C 빈칸에 알맞은 관사를 쓰세요.

1. Dad takes ________ elevator.
   ________ elevator is very big.
2. "Excuse me. Where is ________ grocery store?"
   "________ grocery store is on ________ first floor."
3. "Press ________ button, please."
   ________ woman speaks to me.
4. She has ________ puppy.
   ________ puppy is very cute.

elevator 엘리베이터
grocery store 식료품점
floor 층
press 누르다

형광펜 쫘~악

앞에서 이미 나온 명사를 다시 가리키거나 모두 알고 있는 것을 말할 때 정관사 the를 사용해요.
first(첫 번째), second(두 번째)와 같이 순서를 말하는 단어(서수) 앞에도 보통 the를 써요.

D 틀린 부분을 찾아 동그라미 하고, 문장을 바르게 고쳐 다시 쓰세요.

1. He eats the lunch.
   ➲ ________________
2. He stops an time.
   ➲ ________________
3. A puppy doesn't stop. He thinks an puppy is weird.
   ➲ ________________
4. Hey, look at a puppy over there.
   ➲ ________________
5. An puppy is talking.
   ➲ ________________

weird 이상한

A 빈칸에 알맞은 관사를 쓰고, 윙키의 가방을 찾아 동그라미 하세요.

I have .... bag. .... bag is square.
There is .... pencil case inside .... bag.
.... pencil case is round. There is .... book.
.... book is called *The Little Prince*.

B 그림을 보고, 빈칸에 알맞은 명사를 보기에서 골라 쓰세요.

scientist	love	airplane

experiment 실험
fall in love 사랑에 빠지다

1

2

3

4

5

6

C 보기에서 알맞은 단어를 골라 넣어 문장을 완성하세요.

clothes   sale   magic   dress   clerk

1. Pinky finds a store having a ________.
2. Wow! What a pretty ________!
3. Pinky wants to use ________.
4. Let's try on all the ________.
5. She smiles. The ________ doesn't know anything.

KIDS FASHION

D 단어나 구를 바르게 배열하여 문장을 완성하세요.

1. They / to the 1st floor / go down

→ ________________________.

2. brings / Dad / the puppy

→ ________________________.

3. He / about the puppy / explains

→ ________________________.

4. speaks / Winky / to the puppy

→ ________________________.

5. cannot talk / A puppy

→ ________________________.

6. Just then, / talks / the puppy

→ ________________________.

7. is / name / The puppy's / Dinky

→ ________________________.

just then 그 때
name 이름

형광펜 쫘~악

부정관사 a(n)는 종류(종족) 전체를 대표하는 경우에도 쓰여요.
A dog is a faithful animal. (개는 충실한 동물이다.)

Review Test
Unit 3 꽉 잡기

1. 다음 중 명사가 아닌 것을 고르세요.

① doll ② love ③ happy ④ happiness

2. 다음 중 셀 수 있는 명사를 고르세요.

① water ② China ③ money ④ umbrella

3. 다음 보기 중 셀 수 없는 명사를 모두 찾아 쓰세요.

oil air milk sugar potato paper cake Korea friendship book

4. 다음 중 틀린 표현을 고르세요.

① I'm going to the store. ② This is an egg.
③ I have a go. ④ I'm wearing a hat.

5. 다음 중 빈칸에 들어갈 수 없는 단어를 고르세요.

I have a ________.

① oil ② banana ③ dog ④ pencil

6. 다음 중 빈칸에 들어갈 관사가 다른 하나를 고르세요.

① I have ________ computer.
② I play ________ flute.
③ I eat ________ sweet potato.
④ I brush my teeth once ________ day.

7. 다음 중 빈칸에 들어갈 단어가 바르게 짝지어진 것을 고르세요.

> I read ________ book.
> ________ book is very difficult.

① a – The ② an – The ③ the – A ④ the – An

8. 다음 중 밑줄 친 정관사가 보기의 용법과 같은 의미로 쓰인 것을 고르세요.

> I am so cold. Close the door, please.

① I play the guitar.
② Look at the bear.
③ The Earth goes around the sun.
④ I have a book. The book is interesting.

9. 다음 중 올바른 문장을 고르세요.

① I like to play a cello.
② Kick the ball.
③ A sun is rising.
④ Children play the basketball.

10. 다음에서 틀린 부분을 찾아 바르게 고쳐 다시 쓰세요.

1) I have the breakfast every day. ➡ ....
2) I have the cold. ➡ ....
3) I play the soccer. ➡ ....

미국의 백화점 문화 훔쳐보기

미국 백화점에서 가격표에 나와 있는 가격은 대부분 세금이 포함되지 않은 금액이에요. 실제로 계산할 때는 6%의 세금을 더 내야 해요.

*Mail-in Rebate Sale*은 물건을 사고 난 후에 돈을 되돌려 받는 세일이에요. 단, 물건을 만든 회사에 영수증을 메일로 보내야 해요.

미국에서는 일년 중 가장 큰 세일이 *Black Friday Sale*이에요. 추수감사절 다음날부터 크리스마스 날까지 하는 큰 세일인데, 밤을 새워서 기다리는 사람들도 있어요.

셀 수 있는 명사

✪ 단수명사 앞에는 a나 an을 써요.

Winky has an owl. 윙키는 올빼미를 가지고 있다.
(owl: 단수명사)

✪ 단수명사를 복수형으로 만들 때는 보통 뒤에 -(e)s만 붙이면 되지만, 이와 다르게 변화하는 경우도 있어요.

He has golden eggs. 그는 황금알들을 가지고 있다.
egg(단수명사) + s = eggs(복수명사)

There are many children in the park. 공원에 아이들이 많다.
child(단수명사) → children(복수명사)

셀 수 있는 명사의 단수형

1 셀 수 있는 명사 중에서 개수가 하나인 명사를 단수명사라고 해요. 단수명사 앞에는 a나 an을 쓰지요.

단수명사	예
첫소리가 자음인 경우 a+단수명사	**a** store **a** wig **a** cat **a** book **a** witch **a** girl **a** hat **a** hen
첫소리가 모음인 경우 an+단수명사	**an** apple **an** artist **an** airplane **an** egg **an** owl **an** ant **an** elephant

We have **a** store in the town. 우리 마을에는 가게가 하나 있다.
a+자음 첫소리 명사

You can see **an** owl there. 너는 그곳에서 올빼미를 볼 수 있다.
an+모음 첫소리 명사

2 단수명사 바로 앞에 꾸며주는 말인 형용사가 오는 경우도 있어요. 이때 「첫소리가 자음으로 시작하는 형용사+단수명사」 앞에는 a, 「첫소리가 모음으로 시작하는 형용사+단수명사」 앞에는 an을 써요.

a cat ➡ **an** ugly cat 못생긴 고양이
a boy ➡ **an** honest boy 정직한 소년
an egg ➡ **a** golden egg 황금알
an eraser ➡ **a** blue eraser 파란 지우개
A girl is looking at **an** honest boy. 소녀가 정직한 소년을 보고 있다.
An ugly cat is eating **a** huge apple. 못생긴 고양이가 아주 큰 사과를 먹고 있다.

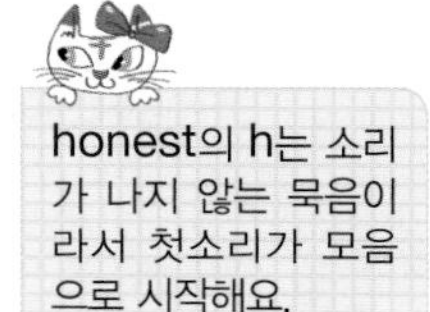

honest의 h는 소리가 나지 않는 묵음이라서 첫소리가 모음으로 시작해요.

3 철자가 모음으로 시작하는 단수명사라도 첫소리가 자음으로 소리나면 a를 써요.
철자가 자음으로 시작하는 단수명사라도 첫소리가 모음으로 소리나면 an을 써요.

a uniform 유니폼 **a** unicorn 유니콘
an hour 한 시간 **an** MP3 player MP3 플레이어

- a+첫소리가 자음인 단수명사
- an+첫소리가 모음인 단수명사

다음 중 a가 붙는 단수명사, an이 붙는 단수명사를 각각 3개씩 쓰세요.

ant cat apple bag pen egg

1. a가 붙는 단수명사 ....

2. an이 붙는 단수명사 ....

셀 수 있는 명사의 복수형

「모음+o」 또는 「모음+y」로 끝나는 명사의 복수형은 끝에 -s를 붙여요.
bamboo**s**, shampoo**s**, radio**s**, piano**s**, cello**s**
key**s**, boy**s**, toy**s**

1 셀 수 있는 명사가 2개 이상이면 복수명사라고 해요. 명사의 복수형은 보통 명사 뒤에 -s나 -es를 붙여 만들어요. 이런 것을 규칙적으로 변화하는 복수명사라고 해요.

규칙 변화의 복수형	예
대부분의 명사+s	cat**s** dog**s** book**s** wig**s** broom**s** pumpkin**s**
s, sh, ch, x, o, ss로 끝나는 명사+es	bus**es** dish**es** bench**es** box**es** potato**es** glass**es**
「자음+y」로 끝나는 명사는 y를 i로 바꾼 후+es	baby → bab**ies**, country → countr**ies**, lily → lil**ies**
f, fe로 끝나는 명사는 f나 fe를 v로 바꾼 후+es	leaf → lea**ves**, wife → wi**ves**, knife → kni**ves**

roof와 dwarf는 예외!
roof → roof**s**
dwarf → dwarf**s**

2 명사 뒤에 -s나 -es가 오지 않고 복수형이 불규칙적으로 변화하는 복수명사도 있어요.

불규칙 변화의 복수형	예
모음만 바뀌어 복수형이 되는 경우	m**a**n → m**e**n, f**oo**t → f**ee**t, t**oo**th → t**ee**th
단수와 복수의 형태가 같은 경우	fish → fish(fishes도 가능), deer → deer, sheep → sheep
전혀 다른 모양으로 바뀌는 경우	child → children, mouse → mice, ox → oxen, person → people

명사의 단수형에는 동그라미, 복수형에는 세모표 하세요.

There is a hen in the yard. There are also cats and geese.

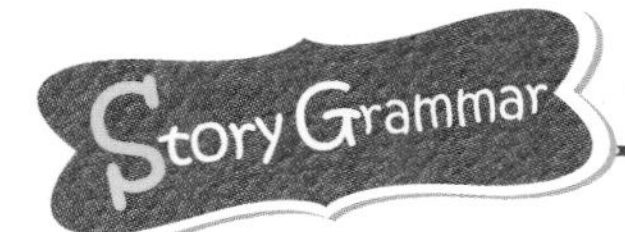

윙키의 이야기에서 셀 수 있는 명사의 단수형과 복수형이 들어간 단어 또는 구를 찾아 쓰세요.

Winky goes to a new magic store.
A big pumpkin is on the chair.
A fat cat eats an apple. A broom is on the shelf.
There are also two golden hens and five eggs.
A girl plays with a wig and a cape. A boy talks to an owl.

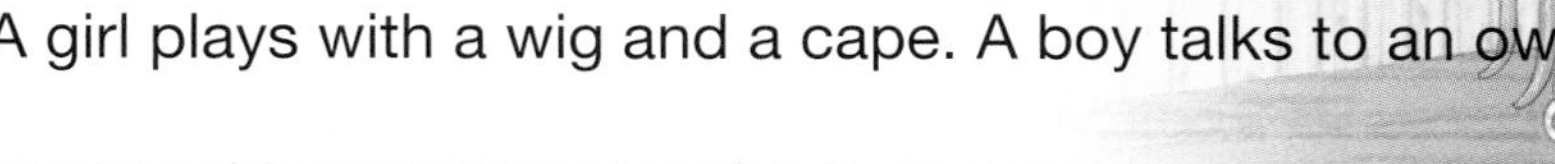

* *magic store* 마법 상점 *broom* 빗자루 *shelf* 선반 *wig* 가발 *cape* 망토

1. 단수명사가 있는 단어 또는 구 ______________________

2. 복수명사가 있는 단어 또는 구 ______________________

aLt an 중에서 알맞은 것에 동그라미 하세요.

spider 거미

1. 
(a / an) spider

2. 
(a / an) owl

3. 
(a / an) pumpkin

4. 
(a / an) broom

5. 
(a / an) apple

6. 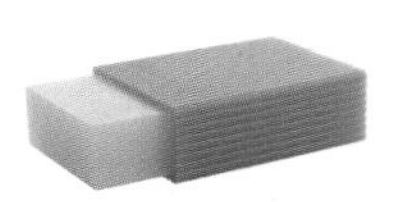
(a / an) eraser

7. 
(a / an) mirror

8. 
(a / an) ant

빈칸에 a나 an 중에서 알맞은 것을 쓰세요.

witch 마녀
wand 지팡이
floor 바닥

1. Winky goes into ______ witch's room.
2. He meets ______ old witch.
3. The witch talks to ______ parrot.
4. Winky sees ______ spider.
5. ______ broom is on a shelf.
6. A girl looks at ______ honest mirror.
7. ______ wand dances on the floor.
8. A girl buys ______ owl.

 명사의 복수형에 동그라미 하세요.

1. wig ○ wigs / wiges
2. monkey ○ monkeys / monkeies
3. bus ○ buss / buses
4. witch ○ witchs / witches
5. mouse ○ mouses / mice
6. boy ○ boys / boies
7. wife ○ wifes / wives
8. potato ○ potatos / potatoes
9. bench ○ benchs / benches
10. sheep ○ sheeps / sheep

형광펜 쫘~악

「모음+y」로 끝나는 명사는 y를 i로 바꾸지 않고 그냥 -s를 붙여 복수형을 만들어요.

D 빈칸에 (　) 안에 있는 단어의 복수형을 넣어서 문장을 완성하세요.

balloon 풍선
sweep 쓸다
goose → geese
거위 → 거위들

1. Some ______ read books. (man)
2. There are many ______ at the toy store. (baby)
3. A shark at the fish store has sharp ______. (tooth)
4. Children play with ______. (balloon)
5. A man sweeps ______. (leaf)
6. There are many ______ on the road. (bus)
7. Women eat ______ on a bench. (tomato)
8. ______ swim in a pond. (goose)

밑줄 친 부분을 바르게 고쳐 문장을 다시 쓰세요.

ladybug 무당벌레

1. Winky sees a old lamp in the room.

   ➡ ....

2. An white owl sits on the desk.

   ➡ ....

3. A girl wears an uniform in the room.

   ➡ ....

4. An old lady has a umbrella.

   ➡ ....

5. A ant dances with a ladybug.

   ➡ ....

틀린 부분을 찾아 동그라미 하고, 문장을 바르게 고쳐 다시 쓰세요.

형광펜 짜~악

첫소리가 모음으로 시작하는 단수명사 앞에는 an이 와야 해요.

1. A old man wears a nice hat.

   ➡ ....

2. A donkey is eating a orange.

   ➡ ....

3. A girl wears an magic uniform.

   ➡ ....

4. A snowman has an blue eye.

   ➡ ....

5. Winky catches a angry cat.

   ➡ ....

C 밑줄 친 부분에서 명사의 복수형을 바르게 고쳐 문장을 다시 쓰세요.

knife 칼
butterfly 나비
Cinderella 신데렐라

1. Three knifes are in the kitchen.
   ➲ ....
2. Winky looks at two chocolate house.
   ➲ ....
3. A baby plays with three butterfly.
   ➲ ....
4. Many leaf fall off the magic tree.
   ➲ ....
5. Two lady look at Cinderella's glass shoes.
   ➲ ....

D 틀린 부분을 찾아 동그라미 하고, 문장을 바르게 고쳐 다시 쓰세요.

형광펜 쫘~악
sheep은 단수와 복수의 형태가 같아요.

cotton candy 솜사탕

1. Sheeps come out of the magic book.
   ➲ ....
2. Two wolfes look at the rabbits.
   ➲ ....
3. Childes eat cotton candy.
   ➲ ....
4. Two monkeies jump on the carpet.
   ➲ ....
5. Winky looks at many toy in the box.
   ➲ ....

A 단어나 구를 바르게 배열하여 문장을 완성하세요.

> village 마을

1. opens | magic store | A | in our village

   ➔ ______________________________.

2. They | an | sell | honest mirror

   ➔ ______________________________.

3. a | black spider | in the store | There is

   ➔ ______________________________.

4. meet | there | You | an | old witch

   ➔ ______________________________.

5. finds | She | a | magic book

   ➔ ______________________________.

B 밑줄 친 단어 또는 구를 그림에 맞게 바르게 고쳐 쓰세요.

> goods 상품, 물건들

Welcome to the magic store.

We have many special goods for you.

We sell magic book. 

We also sell capes and an owl .

And you can meet a old witch  here.

You can see weird lamp, too.

Please come and enjoy the store.

____

____

 단어나 구를 바르게 배열하여 문장을 완성하세요.

1. seven There are dwarfs in the store

   ➡ ________________________________.

2. the beautiful play with butterflies Babies

   ➡ ________________________________.

3. Fairies on the flower dance happily

   ➡ ________________________________.

fairy 요정

 보기에서 빈칸에 알맞은 것을 골라 그것의 복수형을 넣어 이야기를 완성하세요.

broom	fairy	leaf	dwarf

chat 잡담하다

1

They sell magic ____________ in the store.

2

Really? I want two magic ____________.

3

I want to chat and play with the ____________.

4

I want to play with the ____________, too.

Review Test
Unit 4 꽉 잡기

1. 다음 중 명사(구) 앞에 오는 관사의 연결이 잘못된 것을 고르세요.

① a cat – an ugly cat ② an eraser – a black eraser
③ an ant – a small ant ④ an uniform – a white uniform

2. 다음 중 빈칸에 알맞은 것을 고르세요.

There is an ________ in the store.

① wig ② egg ③ broom ④ small eraser

3. 다음 중 단수명사와 관사가 잘못된 것을 고르세요.

① a uncle ② a uniform ③ a university ④ an umbrella

4. 다음 중 올바른 문장을 고르세요.

① I have an big nose.
② A dog is a animal.
③ Give me an eraser.
④ I eat an fresh egg every day.

5. 다음 빈칸에 a나 an 중에 알맞은 것을 넣어 문장을 완성하세요.

1) My mother is ________ science teacher.

2) Draw ________ unhappy face.

6. 다음 중 명사의 단수형과 복수형이 바르게 연결되지 않은 것을 고르세요.

① church – churches
② tomato – tomatos
③ shoe – shoes
④ knife – knives

7. 다음 명사의 복수형을 쓰고, 복수형으로 변하는 방법이 다른 하나를 고르세요.

① lily ➡ ______
② toy ➡ ______
③ hobby ➡ ______
④ baby ➡ ______

8. 다음 중 문장이 바르지 않은 것을 고르세요.

① I wear pants today.
② Put your gloves in the box.
③ There are many buses on the road.
④ A children plays in the playground.

9. 다음 명사의 복수형을 쓰세요.

1) wife ➡ ______
2) foot ➡ ______
3) deer ➡ ______

10. 다음에서 틀린 부분을 찾아 바르게 고쳐 문장을 다시 쓰세요.

1) There are many baby in the park. ➡ ______
2) Brush your tooth. ➡ ______

감기도 셀 수 있나요?

Q cold, runny nose, sore throat, fever는 셀 수 없는 명사인데 왜 앞에 a가 오는지 궁금해요.

A cold(감기), fever(열)와 같이 셀 수 없다고 여겨지는 단어들이 셀 수 있는 명사로 취급되는 경우가 있어요. 예를 들면, 감기가 일반적으로 생각하는 감기이면 셀 수 없는 명사이지만 '내가(특정한 사람이) 걸린 감기'라고 할 땐 셀 수 있는 명사로 취급해요. 그래서 감기에 걸렸을 때는 I have **a** cold. 또는 I catch **a** cold., I get **a** cold.라고 해요.

셀 수 없는 명사

✪ 셀 수 없는 명사에는 고유명사, 물질명사, 추상명사 등이 있어요.

New York**, **paper**, **love

(New York: 고유명사 / paper: 물질명사 / love: 추상명사)

✪ 셀 수 없는 명사는 단위를 나타내는 명사와 함께 써서 수량을 표현해요.

two bottles of juice**, **three pieces of cake

(two bottles of: 두 병의(단위명사) / juice: 주스 / three pieces of: 세 조각의(단위명사) / cake: 케이크)

셀 수 없는 명사의 종류

1 셀 수 없는 명사에는 고유명사, 물질명사, 추상명사 등이 있어요.

(1) **고유명사** 이 세상에 단 하나뿐인 고유한 이름을 가진 것이에요. 고유명사의 첫 글자는 항상 대문자에요.

Mina is my friend. She is from **Korea**.

But she lives in **New York**.

미나는 내 친구이다. 그녀는 한국 출신이다. 하지만 그녀는 뉴욕에 산다.

(2) **물질명사** 일정한 형태가 없는 액체, 기체, 가루, 그리고 쪼개도 그 성질이 변하지 않는 것이에요.

We have **bread** and **milk** for lunch.

우리는 점심으로 빵과 우유를 먹는다.

(3) **추상명사** 눈으로 볼 수 없고 모양도 없는 추상적인 것이에요.

Pinky likes **music**, and I like **soccer**.

핑키는 음악을 좋아하고, 나는 축구를 좋아한다.

고유명사
Mina(사람 이름), Korea(나라 이름), New York(도시 이름)

물질명사
- 액체, 기체, 가루
  water, milk, juice, rain, air, salt, sugar, sand
- 쪼개도 그 성질이 변하지 않는 것
  bread, paper, wood, gold, soap, money, fruit

추상명사
love, time, music, beauty

2 셀 수 없는 명사는 하나, 둘 셀 수 없기 때문에 a나 an이 올 수 없고, 복수형으로 쓸 수도 없어요.

We play **soccer**. 우리는 축구를 한다.

We drink some **water**. 우리는 물을 마신다.

Check **셀 수 없는 명사를 찾아 동그라미 하세요.**

1. We drink water after playing soccer.

2. We go to the bakery and buy some bread.

셀 수 없는 명사의 수량 표현

1 셀 수 없는 명사가 '약간' 있을 때는 some, '많은' 양이 있을 때는 much / a lot of / lots of, 그리고 '적은' 양이 있을 때는 a little을 사용해요.

A cook adds **some** butter to the bread batter.

He makes **a lot of** bread.

요리사는 빵 반죽에 약간의 버터를 더 넣는다. 그는 많은 빵을 만든다.

many books 많은 책들
many + 셀 수 있는 복수명사

much money 많은 돈
much + 셀 수 없는 단수명사

 셀 수 없는 명사는 단위를 나타내는 그릇이나 잘린 조각의 수로 수량을 표현해요.

수량 표시 단위	셀 수 없는 명사	2개 이상 일 때 표현
a cup of	water, coffee, tea	**two cups of** coffee
a glass of	water, milk, juice	**four glasses of** milk
a bottle of	water, juice, shampoo	**three bottles of** shampoo
a can of	Coke, corn, soda	**five cans of** Coke
a slice of	bread, pizza, cheese	**two slices of** cheese
a piece of	bread, pizza, cake, paper	**three pieces of** pizza
a sheet of	paper	**five sheets of** paper
a loaf of	bread	**two loaves of** bread
a tube of	toothpaste	**two tubes of** toothpaste

주의!
- 셀 수 없는 명사는 복수형을 쓸 수 없으므로 뒤에 -s나 -es를 붙이지 않아요.
- 셀 수 없는 명사의 수량을 표시하는 단위는 복수형으로 쓸 수 있어요.

 **셀 수 없는 명사의 수량을 나타내는 표현에 동그라미 하세요.**

1. Pinky orders two slices of pizza and a glass of milk.

2. Winky orders a slice of cheese, two pieces of bread, and a can of Coke.

Story Grammar 윙키의 이야기에서 셀 수 없는 명사와 수량 표현을 찾아 쓰세요.

Winky opens the magic book. A farmer is milking a cow in the book. There are two slices of bread and some juice in a basket. Butter is spread on top of the bread. Winky enters the farm in the book.

* *milk* (소의) 젖을 짜다; 우유 *slice* 조각 *spread* 펴 바르다, 펼치다 *on top of* ~ 위에

1. 셀 수 없는 명사 ....

2. 수량 표현 ....

Quiz Time 기초탄탄

A 셀 수 없는 명사에 동그라미 하세요.

1.  water

2.  butter

3.  love

4.  basket

5.  bread

6.  milk

7.  apple

8.  oil

9. 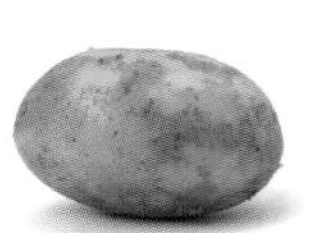 potato

B 명사의 종류에 맞게 연결하세요.

1. juice ·
2. homework ·
3. bread ·
4. Winky ·
5. China ·
6. dinner ·
7. luck ·
8. milk ·
9. lunch ·
10. money ·

· 고유명사

· 추상명사

· 물질명사

형광펜 쫘~악

money는 셀 수 없는 명사예요. 우리 말로도 '나는 *여러 개의* 돈을 가지고 있어.'라고는 말하지 않지요.
I have **lots of**(**much**) money. (나는 많은 돈을 가지고 있어.)

 그림을 보고, 알맞은 단어에 동그라미 하세요.

1.  a (glass / glasses) of (water / waters)
2.  two (slice / slices) of (cheese / cheeses)
3.  two (glass / glasses) of (milk / milks)
4. 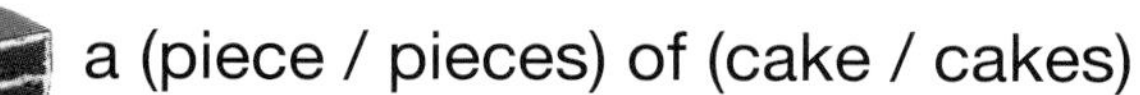 a (piece / pieces) of (cake / cakes)
5. 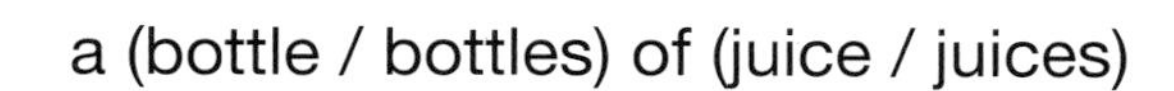 a (bottle / bottles) of (juice / juices)
6. two (piece / pieces) of (pizza / pizzas)
7. 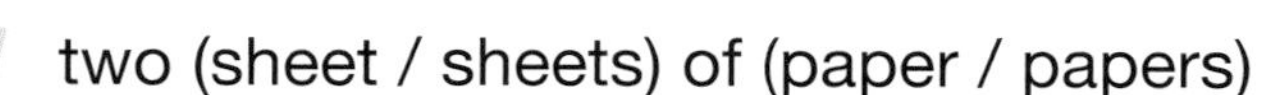 two (sheet / sheets) of (paper / papers)
8.  a (loaf / loaves) of (bread / breads)
9.  a (can / cans) of (corn / corns)
10.  two (bottle / bottles) of (shampoo / shampoos)

sheet ~장(매)
loaf 덩어리
loaves loaf의 복수형

형광펜 짜~악

1. '물 몇 잔'을 표현할 때는 two glasses of water처럼 단위를 복수형으로 써요.
2. 물과 우유, 주스 등의 액체는 cup(컵), bottle(병), glass(잔) 등의 표현을 모두 사용할 수 있어요.
3. 빵, 치즈, 케이크, 피자를 셀 때는 slice, piece를 사용할 수 있어요.
→ a **slice(piece)** of bread(cheese, cake, pizza)
4. 식빵은 한 덩어리, 두 덩어리로 표현하니까 **a loaf** of bread, **two loaves of** bread처럼 말해요.

 밑줄 친 단어가 셀 수 없는 명사면 ×, 수량을 표현한 단어면 □표 하세요.

1. A famer asks Winky for help. ( )
2. He brings 12 bottles of milk. ( )
3. The farmer makes cheese. ( )
4. He cuts 5 slices of cheese. ( )
5. The farmer's wife brings the basket with butter and bread. ( ) ( )

help 도움; 돕다

 그림을 보고, 빈칸에 알맞은 단어를 쓰세요.

soap dish 비눗갑

1. Winky eats some _______________.
2. He drinks a glass of _______________.
3. He eats some _______________ for dessert.
4. He washes his hands with  _______________.
5. He puts some _______________ in the soap dish.
6. He uses _______________ to brush his teeth.

 밑줄 친 부분을 고쳐 문장을 완성하세요.

1. The farmer's name is a Ranchy.
   - The farmer's name is _______________.
2. He is from an America.
   - He is from _______________.
3. He sells a milk and cheeses.
   - He sells _______________.
4. His wife is a Jane.
   - His wife is _______________.
5. She makes a bread.
   - She makes _______________.
6. She puts some butters into the bowl.
   - She puts _______________ into the bowl.

형광펜 쫘~악

고유명사, 물질명사, 추상명사는 모두 셀 수 없는 명사이므로 앞에 관사 a나 an을 붙이지 않아요. 또 뒤에 -s나 -es를 붙여 복수형으로 만들지도 않아요.

C ( ) 안의 단어를 활용해서 빈칸을 완성하세요.

1. There are two ________ of bread. (loaf)
2. The woman holds two ________ of orange juice. (glass)
3. Winky puts five ________ of milk into the box. (bottle)
4. A man brings ________ cheese. (little)
5. A woman cuts three ________ of cheese. (slice)
6. She puts ________ butter on a plate. (some)
7. A man grills six ________ of meat. (piece)
8. Winky cuts eight ________ of fruit. (slice)

D 보기에서 알맞은 것을 골라 빈칸에 넣어 문장을 완성하세요.

water pizza pieces can bottles a lot of

pepperoni pizza
페퍼로니 피자

1. Winky wants pepperoni ________ and chicken salad.
2. He eats six ________ of pizza.
3. He drinks four ________ of soda.
4. He adds ________ pepperoni to the pizza.
5. He drinks a glass of ________ with ice.
6. He opens a ________ of corn salad and eats it.

A 틀린 부분을 찾아 동그라미 하고, 바르게 고쳐 문장을 다시 쓰세요.

1. Winky plays soccers with a man.

   ➲ ....

2. They need a lot of waters.

   ➲ ....

3. They drink two bottles of apple juices.

   ➲ ....

4. They take four loaf of bread in a basket.

   ➲ ....

5. Winky eats lots of breads.

   ➲ ....

B (　　) 안의 단어나 구를 바르게 배열하여 문장을 완성해서 다시 쓰세요.

1. A farmer's wife puts (flour / into a bowl / a little).

   ➲ ....

2. She makes (bread / some).

   ➲ ....

3. She adds (a / spoon / sugar / of / into the bowl).

   ➲ ....

4. She bakes (of / lot / a / bread).

   ➲ ....

5. She cuts (pieces / three / of / bread).

   ➲ ....

 (   ) 안의 단어를 활용하여 문장을 완성하세요.

1. 빵에 약간의 버터를 발라. (butter)
   ➲ Spread .... on the bread.
2. 빵에 구운 고기 2조각을 넣어. (piece)
   ➲ Put .... of grilled meat on the bread.
3. 과일 3조각으로 장식을 해. (slice)
   ➲ Decorate with .... of fruit.

a piece of meat 고기 한 조각
grilled 구운
decorate 장식하다
a slice of fruit 과일 한 조각

 그림을 보고, 빈칸에 알맞은 수량 표현을 넣어 이야기를 완성하세요.

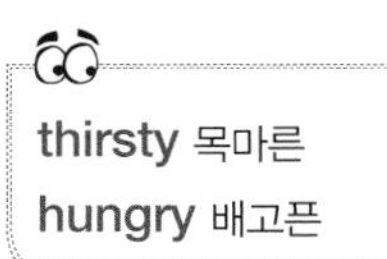

thirsty 목마른
hungry 배고픈

Review Test Unit 5 꽉 잡기

1. 다음 중 셀 수 없는 명사를 고르세요.

① apple　　② bread　　③ lion　　④ basket

2. 다음 중 빈칸에 공통으로 알맞은 것을 고르세요.

• There is ________ water.
• We need ________ money.

① a　　② an　　③ many　　④ much

3. 다음 중 빈칸에 공통으로 알맞은 것을 고르세요.

• I want to eat ________ snacks.
• He needs ________ help.

① a　　② an　　③ some　　④ many

4. 다음 중 셀 수 없는 명사에 대한 설명으로 옳지 않은 것을 고르세요.

① water, air와 같은 단어들은 형태가 일정하지 않아 셀 수 없는 명사이다.
② Korea는 고유한 이름으로 셀 수 없는 명사이다.
③ 셀 수 없는 명사는 some이라는 표현으로만 수량을 나타낼 수 있다.
④ 셀 수 없는 명사 앞에는 a나 an이 오지 않는다.

5. 다음 보기에서 알맞은 단어를 골라 빈칸에 쓰세요.

sheets　glass　loaves　piece

1) There are three ________ of bread on the dish.
2) Winky wants to drink a ________ of milk.
3) He holds two ________ of paper.
4) He gives his mom a ________ of cake.

6. 다음 대화의 밑줄 친 부분 중 잘못된 것을 고르세요.

> A: Can you give me an glass of water?
> B: Sure. Here you go.
> A: Thank you. Can I eat some cookies?
> B: How about some chocolate?
> A: That's good, too.

① an ② water ③ some ④ chocolate

7. 다음 중 성격이 다른 명사끼리 짝지어진 것을 고르세요.

① water – milk ② paper – bread
③ love – help ④ Korea – cup

8. 다음 중 잘못된 것을 고르세요.

① a friend ② some sugars
③ some cheese ④ a bottle of Coke

9. 다음 중 셀 수 없는 명사의 종류가 다른 것을 고르세요.

① New York ② Seoul ③ Winky ④ soccer

10. 다음 보기에서 알맞은 단어를 골라 빈칸에 쓰세요.

bread	pie	water	juice

1) I'm thirsty. May I have some ________?
2) I want to drink a glass of orange ________.
3) Shall we eat a piece of ________?
4) I'll eat a loaf of ________.

보통의 저녁식사 VS 특별한 저녁식사

breakfast, lunch, dinner는 모두 셀 수 없는 명사예요. 규칙적인 식사에는 a를 붙이지 않아요.

그런데, 식사 이름 앞에 a나 the를 붙이는 경우가 있어요. 언제일까요?
규칙적인 식사를 말할 때는 a를 붙이지 않지만, 특별한 식사를 말할 경우에는 a를 붙여요.

인칭대명사와 지시대명사

'이' 선물은 '나'의 것일까?

'나'는 '이' 선물이
'그의' 것이라고 생각해.

✪ 인칭대명사는 주로 사람을 가리키는 대명사에요. 주격, 소유격, 목적격, 소유대명사의 형태가 있어요.

***I** will tell **you** about **my** school life.*

주격 / 목적격 / 소유격

내가 나의 학교생활을 너에게 말해 줄게.

✪ 지시대명사는 가까이 있는 것이나 멀리 있는 것을 지시하는 대명사에요.

***This** is my teacher. **Those** are my friends.*

지시대명사 / 지시대명사

이분은 나의 선생님이다. 저 사람들은 나의 친구들이다.

인칭대명사의 주격과 목적격

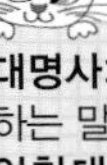

대명사: 명사를 대신하는 말
인칭대명사: 사람을 가리키는 대명사

인칭대명사 중에는 사람 이외에 중성을 지칭하는 경우도 있음. 3인칭으로 it(그것은, 그것을)과 they(그것들은), them(그것들을)이 그 경우에요.

대명사는 명사를 대신하는 말이고, 인칭대명사는 사람을 가리키는 대명사에요. 인칭대명사가 문장의 주어 자리에 오면 주격, 목적어 자리에 오면 목적격 형태가 돼요.

I go to school at 8:30 AM. My puppy follows **me**.
(I: 주격, me: 목적격)

나는 아침 8시 30분에 학교에 간다. 나의 강아지는 나를 따라온다.

	1인칭	2인칭	3인칭
주격 (~은/는/이/가)	I, we 나는, 우리는	you 너는, 너희들은	he, she, they 그는, 그녀는, 그들은
목적격 (~을/를/에게)	me, us 나를, 우리를	you 너를, 너희들을	him, her, them 그를, 그녀를, 그들을

※ 인칭대명사와는 달리 명사의 주격과 목적격은 형태가 같아요.

Pinky is my sister. 핑키는 나의 여동생이다.
(Pinky: 주격)

Winky likes **Pinky**. 윙키는 핑키를 좋아한다.
(Pinky: 목적격)

인칭대명사의 주격에는 동그라미, 목적격에는 세모표 하세요.

He likes me. I take him outside of the school.

인칭대명사의 소유격과 소유대명사

명사의 소유격
명사'S로 나타내고 뒤에 반드시 명사가 와요.
It's Winky's cap. (Winky's cap: 소유격+명사)
(그것은 윙키의 모자이다.)

명사의 소유대명사
명사'S로 나타내고 뒤에 명사가 오지 않아요.
The cap is Winky's. (Winky's: 소유대명사)
(그 모자는 윙키의 것이다.)

인칭대명사의 소유격은 '~의'로 해석하며, 소유격 뒤에는 명사가 와요.

This is **my** school bag. 이것은 나의 책가방이다.
(my school bag: 소유격+명사)

② 소유대명사는 '~의 것'으로 해석하며, 「소유격+명사」를 대신해서 쓰여요.

This is **mine**. 이것은 나의 것이다.
(소유대명사(mine=my+school bag))

	1인칭	2인칭	3인칭
소유격 (~의)	my, our 나의, 우리의	your 너의, 너희들의	his, her, their 그의, 그녀의, 그들의
소유대명사 (~의 것)	mine, ours 나의 것, 우리의 것	yours 너의 것, 너희들의 것	his, hers, theirs 그의 것, 그녀의 것, 그들의 것

※ 명사의 소유격은 명사 뒤에 's를 붙여 만드는데, 뒤에는 반드시 명사가 와요.
명사 뒤에 's를 붙여 소유대명사로 쓸 수도 있는데, 이때는 뒤에 명사가 오지 않아요.

밑줄 친 부분을 소유대명사로 바꾸세요.

1. A: Hurry up, Pinky. B: Where is my bag? ....
2. A: Is this your bag? B: Yes, that's mine. ....

지시대명사의 종류와 쓰임

1 지시대명사는 사람이나 사물을 지시하는 대명사에요. 가까이 있는 것에는 this(이것) / these(이것들)를, 멀리 있는 것에는 that(저것) / those(저것들)를 써요.

This is a book. 이것은 책이다.
지시대명사(가까이, 단수)

That is a notebook. 저것은 공책이다.
지시대명사(멀리, 단수)

These are books. 이것들은 책들이다.
지시대명사(가까이, 복수)

Those are notebooks. 저것들은 공책들이다.
지시대명사(멀리, 복수)

2 this / these와 that / those 뒤에 명사가 오면 지시형용사로 쓰인 것이에요. 지시형용사 this / that 뒤에는 단수명사, these / those 뒤에는 복수명사가 와요.

지시형용사의 해석
'이 ~', '저 ~'

This book is mine. 이 책은 내것이다.
지시형용사+단수명사

Those students are very funny. 저 학생들은 매우 재미있다.
지시형용사+복수명사

밑줄 친 부분이 지시대명사이면 '대,' 지시형용사이면 '형'이라고 쓰세요.

1. This is my classroom. ....
2. This eraser is mine. ....

윙키의 이야기에서 인칭대명사와 지시대명사를 찾아 보세요.

We have 5 classes today. They are math, music, P.E., art, and magic. I like magic class the most. My friend Alice says, "Look! This is my magic wand. Is that yours?"

* P.E. 체육 magic 마술, 마법 the most 최고로

1. 인칭대명사를 찾아 모두 찾아 쓰세요. ....
2. 지시대명사를 찾아 쓰세요. ....

문장에 알맞은 인칭대명사를 골라 동그라미 하세요.

1. (I / Me) don't like math.
2. (Him / He) asks us to open our math books.
3. (Me / I) didn't bring my math book.
4. My partner lends (I / me) her book.
5. (She / Her) likes math.
6. I don't understand (her / she).
7. Why do you like (it / they)?
8. Our teacher asks (we / us) to be quiet.

partner 짝
lend 빌려주다

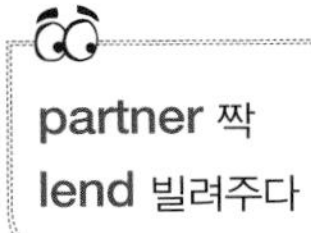

인칭대명사는 주로 사람을 가리킬 때 써요.
it은 '비인칭대명사'라고 부르는데, 사물을 지칭할 때 주격과 목적격으로 쓸 수 있어요.

밑줄 친 부분이 인칭대명사의 소유격이면 '소', 소유대명사이면 '대'라고 쓰세요.

1. Winky doesn't bring <u>his</u> recorder. (   )
2. He goes to <u>her</u> classroom. (   )
3. Give me <u>my</u> recorder. (   )
4. Here, this is <u>your</u> recorder. (   )
5. That is not <u>mine</u>. (   )
6. Which one is <u>yours</u>? (   )
7. <u>Mine</u> is bigger than your recorder. (   )
8. This is my partner's. You can use <u>his</u>. (   )

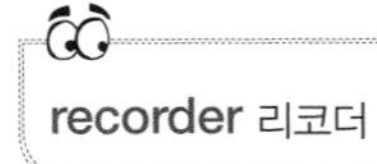

recorder 리코더

 (   ) 안에 있는 인칭대명사의 격을 문장에서 찾아 동그라미 하세요.

1. I learn music today. (주격)
2. My music class is difficult for me. (소유격)
3. My teacher teaches us music easily. (목적격)
4. We hear Dinky's song outside the window. (주격)
5. I use magic on him.
   "Dinky, don't!" (목적격)
6. The magic stops his song. (소유격)
7. He often surprises me. (목적격)

 밑줄 친 부분이 지시대명사로 쓰였으면 '대', 지시형용사로 쓰였으면 '형'이라고 쓰세요.

point 가리키다
school playground 학교 운동장
hide and seek 숨바꼭질
scary 무서운

1. That clock points at 11. "It's time for P.E.!" (   )
2. This is our school playground. (   )
3. These students play in the playground. (   )
4. Those people are my classmates. (   )
5. Those are playing hide and seek. (   )
6. That is our scary P.E. teacher. (   )
7. These are basketballs. (   )
8. These basketballs are new. (   )

A 밑줄 친 명사를 알맞은 인칭대명사로 바꾸어 (   ) 안에 쓰세요.

1. Winky's art class is making faces with clay. (   )
2. Winky makes Mrs. Lee's funny face. (   )
3. Mrs. Lee says, "Can you show me yours?" (   )
4. Winky says, "Yes, I can." (   )
5. Winky gives his to Mrs. Lee. (   )
6. She shows it to Winky's friends. (   )
7. Winky's friends compliment his work. (   )
8. Winky is very happy. (   )

clay 찰흙
show 보여주다
compliment 칭찬하다
work 작품

B 단어를 바르게 배열하여 문장을 완성하세요.

1. to go Pinky's I classroom 나는 핑키의 교실에 간다.
   ➲ ______________________.
2. test take an English They 그들은 영어시험을 본다.
   ➲ ______________________.
3. We good English not are at 우리는 영어를 잘 못한다.
   ➲ ______________________.
4. at Pinky me looks 핑키는 나를 쳐다본다.
   ➲ ______________________.
5. I magic her on use 나는 그녀에게 마법을 건다.
   ➲ ______________________.
6. tell the her I answer 나는 그녀에게 답을 말한다.
   ➲ ______________________.
7. She perfect a score gets 그녀는 만점을 받는다.
   ➲ ______________________.

take a test 시험을 보다
use magic 마법을 걸다
perfect score 만점

밑줄 친 부분을 바르게 고쳐 (   ) 안에 쓰세요.

1. I teacher asks for my help. (   )
2. Her says, "Give this to the vice principal." (   )
3. I run to his. (   )
4. He says, "I will give your some special cookies." (   )
5. I eat their. (   )
6. Suddenly, me face changes into Pinky's face. (   )
7. "What happened to mine face?" (   )
8. "Wow! This is me most exciting experience!" (   )

vice principal 교감 선생님
exciting 신나는
experience 경험

D 문장에 알맞은 것을 골라 동그라미 하세요.

1.

Look at (that / those) building.

2.

(This / That) is the cafeteria.

cafeteria 구내식당
side dish 반찬 (곁들이는 요리)

3.

(This / That) is my lunch.

4.

(That / Those) are the side dishes.

5.

I especially like (this / these) soup.

A (   ) 안에 주어진 대명사를 빈칸에 알맞은 형태로 바꾸어 쓰세요.

1. ________ wait for the magic class. (my)
2. The teacher gives magic powder to ________. (we)
3. He always makes ________ happy. (I)
4. ________ sprinkle magic powder on the mask. (us)
5. They can't see ________ face. (I)
6. ________ sprinkle that on Dinky. (us)
7. We can't see ________ now. This is fun. (he)

magic powder 마술 가루
sprinkle 흩뿌리다
mask 가면

B 틀린 부분을 찾아 동그라미 하고, 문장을 바르게 고쳐 다시 쓰세요.

1. My friends say, "Play with we!"
   ➔ ________________
2. I like to play with their.
   ➔ ________________
3. "Winky, please wait for my."
   ➔ ________________
4. Her looks at the clock.
   ➔ ________________
5. Pinky calls she dad.
   ➔ ________________
6. Dad tells hers to come early.
   ➔ ________________
7. Pinky says, "Okay, Dad! Me will come."
   ➔ ________________

C 보기의 인칭대명사와 지시대명사를 골라 넣어 문장을 완성하세요.

It	my	our	Ours	their	Mine

wipe 먼지(물기)를 닦다
shine 빛나다

1. Let's clean ________ classroom.
2. ________ is very dirty.
3. I clean ________ desk.
4. I'm finished. ________ is clean now.
5. The girls wipe ________ places.
6. Look! ________ are shining.

밑줄 친 부분을 바르게 고쳐 (　　) 안에 쓰세요.

1. "These is my perfect test paper." (　　　　　)
2. "Great! This are my works." (　　　　　)
3. "Are that made of clay?" (　　　　　)
4. "Yes. Oh, those is Minky. Hi, Minky!" (　　　　　)

형광펜 쫘~악
지시대명사가 주어로 올 경우, this와 that은 단수동사, these와 those는 복수 동사와 같이 쓰여요.

Review Test
Unit 6 꽉 잡기

1. 다음 중 인칭대명사가 바르게 연결된 것을 고르세요.

① 1인칭 – you　② 2인칭 – he　③ 3인칭 – I　④ 3인칭 – they

2. 다음 인칭대명사 중 목적격으로 쓰인 것을 고르세요.

① they　② she　③ us　④ we

3. 다음 중 밑줄 친 부분을 바르게 바꾼 문장을 고르세요.

① That is Winky's pen. ➲ That is hers pen.
② These dolls are Dinky's. ➲ These dolls are his.
③ His teacher helps Pinky. ➲ His teacher helps hers.
④ Pinky's and Winky's pencils are red. ➲ They pencils are red.

4. 다음 중 밑줄 친 부분이 지시형용사로 쓰인 것을 고르세요.

① This book is thick.　② That is my cat.
③ These are rulers.　④ Those are pencils.

5. 다음 중 빈칸에 알맞은 인칭대명사를 고르세요.

I give the recorder to ________.

① him　② we　③ our　④ theirs

6. 다음 중 문장이 바르지 않은 것을 고르세요.

① I don't have my book.
② They pass the ball to her.
③ He gives his eraser to me.
④ She is proud of hers school.

7. 다음 중 올바른 문장을 고르세요.

① They like theirs dog.
② That baseball is mine.
③ My teacher teaches my well.
④ Bring yours homework to me tomorrow.

8. 다음 중 밑줄 친 소유대명사가 의미하는 것을 고르세요.

> Winky likes to play soccer. Pinky has a new soccer ball. Winky wants to borrow hers.

① Pinky
② Winky's bat
③ Pinky's soccer ball
④ Winky's soccer ball

9. 다음 중 올바른 문장을 고르세요.

① This ball are ours.
② That is my teachers.
③ Those are my new friends.
④ These are a her friend.

10. 다음 중 틀린 부분을 바르게 고친 것을 고르세요.

① This are pictures. ➜ This is pictures.
② These are my book. ➜ These is my book.
③ That is Winky's classrooms. ➜ That are Winky's classrooms.
④ This desk are too big for me. ➜ This desk is too big for me.

명사의 소유격 VS 대명사의 소유격

your, her 등은 인칭대명사의 소유격이에요. **his** book, **her** pencil, **their** chairs와 같이 쓰지요.
Winky's, Pinky's는 명사의 소유격 형태에요. 명사에 **'s**를 붙인 거예요.
mother's bag, **Mrs. Lee's** class처럼요.

be동사

be동사가 들어있는 긍정문이랑 부정문에 대해 알려드리겠습니다. 의문문도 빼놓을 수 없죠~ 어떻게 묻고 답하는지는 알아야 하니까요.

- be동사에는 am, are, is가 있고 '~이다, ~있다'로 해석해요.

  Winky's dad is a cook. 윙키의 아빠는 요리사이다.

  (is: be동사(~이다))

- be동사의 부정문은 be동사 뒤에 not을 붙여 만들어요.

  He is not a scientist. 그는 과학자가 아니다.

  (is not: be동사+not)

- be동사의 의문문은 「be동사+주어 ~?」의 순서가 되지요.

  Is he a good cook? 그는 훌륭한 요리사니?

  (Is he: be동사+주어)

be동사의 형태와 긍정문, 부정문

동사는 사람이나 사물의 동작이나 상태를 나타내는 말로, 동사에는 **be동사**, **일반동사**, **조동사**가 있어요.
그 중 be동사의 현재형은 '~이다, ~있다'라고 해석하며, 긍정문에서의 be동사는 주어에 따라 달라져요. 또한 주어와 be동사를 합쳐서 줄임말로 쓸 수도 있어요.

인칭	단수주어+be동사	줄임말	복수주어+be동사	줄임말
1인칭	I + am	I'm	We You They + are 복수명사	We're
2인칭	You + are	You're		You're
3인칭	He She + is It 단수명사	He's She's It's		They're

I am smart. 나는 똑똑하다.
= I'm

She is pretty. 그녀는 예쁘다.
= She's

He is in the kitchen. 그는 부엌에 있다.
= He's

We are in the kitchen, too. 우리도 부엌에 있다.
= We're

be동사의 부정문은 be동사 뒤에 not을 붙여서 「be동사+not」의 형태로 만들어요.

He is kind. 그는 친절하다. ➡ He **is not** kind. 그는 친절하지 않다.
(be동사+not)

They are happy. 그들은 행복하다. ➡ They **are not** happy. 그들은 행복하지 않다.
(be동사+not)

「be동사+not」을 줄여서 is not → isn't, are not → aren't로 쓸 수 있어요.
하지만 am not은 줄여서 쓸 수 없고, I'm not으로만 쓸 수 있어요.

He **isn't** kind. (○) 그는 친절하지 않다.

They **aren't** happy. (○) 그들은 행복하지 않다.

I *amn't* busy. (×) 나는 바쁘지 않다.

I'm not busy. (○) 나는 바쁘지 않다.

be동사가 들어간 긍정문을 부정문으로 바꾸어 쓰세요.

1. I am hungry. ➡ ____________________

2. He is a cook. ➡ ____________________

be동사의 의문문

1 be동사의 의문문은 be동사가 주어 앞에 나와서 「be동사+주어 ~?」의 순서가 돼요.

She is a student. 그녀는 학생이다.

Is she a student? 그녀는 학생이니?

2 be동사가 있는 의문문에는 be동사를 사용해서 대답해요. 이때 1인칭으로 물어보면 2인칭으로, 2인칭은 1인칭으로, 3인칭은 그대로 3인칭으로 대답해야 한다는 점에 주의하세요.

인칭	의문문(단수주어)	대답하는 말	의문문(복수주어)	대답하는 말
1인칭	**Am** I ~?	Yes, **you are**.	**Are** we ~? / you ~? / they ~?	Yes, **you are**.
2인칭	**Are** you ~?	Yes, **I am**.		Yes, **we are**.
3인칭	**Is** he ~? / she ~? / it ~?	Yes, **he is**. Yes, **she is**. Yes, **it is**.		Yes, **they are**.

Are you happy? 너는 행복하니?

→ **Yes, I'm** happy. 응, 행복해. / **No, I'm not** happy. 아니, 난 행복하지 않아.
긍정 / 부정

긍정으로 대답할 때
Yes, 주어+be동사.

부정으로 대답할 때
No, 주어+be동사+not.

be동사로 끝나는 긍정의 대답에는 줄임말을 쓸 수 없음.
Yes, *I'm*. (×)
→ Yes, I am. (○)

다음 긍정문을 의문문으로 바꾸어 쓰세요.

1. She is a scientist. → ______________________

2. They are good students. → ______________________

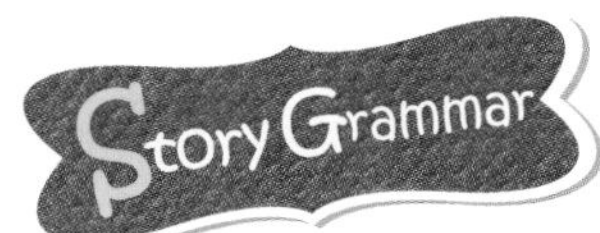

윙키의 이야기에서 be동사의 긍정문, 부정문, 의문문을 알아 보세요.

Winky and Pinky are in the kitchen.
Their dad is a good cook. He is busy cooking.
Plates, pots, and cups fly over the table.
He is nervous. Winky says, "Don't fly." They don't fly.

* *kitchen* 부엌 *plate* 접시 *pot* 냄비 *nervous* 불안한, 초조한

1. 윙키의 이야기에서 be동사를 찾아 모두 쓰세요. ______________________

2. Their dad is a good cook.을 부정문으로 바꾸어 쓰세요. ______________________

3. He is nervous.를 의문문으로 바꾸어 쓰세요. ______________________

Quiz Time 기초탄탄

 주어에 어울리는 be동사(am, are, is)를 쓰고, 줄임말을 바르게 연결하세요.

1. I ____________ ·　　　　· They're
2. You ____________ ·　　　　· It's
3. We ____________ ·　　　　· She's
4. He ____________ ·　　　　· We're
5. She ____________ ·　　　　· I'm
6. It ____________ ·　　　　· You're
7. They ____________ ·　　　　· He's

 보기에서 알맞은 말을 골라 넣어 문장을 완성하세요.

is	isn't	am	are

> **형광펜 쫘~악**
> 2명 이상의 사람 이름은 복수주어니까 be동사의 복수형 are를 써요.

lab 연구실
scientist 과학자
like ~와 같은
surprised 놀란

1

Winky and Pinky ________ in Mom's lab.

2

She ________ a scientist.

3

"I ________ small like an ant."

4

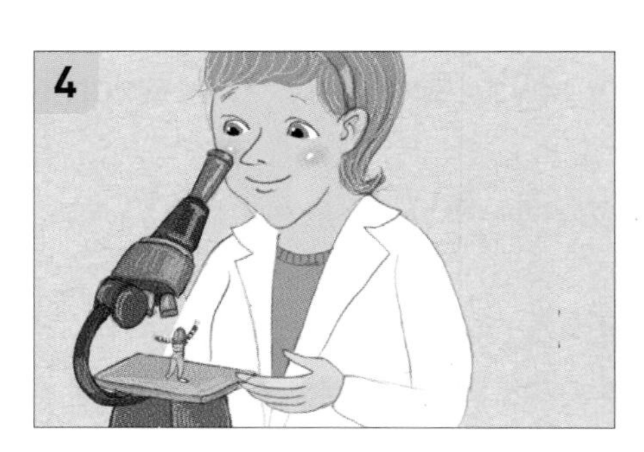

She ________ surprised.

 알맞은 be동사에 동그라미 하세요.

curry 카레

1. Dad (am / are / is) in the kitchen.
2. (Am / Are / Is) a tomato a vegetable?
3. Plates (am / are / is) on the table.
4. Vegetables (am / are / is) on a plate.
5. Curry (am / are / is) in a pot.
6. Rice (am / are / is) in a bowl.
7. He (am / are / is) happy.
8. He (am / are / is) a good cook.

D 알맞은 대답을 골라 동그라미 하세요.

1. Is this cape Winky's? (Yes, this is. / Yes, it is.)
2. Is Pinky in her room? (No, she aren't. / No, she isn't.)
3. Is Mom busy now? (Yes, she is. / Yes, I am.)
4. Is she a cook? (No, she aren't. / No, she isn't.)
5. Is Winky small like an ant? (Yes, he is. / Yes, he are.)
6. Is Pinky small, too? (No, she isn't. / No, she is.)
7. Is she surprised? (No, she isn't. / No, she aren't.)
8. Are they in Mom's lab? (Yes, they are. / Yes, they aren't.)

형광펜 쫘~악

「this+명사」를 지시대명사로 바꾸면 it이 돼요. 대답하는 문장의 주어는 this가 아닌 it이에요.

형광펜 쫘~악

No, they are not.
No, they're not.
No, they aren't.
모두 맞는 표현이에요.

A 빈칸에 알맞은 be동사를 쓰세요.

1. Winky and Pinky __________ in a job theme park.
2. They __________ in a future job exhibit hall.
3. There __________ many job models.
4. Who __________ that man?
5. __________ he a scientist?
6. No, he __________ not.
7. That girl __________ a police officer.
8. She __________ wonderful.
9. There __________ many jobs here.
10. I __________ on a stage.

형광펜 짜~악

there 다음에는 be동사의 단수형과 복수형이 모두 올 수 있어요.
There is+단수명사.
There are+복수명사.

job theme park 직업 체험관
future 미래의; 미래
exhibit hall 전시관
model 모델
stage 무대

B 틀린 부분에 동그라미 하고, 문장을 바르게 고쳐 다시 쓰세요.

1. Pinky and Winky am in the museum at night.
   ➡ ______________________________
2. They is scared.
   ➡ ______________________________
3. That are not a real statue.
   ➡ ______________________________
4. It are a secret.
   ➡ ______________________________
5. The statues is alive every night.
   ➡ ______________________________

museum 박물관
real 진짜의
statue 동상
secret 비밀

형광펜 짜~악

it과 that은 단수주어니까 be동사 is를 써요.

C 다음을 ▭ 안의 문장으로 바꾸어 다시 쓰세요.

1. They are on the second floor.
   - 부정문 ....
   - 의문문 ....

2. There is a stage.
   - 부정문 ....
   - 의문문 ....

3. Winky is a reporter.
   - 부정문 ....
   - 의문문 ....

second floor 2층
reporter 리포터

D 단어를 바르게 배열하여 문장을 완성하세요.

1. The | actors | the | stage | are | on
   배우들은 무대 위에 있다.
   - ....

2. The | is | on | bus | bus driver | not | the
   버스 운전사는 버스 안에 있지 않다.
   - ....

3. fire station | the | in | the | Is | firefighter
   소방관은 소방서 안에 있니?
   - .... ?

4. The | are | in | clinic | the | doctors
   의사들은 병원 안에 있다.
   - ....

actor (남자) 배우
firefighter 소방관
fire station 소방서
clinic 병원

복수주어와 복수동사로 바꾸어 문장을 다시 쓰세요.

hair salon 미용실
gown 가운
mirror 거울
hairdresser 미용사

1. This is a hair salon.

   ➲ ....

2. There is a gown and a mirror.

   ➲ ....

3. I am a hairdresser.

   ➲ ....

4. You are wonderful.

   ➲ ....

5. He is happy.

   ➲ ....

빈칸에 알맞은 be동사를 쓰세요.

over 끝나서
AM 오전
scared 겁이 난
all right 괜찮은

1. The night ________ over. 밤이 지났다.
2. What time ________ it now? 지금 몇 시니?
3. It ________ 9 AM. 아침 9시야.
4. We ________ too late. 우리는 너무 늦었어.
5. They ________ scared. 그들은 겁이 난다.
6. They ________ sleepy. 그들은 졸립지 않다.
7. ________ you all right? 너 괜찮니?
8. ________ you ready to go home? 너 집에 갈 준비되었니?
9. They ________ in an exhibit hall. 그들은 전시관에 있지 않다.
10. They ________ already in a house. 그들은 벌써 집에 있다.

C 다음을 be동사의 의문문으로 바꾸어 다시 쓰세요.

1. Dad is in the kitchen.

➔ ....

2. The heat on the stove is strong.

➔ ....

3. Breakfast is ready.

➔ ....

4. They are full.

➔ ....

형광펜 쫘~악

The heat on the stove는 길이가 긴 주부에요.

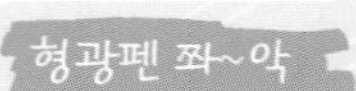

heat 열
stove 가스레인지
breakfast 아침식사
ready 준비된
full 배부른

D 의문문에 대답하는 문장을 쓰세요.

Is Pinky in a job theme park?

➔ 긍정의 대답 Yes, she is. 부정의 대답 No, she isn't.

1. Are Mom and Dad in the house?

➔ 긍정의 대답 ....

2. Is she tired?

➔ 부정의 대답 ....

3. Is Dinky in his house?

➔ 긍정의 대답 ....

4. Is Minky a little cat?

➔ 긍정의 대답 ....

5. Are they asleep?

➔ 부정의 대답 ....

형광펜 쫘~악

다음과 같이 Yes로 대답할 때는 줄임말을 쓰지 않아요.

Yes, I am. (○)
Yes, *I'm*. (×)
Yes, it is. (○)
Yes, *it's*. (×)

tired 피곤한
little 작은
asleep 잠이 든

Review Test
Unit 7 꽉 잡기

1. 다음 중 줄임말로 바르지 않은 것을 고르세요.

① aren't ② amn't ③ isn't ④ it's

2. 다음 중 바르게 쓰인 의문문을 고르세요.

① She is a housewife?
② Are you serious?
③ Is we tired?
④ Is you a cook?

3. 다음 중 빈칸에 알맞은 단어를 고르세요.

These plates ________ nice.

① are ② am ③ an ④ is

4. 다음 중 be동사의 의문문에 대한 대답으로 틀린 것을 고르세요.

① Yes, I'm.
② Yes, he is.
③ No, you're not.
④ No, it isn't.

5. 다음 중 그림에 맞는 문장을 고르세요.

① She is a math teacher.
② She is in front of the board.
③ The students are sleepy.
④ The students are excited.

6. 다음 빈칸에 공통으로 알맞은 것을 고르세요.

> • There ________ a cap.
> • It ________ a birthday present from my parents.

① are ② am ③ is ④ isn't

7. 다음 중 바르지 않은 문장을 고르세요.

① The books are on the desk.
② There are some carrots.
③ The cat is fat.
④ That men is tall.

8. 다음 문장을 영어로 고쳐 쓸 때, 빈칸에 알맞은 말을 쓰세요.

> 우리는 교실에 있지 않다.
> ➡ We ________ in a classroom.

9. 다음에서 틀린 부분을 찾아 밑줄을 긋고, 바르게 고쳐 다시 쓰세요.

> A: Is they in a market? B: Yes, they're.

10. 다음 중 의문문에 대한 대답으로 바르지 않은 것을 고르세요.

① Are you tired? ➡ Yes, I am.
② Am I fine? ➡ Yes, we are.
③ Is he a doctor? ➡ No, he isn't.
④ Is there a hospital? ➡ Yes, there is.

직업을 표현하는 다양한 방법

직업을 나타내는 단어는 어떻게 만들어질까요?

직업의 특징을 나타내는 명사나 동사 뒤에 다음과 같은 말이 붙으면 직업을 나타내는 단어가 돼요.

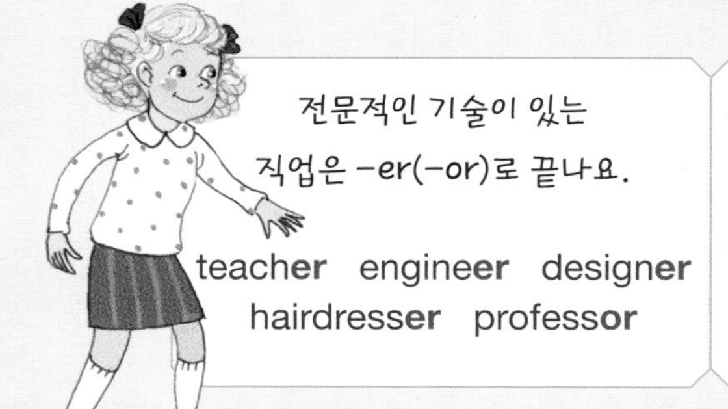

전문적인 기술이 있는 직업은 -er(-or)로 끝나요.

teach**er** engine**er** design**er** hairdress**er** profess**or**

특정분야(예술, 음악, 과학 등)의 창의적인 일을 하는 직업은 -ist로 끝나요.

scient**ist** novel**ist** art**ist**

그 외에도 -ian, -ant 등이 붙어 직업을 나타내요.

magic**ian** account**ant**

양성평등의 시대! 더 이상 -man이 아니에요.

최근에는 직업에 있어서도 남녀 구분이 없는 단어를 선호한답니다. 요즘에는 man이 붙는 단어들은 잘 쓰지 않고, 대신 다르게 바꿔 쓰지요.

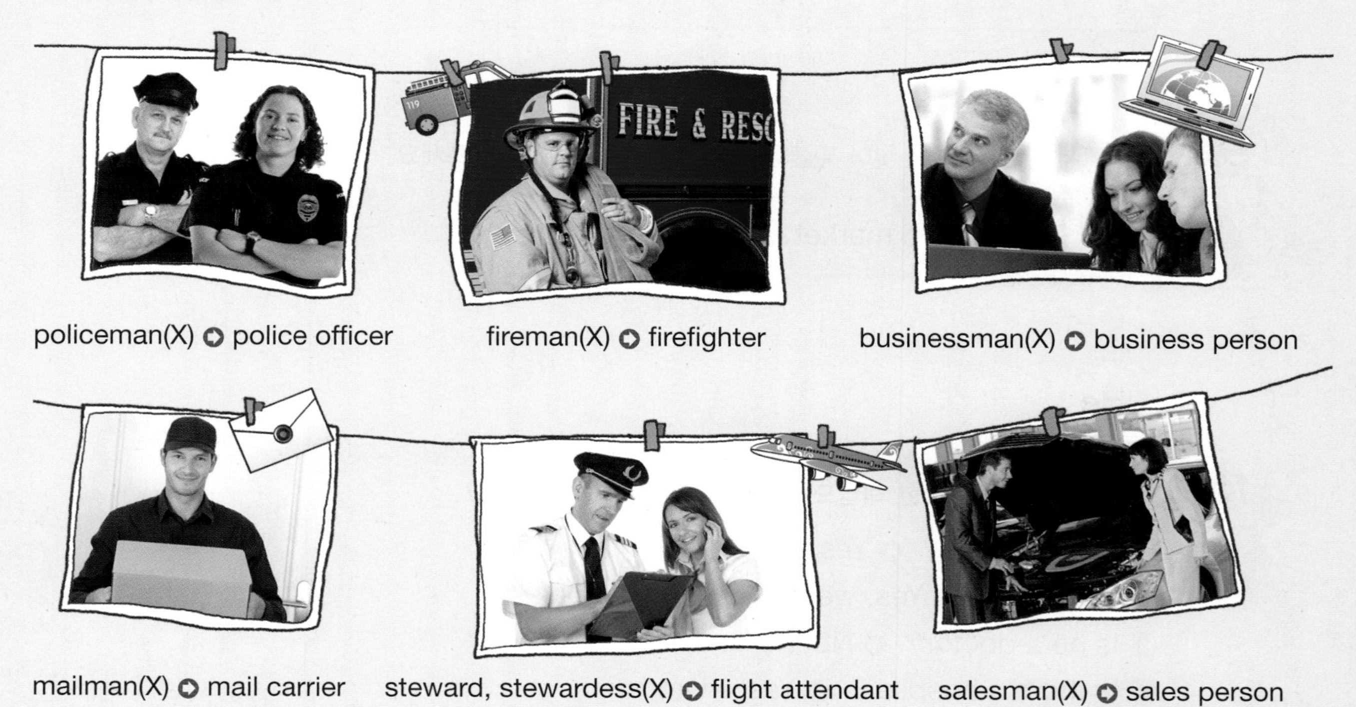

policeman(X) ➲ police officer

fireman(X) ➲ firefighter

businessman(X) ➲ business person

mailman(X) ➲ mail carrier

steward, stewardess(X) ➲ flight attendant

salesman(X) ➲ sales person

일반동사

be동사 말고 일반동사도 있다는데 어떻게 사용하면 될까?

일반동사의 부정문과 의문문도 만들어 보자.

✪ 일반동사는 사람이나 사물의 상태와 동작을 나타내며 주어에 따라 동사의 형태가 변해요.

Winky likes winter. 윙키는 겨울을 좋아한다.
(likes: 상태동사)

He goes to a ski resort. 그는 스키장에 간다.
(goes: 동작동사)

✪ 일반동사는 조동사 do나 does의 도움을 받아 부정문과 의문문을 만들어요.

Pinky doesn't like boarding. 핑키는 보드 타기를 좋아하지 않는다.
(doesn't like: 부정문)

Does she like skiing? 그녀는 스키를 좋아하니?
(Does ... like: 의문문)

일반동사의 쓰임과 형태

1 **일반동사**는 be동사나 조동사 이외의 동사를 말하며, 주어의 상태나 동작을 나타내요.

(1) 주어의 상태를 나타내는 상태동사에는 like, love, stay, want, have 등이 있어요.

Dinky **likes** snow. 딩키는 눈을 좋아한다.
(likes: 상태동사)

(2) 주어의 동작을 나타내는 동작동사에는 go, walk, run, eat, study, make 등이 있어요.

He **plays** in the snow. 그는 눈에서 논다.
(plays: 동작동사)

2 일반동사도 be동사처럼 주어의 인칭과 수, 시제에 따라 형태가 달라져요.

(1) 1, 2인칭 주어(I, You, We)와 3인칭 복수주어(They) 다음에 오는 동사로 현재시제를 나타낼 때는 일반동사 원래의 형태 그대로 쓰여요.

I **make** a snowman. 나는 눈사람을 만든다.

(2) 주어가 3인칭 단수이고 현재시제일 때는 일반동사의 형태가 바뀌어요.

• 대부분의 일반동사는 끝에 -s를 붙여요.

walk → walk**s** run → run**s** sleep → sleep**s**

• -o, -s, -x, -sh, -ch로 끝나는 일반동사에는 -es를 붙여요.

go → go**es** mix → mix**es** push → push**es** teach → teach**es**

• 「자음+y」로 끝나는 일반동사는 y를 i로 바꾸고 그 뒤에 -es를 붙여요.

stud**y** → stud**ies** tr**y** → tr**ies** cr**y** → cr**ies**

단, 「모음+y」로 끝나는 일반동사는 끝에 -s를 붙여요.

pla**y** → play**s** sa**y** → say**s**

• 예외적인 경우도 있어요. 이런 동사는 꼭 외워두는 게 좋아요.

have → **has**

상태동사는 동그라미, 동작동사는 세모표 하세요.

1. Winky and Dad have a snowball fight.
2. Pinky wants to make a snowman.

일반동사의 부정문과 의문문

일반동사의 부정문은 조동사 do나 does 뒤에 not을 붙여 일반동사의 원형(동사 뒤에 -s나 -es가 붙지 않는 원래의 형태) 바로 앞에 두어요.

(1) 주어가 I / We / You / They인 경우: do not〔don't〕+일반동사 원형

I **do not (= don't)** have any skiwear. 나는 스키복이 없다.

(2) 주어가 He / She / It(3인칭 단수)인 경우: does not〔doesn't〕+일반동사 원형

She **does not (= doesn't)** have any board wear. 그녀는 보드복이 없다.

일반동사의 의문문은 Do나 Does가 주어 앞에 와서 「Do / Does+주어+일반동사 원형 ~?」의 형태가 돼요.

(1) 주어가 I / We / You / They인 경우: Do+주어+일반동사 원형 ~?
(2) 주어가 He / She / It(3인칭 단수)인 경우: Does+주어+일반동사 원형 ~?
(3) 의문문에 대답할 때는 조동사 do (not)나 does (not)를 사용해서 대답해요.

Do you need goggles? 너는 고글이 필요하니?

➲ Yes, I **do**. / No, I **don't**. 응, 나는 필요해. / 아니, 나는 필요하지 않아.

Does she have a mask? 그녀는 마스크를 가지고 있니?

➲ Yes, she **does**. / No, she **doesn't**.
응, 그녀는 가지고 있어. / 아니, 그녀는 가지고 있지 않아.

do나 does를 문장에 맞게 고쳐서 (   ) 안에 쓰세요.

1. (   ) you have any skiwear?

2. He (   ) not have any skiwear.

밑줄 친 문장에서 일반동사를 찾아 동그라미 하고, 의문문으로 고쳐 쓰세요.

Minky sleeps on the sofa. She dreams.
Pinky wears pink skiwear. Winky wears purple skiwear.
They ski. Minky looks at them.
Minky doesn't have any skiwear. Minky wants to ski.

* *dream* 꿈을 꾸다 *skiwear* 스키복

1. 의문문 ______________________ ➲ 대답 ______________________

2. 의문문 ______________________ ➲ 대답 ______________________

다음 일반동사의 쓰임에 동그라미 하세요.

1. go – (상태동사 / 동작동사)
2. like – (상태동사 / 동작동사)
3. buy – (상태동사 / 동작동사)
4. need – (상태동사 / 동작동사)
5. pick – (상태동사 / 동작동사)
6. want – (상태동사 / 동작동사)
7. push – (상태동사 / 동작동사)
8. give – (상태동사 / 동작동사)

형광펜 쫘~악

상태동사란, 움직임이 없는 '상태'를 표현하는 동사를 말해요. 동작동사는 '움직임'을 표현하는 동사를 뜻해요.

pick 고르다
push 밀다

밑줄 친 일반동사의 형태가 맞으면 동그라미, 틀리면 ×표 하세요.

1. Winky go to the store with his family. ....
2. Dad needs gloves. ....
3. He buies gloves. ....
4. He walks up to Winky. ....
5. Winky picks some skiwear. ....
6. He wantes to buy some purple skiwear. ....
7. Winky pushs the fitting room door. ....
8. He tries on the clothes. ....

형광펜 쫘~악

주어가 3인칭 단수인 경우에는 주어 뒤에 오는 일반동사의 형태가 달라져요.

fitting room
(옷가게의) 옷을 입어보는 방, (운동 선수들의) 탈의실

 부정문의 형태로 올바른 것을 골라 동그라미 하세요.

1. I (don't / doesn't) have a ski jacket.
2. You (don't / doesn't) take the elevator.
3. He (don't / doesn't) buy a bag.
4. She (don't / doesn't) need any ski boots.
5. We (don't / doesn't) go to the restroom.
6. They (don't / doesn't) eat lunch.
7. Winky (don't / doesn't) pick a hat.
8. Winky and Pinky (don't / doesn't) run in the shop.

restroom
(극장, 호텔 등의) 화장실

형광펜 짜~악

do not은 줄여서 don't로, does not은 줄여서 doesn't로 써요.

 의문문과 그 대답에서 올바른 동사를 골라 동그라미 하세요.

take a nap 낮잠 자다
living room 거실

1. (Do / Does) I buy any skiwear?
   - Yes, you (do / does).
2. (Do / Does) you wash your hands?
   - Yes, I (do / does).
3. (Do / Does) Minky take a nap?
   - No, it (don't / doesn't).
4. (Do / Does) we go back home?
   - Yes, we (do / does).
5. (Do / Does) Minky and Dinky look at Winky's family?
   - No, they (don't / doesn't).
6. (Do / Does) they stand in the living room?
   - No, they (don't / doesn't).

A 밑줄 친 동사를 아래 기준에 맞게 분류해 쓰세요. 단, 동사원형으로 쓰세요.

Minky <u>wants</u> to <u>go</u> to a ski resort.

Dinky <u>opens</u> the window.

It is snowing outside. They <u>feel</u> the cold.

Winky's father <u>starts</u> a fire in the fireplace.

상태동사	동작동사

형광펜 짜~악

상태동사는 움직임이 없어요. 동작동사는 움직임이 있어요.

ski resort 스키장
start a fire 불을 지피다
fireplace 벽난로

B 빈칸에 (   ) 안의 동사를 바르게 바꿔 써서 문장을 완성하세요.

1. Winky's family ____________ to a ski resort. (go)
2. Winky and Pinky ____________ their luggage. (pack)
3. Mom ____________ some delicious sandwiches. (make)
4. Minky and Dinky ____________ in the living room. (run)
5. Winky ____________ for his gloves. (look)
6. Pinky ____________ his gloves out of his bag. (take)
7. They ____________ their luggage with their parents. (check)

pack (짐 등을) 꾸리다, 싸다
luggage 짐
look for ~을 찾다

C 긍정문을 부정문으로 바꿀 때 빈칸에 알맞은 말을 쓰세요.

1. Winky's family arrives at the ski resort.
   ➲ Winky's family ________ ________ at the ski resort.

2. They get out of the car.
   ➲ They ________ ________ out of the car.

3. Pinky holds Minky and Dinky.
   ➲ Pinky ________ ________ Minky and Dinky.

4. Mom gets the room key from the front desk.
   ➲ Mom ________ ________ the room key from the front desk.

5. Dad and Winky carry their luggage.
   ➲ Dad and Winky ________ ________ their luggage.

형광펜 짜~악

긍정문을 부정문으로 바꿀 때는 주어를 잘 보세요. 주어가 3인칭 단수인 경우에는 doesn't를 동사원형 앞에 붙여야 해요.

arrive at ~에 도착하다
get out of ~에서 내리다
hold 가지고 가다
front desk (호텔 등의) 프론트
carry (짐을) 옮기다

D 다음을 의문문으로 바꿔 쓸 때 빈칸에 알맞은 말을 쓰세요.

1. Mom brings their luggage into the room.
   ➲ ________ Mom ________ their luggage into the room?

2. Dad makes a meal.
   ➲ ________ Dad ________ a meal?

3. Dinky and Minky sit on the sofa with Pinky.
   ➲ ________ Dinky and Minky ________ on the sofa with Pinky?

4. Dinky and Minky feel so happy.
   ➲ ________ Dinky and Minky ________ so happy?

형광펜 짜~악

의문문 만드는 방법
Do+주어(I/you/we/they)+동사원형 ~?
Does+주어(he/she/it)+동사원형 ~?

make a meal 식사를 만들다
feel happy 행복하다

A 보기에 있는 동사를 빈칸에 알맞게 바꾸어 써서 문장을 완성하세요.

put on lie have watch put take

1. Winky's mom ______ skiwear out from a bag.
2. Winky ______ ______ his skiwear.
3. Pinky ______ chocolate.
4. Dinky and Minky ______ on a sofa.
5. They ______ TV on the sofa.
6. Winky's dad ______ lunch box into a refrigerator.

put on 입다
have 먹다
lie 눕다
take out 꺼내다
refrigerator 냉장고

B 단어나 구를 바르게 배열하여 문장을 완성하세요.

1. together / They all / take the ski lift
   ➲ ______________________.
2. fast / Mom and Dad / ski
   ➲ ______________________.
3. slowly / Winky / follows / them down
   ➲ ______________________.
4. falls / Pinky / down
   ➲ ______________________.

take the ski lift 리프트를 타다
fall down 넘어지다

C 단어나 구를 바르게 배열하여 문장을 만든 후, 부정문으로 다시 바꾸세요.

1. take We showers ➡ ______.
   부정문 ______.
2. makes bulgogi Dad ➡ ______.
   부정문 ______.
3. sets Pinky the table ➡ ______.
   부정문 ______.
4. Mom the dishes washes ➡ ______.
   부정문 ______.
5. on the sofa lie They ➡ ______.
   부정문 ______.

형광펜 쫘~악

3인칭 단수주어 뒤에 오는 일반동사는 동사원형에 -s 또는 -es, -ies를 붙여요.

take a shower
샤워하다
set the table
상 차리다

D 다음을 의문문으로 바꾼 뒤, 그림을 보고 Yes와 No를 사용하여 대답하세요.

1. Mom and Dad sit on the sofa.
   ______ ➡ ______
2. Mom plays the guitar.
   ______ ➡ ______
3. Pinky and Winky watch TV.
   ______ ➡ ______
4. Dinky dances with Minky.
   ______ ➡ ______
5. They have food in the living room.
   ______ ➡ ______

play the guitar
기타를 치다
have food
음식을 먹다

Review Test Unit 8 꽉 잡기

1. 다음 중 상태동사를 고르세요.

① run ② cook ③ want ④ play

2. 다음 중 뒤에 오는 일반동사의 형태가 원래의 형태와 같은 주어를 고르세요.

① Winky ② mother ③ she ④ we

3. 다음 중 3인칭 주어가 올 경우에 동사의 변화가 다른 것을 고르세요.

① try ② study ③ say ④ fry

4. 알맞은 단어에 동그라미 하세요.

1) I (make / makes) bulgogi.
2) Winky (go / goes) swimming.
3) We (study / studies) English.

5. 다음 중 부정문으로 바꿀 때 쓰이는 조동사의 형태가 다른 것을 고르세요.

① I eat meat.
② He drinks tea.
③ A puppy barks.
④ Grandfather cooks.

6. 다음 중 올바른 문장을 고르세요.

① Does you ride a bicycle?
② Do Tom and Sue go to school?
③ Does they eat dinner?
④ Do she sing?

7. 그림을 보고, 빈칸에 알맞은 말을 넣어 문장을 완성하세요.

1) I __________ English. I don't study English.

2) He goes to sleep. He __________ __________ to sleep.

3) We __________ meat. We don't like meat.

8. 질문에 맞는 답을 골라 서로 연결하세요.

1) Does Emma like apples? • • Yes, I do.
2) Do you go on a trip? • • Yes, they do.
3) Do they watch television? • • No, she doesn't.

9. 틀린 부분을 바르게 고쳐 문장을 다시 쓰세요.

1) Does she has a spot on her face? ➡ ....
2) They doesn't eat dinner. ➡ ....
3) Does he likes cooking? ➡ ....
4) Dad reades the newspaper. ➡ ....

10. 단어나 구를 바르게 배열하여 문장을 완성하세요.

1) like / chocolate / I ➡ ....
2) English / Does / only speak / she ➡ ....?
3) doesn't / the dishes / Dad / do ➡ ....

미국인들이 즐기는 스포츠

Brian will hold the super bowl house party.

슈퍼볼 Super Bowl

미국 프로 미식축구 NFC 우승팀과 AFC 우승팀이 겨루는 챔피언 결정전이에요. 슈퍼볼 경기가 열리는 2월 첫째 주 일요일을 '슈퍼(볼) 선데이'라고 하는데, 이날은 보통 TV 앞에 모여 파티를 열어요.

미국 야구 메이저리그 Major League Baseball

미국 프로야구의 아메리칸 리그(American League) 14개 팀과 내셔널리그(National League) 16개 팀을 아우르는 말로, 빅 리그(Big League)라고도 해요. 각각 동부지구, 중부지구, 서부지구로 나뉘어 정규 시즌을 치러요.

※**rain check** 비가 와서 야구경기가 취소되면 다음 경기 티켓으로 교환해 주는 데서 나온 말로 '우천 교환권'이라는 뜻이에요. 야구경기뿐 아니라 어떤 일을 다음으로 미루고 싶을 때 "Sorry. I will take a rain check. (미안. 다음에 하자.)"라고 하면 돼요.

미국 농구 NBA(National Basketball Association)

1949년에 설립된 미국 프로농구협회를 말해요. 매년 11월에 게임을 시작해 2월경에 올스타 전을 하고 6월에 챔피언을 가리는데, 정규시즌 MVP와 결승전 MVP를 따로 뽑아요.

※**playoffs** 30개 팀 중 16팀이 경기해서 결승에 오를 두 팀을 뽑는 경기에요.

정답 및 해설

문장의 단위와 종류

문장의 단위 Check p.14

1. Pinky is at home. 2. She plays with a ball.

문장의 규칙과 종류 Check p.15

1. 평서문 2. 의문문

Story Grammar

1. to ride on the roller coaster, on the roller coaster
2. • What is your height? 키가 몇이니?
   • Hooray! How exciting! 야호! 정말 신난다!
   • Ride on the roller coaster. 롤러코스터를 타라.

해석 윙키와 핑키는 롤러코스터 타는 것을 좋아해요.
한 남자가 말해요. "키가 몇이니? 흠, 넌 작지 않구나. 롤러코스터를 타거라."
윙키와 핑키는 소리쳐요. "야호! 신난다! 가자."

Quiz Time 기초 탄탄 p.16

A 1. boy 2. park 3. family
4. ride 5. shout 6. height

B 1. 5개 2. 5개 3. 5개 4. 4개

C 1. × 2. × 3. ○
4. × 5. ○

D 1. He wants to ride the bumper car.
2. Let's go ride the bumper cars.
3. Is it a fun ride?
4. She does not want to ride it.
5. What an awesome day!

E 1. 평서문 2. 청유문 3. 평서문 4. 평서문
5. 명령문 6. 명령문 7. 감탄문 8. 평서문
9. 청유문 10. 감탄문

해설
D 5. What을 이용한 감탄문: What + a(n) + 형용사 + 명사 (+주어 + 동사)!

Quiz Time 기본 튼튼 p.18

A 1. Winky eats a slice of pizza.
2. What a delicious pizza!
3. Pinky does not like the pizza.
4. She wants to eat a salad.
5. She eats ice cream for dessert.

B 1. 평서문 2. 명령문 3. 의문문
4. 청유문 5. 감탄문

C 1. they sit on a bench?
➲ They sit on a bench.
2. let's Rest for a bit here.
➲ Let's rest for a bit here.
3. pinky, Did you have fun.
➲ Pinky, did you have fun?
4. Yes, i had so much fun?
➲ Yes, I had so much fun.
5. Oh, What a great idea.
➲ Oh, what a great idea!

D 1. Let's go to the ghost house.
2. There is a ghost in the ghost house.
3. Is it dark in the ghost house?
4. How scared she is!
5. Let's run out of the ghost house.

Quiz Time 실력 쑥쑥 p.20

A 청유문, 의문문, 평서문, 감탄문, 평서문, 명령문

B 1. Go to the penguin show.
2. Does the penguin show start at 2 o'clock?
3. How smart the penguin is!
4. Let's watch the penguin's talent.

C 1. What 2. Don't 3. dangerous
4. How 5. magicians 6. Let's

Review Test Unit 1 꽉 잡기 p.22

1. ② 2. ③ 3. A girl plays the piano.
4. ④ 5. ② 6. ② 7. ③ 8. ③
9. ④ 10. ④

해설
1. apple, orange, umbrella는 모음(a, e, i, o, u)으로 시작한다.
2. 문장은 단어들의 집합으로, 주어와 동사를 반드시 포함한다. 문장의 첫 글자는 대문자로 쓰며, 끝에는 문장의 종류에 따라 온점이나 느낌표, 물음표를 붙인다.
3. 문장에서 중간에 나오는 단어는 특별한 경우가 아니면 대문자로 쓰지 않는다. 평서문은 끝에 온점을 찍는다.
6. you(너) 다음에 be동사를 쓸 때는 are를 사용한다. 따라서, You are nervous.를 의문문으로 고치면 Are you nervous?가 된다.

9. 감탄문은 「What + a(n) + 형용사 + 명사 + 주어 + 동사!」, 「How + 형용사 / 부사 + 주어 + 동사!」의 순서로 쓴다. She / He가 주어일 경우, 일반동사의 의문문은 Does를 사용하여 만든다.
10. ① home 앞에는 to(~로)를 붙이지 않는다. 따라서 Don't go home.이라고 해야 맞다.
③ school 앞에는 to(~로)를 붙인다. 따라서 Let's go to school.이라고 써야 맞다.

Unit 2 품사와 문장의 구성요소

품사 Check p.26

1. They search for a small cat.
2. It is on the big tree.

문장의 구성요소 Check p.27

1. Pinky / finds the cat behind the tree.
(주어) (서술어) (목적어) (수식어구)
2. She / runs very fast.
(주어) (서술어) (수식어) (수식어)

Story Grammar

1. Winky and Pinky / come back home.
(주부) (술부)
2. • Dad • opens • quickly • on
• They • delicious • and • Wow

윙키와 핑키가 집에 돌아와요.
아빠는 맛있는 저녁을 만드세요. 그들은 저녁을 먹은 후 침대 위에서 뛰어요. 아빠가 문을 열고 말씀하세요.
"잘 시간이다." 핑키가 재빨리 침대에 누워요. 와우! 오늘은 정말 즐거운 하루였어요.

Quiz Time 기초 탄탄 p.28

A 1. mother — 명사
2. short — 형용사
3. but — 접속사
4. this — 대명사
5. tell — 동사
6. in — 전치사
7. very — 부사
8. oh — 감탄사

B 1. 명사, 명사　2. 대명사, 형용사
3. 동사, 전치사　4. 부사
5. 감탄사, 전치사　6. 동사, 부사
7. 접속사, 형용사

C 1. 주어　2. 목적어　3. 보어　4. 보어
5. 수식어　6. 서술어　7. 목적어　8. 보어
9. 서술어　10. 목적어

D 1. I / sleep with my dog.
2. Dad / turns off the light.
3. Dad / reads a book in his room.
4. He / wears eyeglasses.
5. A cat / lies down under the chair.
6. Mom / listens to the radio in the living room.
7. Mom / pets the cat.

Quiz Time 기본 튼튼 p.30

A 명사: Winky, cheese, cat
대명사: He, She
동사: likes, is, walks
형용사: yellow, cold
부사: slowly
접속사: and
전치사: at, on
감탄사: Wow

B 1. lunch (명사)　2. wash (동사)
3. around (전치사)　4. eat (동사)
5. delicious (형용사)　6. neatly (부사)
7. and (접속사)

C 1. I drink water with a cup.
2. Dinky takes a rest.
3. A bird sings happily.

D 1. We (주어)　2. butterfly (목적어)
3. want (서술어)　4. next time (수식어구)

Quiz Time 실력 쑥쑥 p.32

A 1. Winky washes his face.
명사 동사 대명사 명사
2. He brushes his teeth.
대명사 동사 대명사 명사
3. Winky's mom reads books to Winky and Dinky.
명사 명사 동사 명사 전치사 명사 접속사 명사

B 1. on　2. and　3. But　4. with

C
1. I · · washes Minky's face.
2. Pinky · · come home with my sister.
3. Minky · · likes to wash her face.
4. Dinky · · reads a book.
5. Dad · · makes dinner.
6. Pinky and I · · takes a rest.
7. Mom · · drinks milk.
8. Dinky · · wash the dishes.

D 1. makes 2. brings 3. has 4. is

Review Test Unit 2 꽉 잡기 p.34

1. ④ 2. ② 3. ④ 4. ②
5. ③ 6. ③ 7. ④ 8. ③
9. 1) 명사 2) 대명사 3) 동사 4) 감탄사
10. 1) I run fast. 2) I'm happy.

해설
1. look은 주로 동사로 쓰인다.
2. 빈칸에 들어갈 품사는 동사이다.
①은 명사, ③은 형용사, ④는 부사이다.
3. happy는 형용사, happily는 부사이다.
5. ① 서술어는 주어의 동작이나 상태를 나타낸다.
② 보어는 주어를 보충 설명한다.
④ 수식어는 문장의 주요소를 꾸며주는 역할을 한다.
6. friend는 명사이고 나머지는 모두 동사이다.
7. good은 형용사, slowly는 부사이다.
10. 형용사에 -ly를 붙이면 부사가 되는 경우가 많지만, fast는 -ly를 붙이지 않고 부사로 사용된다.

Super Duper Fun Time p.36

1. Frog 2. smart, frog
3. He, goes 4. He, happily
5. and, in 6. Wow

Unit 3 명사와 관사

명사의 의미와 종류 Check p.38

1. Pinky's cat likes cake and juice.
2. She buys some tomatoes and milk.

관사의 종류와 쓰임 Check p.39

1. There is (a) big store. They go into (the) store.
부정관사 정관사
2. Let's take (the) elevator.
정관사

Story Grammar

Winky goes to (a) hat shop with his mom.
There is (a) parrot in (the) shop.
(The) parrot says, "Hello!"
Winky likes (a) blue cap.
He buys (the) cap.
1. Winky, mom 2. parrot
3. shop 4. hat, cap

윙키는 엄마와 함께 모자 가게로 가요. 그 가게 안에는 앵무새가 있어요. 그 앵무새가 "안녕!" 하고 말해요. 윙키는 파란색 모자가 마음에 들어요. 그는 그 모자를 사요.

Quiz Time 기초 탄탄 p.40

A 1. happy 2. and 3. ask 4. begin
5. down 6. go 7. pretty 8. give

B 1. bread cap 2. milk table
3. apple air 4. juice rabbit
5. potato Tom 6. sugar key
7. orange money 8. doll cake
9. water elephant 10. book oil

C 1. a, The 2. a, The 3. a, The
4. a, the 5. A, The

D 1. a 2. the 3. the 4. the
5. the 6. an 7. the

Quiz Time 기본 튼튼 p.42

A
1. Dad, dinner, menu
2. Dad, milk, cheese, refrigerator
3. vegetables
4. tomatoes, salad, dressing
5. magic, time
6. pepper, mayonnaise, air
7. sauce, container

B 1. puppy 2. dad 3. juice 4. cake
5. dish

C 1. an, The 2. a, The, the
3. the, The 4. a, The

D 1. He eats (the) lunch. ➡ He eats lunch.
2. He stops (an) time. ➡ He stops time.
3. A puppy doesn't stop. He thinks (an) puppy is weird. ➡ A puppy doesn't stop. He thinks the puppy is weird.
4. Hey, look at (a) puppy over there. ➡ Hey, look at the puppy over there.
5. (An) puppy is talking. ➡ The puppy is talking.

해설

D 2. time 등의 셀 수 없는 명사에는 일반적으로 관사를 붙이지 않는다. 상대방이 알고 있는 것을 가리킬 때는 정관사 the를 붙인다.

Quiz Time 실력 쑥쑥 p.44

A a, The, a, the, The, a, The /
B 1. scientist 3. airplane 6. love
C 1. sale 2. dress 3. magic
4. clothes 5. clerk
D 1. They go down to the 1st floor.
2. Dad brings the puppy.
3. He explains about the puppy.
4. Winky speaks to the puppy.
5. A puppy cannot talk.
6. Just then, the puppy talks.
7. The puppy's name is Dinky.

해설

C 1. have a sale 세일하다
4. clothes 옷
5. clerk 점원
D 5. A puppy cannot talk.에서 부정관사 A는 종류[종족] 전체를 대표하는 말이다.

Review Test Unit 3 꽉 잡기 p.46

1. ③ 2. ④
3. oil, air, milk, sugar, paper, cake, Korea, friendship
4. ③ 5. ① 6. ②
7. ① 8. ② 9. ②
10. 1) I have breakfast every day.
2) I have a cold.
3) I play soccer.

해설

1. happy는 명사가 아니고 형용사이다.
4. 관사 뒤에는 동사가 올 수 없다.
6. ② 악기 이름 앞에는 정관사 the가 온다.
④ once a day는 '하루에 한 번'이라는 뜻인데, 이때의 a는 '~마다(per)'라는 의미이다.
8. 보기에 있는 정관사 the는 서로 알고 있는 것을 지칭하는 the이다.
10. 식사와 운동경기 앞에는 관사를 붙이지 않는다.

Unit 4 셀 수 있는 명사

셀 수 있는 명사의 단수형 Check p.50

1. cat, bag, pen
2. ant, apple, egg

셀 수 있는 명사의 복수형 Check p.51

There is (a hen) in the yard. There are also cats and geese.

Story Grammar

1. a new magic store, A big pumpkin, A fat cat, an apple, A broom, A girl, a wig and a cape, A boy, an owl
2. two golden hens and five eggs

윙키가 새로운 마법 상점에 가요.
큰 호박이 의자 위에 있어요. 뚱뚱한 고양이가 사과를 먹어요. 빗자루가 선반 위에 있어요. 황금 암탉 두 마리와 다섯 개의 달걀도 있어요. 소녀는 가발과 망토를 가지고 놀아요. 소년은 부엉이에게 말을 해요.

Quiz Time 기초 탄탄 p.52

A 1. a 2. an 3. a 4. a
5. an 6. an 7. a 8. an
B 1. a 2. an 3. a 4. a
5. A 6. an 7. A 8. an
C 1. wigs 2. monkeys 3. buses
4. witches 5. mice 6. boys
7. wives 8. potatoes 9. benches 10. sheep
D 1. men 2. babies 3. teeth
4. balloons 5. leaves 6. buses
7. tomatoes 8. Geese

Quiz Time 기본 튼튼 p.54

A 1. Winky sees **an** old lamp in the room.
2. **A** white owl sits on the desk.
3. A girl wears **a** uniform in the room.
4. An old lady has **an** umbrella.
5. **An** ant dances with a ladybug.

B 1. (A) old man wears a nice hat.
➲ An old man wears a nice hat.
2. A donkey is eating (a) orange.
➲ A donkey is eating an orange.
3. A girl wears (an) magic uniform.
➲ A girl wears a magic uniform.
4. A snowman has (an) blue eye.
➲ A snowman has a blue eye.
5. Winky catches (a) angry cat.
➲ Winky catch an angry cat.

C 1. Three **knives** are in the kitchen.
2. Winky looks at two chocolate **houses**.
3. A baby plays with three **butterflies**.
4. Many **leaves** fall off the magic tree.
5. Two **ladies** look at Cinderella's glass shoes.

D 1. (Sheeps) come out of the magic book.
➲ Sheep come out of the magic book.
2. Two (wolfes) look at the rabbits.
➲ Two wolves look at the rabbits.
3. (Childes) eat cotton candy.
➲ Children eat cotton candy.
4. Two (monkeies) jump on the carpet.
➲ Two monkeys jump on the carpet.
5. Winky looks at many (toy) in the box.
➲ Winky looks at many toys in the box.

해설

A 3. uniform은 철자가 u로 시작되었으나 첫소리가 자음이므로 앞에 an이 아니라 a가 오게 된다.

C 1. f나 fe로 끝나는 명사의 복수형은 f나 fe를 v로 바꾼 후 -es를 붙인다.
3. 「자음+y」로 끝나는 명사의 복수형은 y를 i로 고치고 -es를 붙인다.

Quiz Time 실력 쑥쑥 p.56

A 1. A magic store opens in our village.
2. They sell an honest mirror.
3. There is a black spider in the store.
4. You meet an old witch there.
5. She finds a magic book.

B magic books, owls, an old witch, lamps

C 1. There are seven dwarfs in the store.
2. Babies play with the beautiful butterflies.
3. Fairies dance on the flower happily.

D 1. leaves 2. brooms 3. dwarfs 4. fairies

Review Test Unit 4 꽉 잡기 p.58

1. ④ 2. ② 3. ①
4. ③ 5. 1) a 2) an 6. ②
7. ① lilies ② toys ③ hobbies ④ babies / ②
8. ④ 9. 1) wives 2) feet 3) deer
10. 1) There are many babies in the park.
2) Brush your teeth.

해설

7. 명사의 복수형을 만들 때 「자음+y」로 끝나는 명사는 y를 i로 바꾸고 -es를 붙인다.
「모음+y」로 끝나는 명사는 그냥 그 뒤에 -es를 붙인다.
8. glasses, pants, shoes, gloves 등과 같이 항상 짝을 이루는 단어들은 복수 취급을 한다.

Unit 5 셀 수 없는 명사

셀 수 없는 명사의 종류 Check p.62

1. We drink (water) after playing (soccer).
2. We go to the bakery and buy some (bread).

셀 수 없는 명사의 수량 표현 Check p.63

1. Pinky orders (two slices of) pizza and (a glass of) milk.
2. Winky orders (a slice of) cheese, (two pieces of) bread, and (a can of) Coke.

Story Grammar

1. bread, juice, Butter
2. two slices of, some

윙키는 마법책을 펴요. 책 속에서 농장 아저씨가 젖소 우유를 짜고 있어요. 바구니 안에 빵 두 조각과 주스가 있어요. 빵 위에는 버터가 발라져 있어요. 윙키가 책 속 농장으로 들어가요.

Quiz Time 기초 탄탄 p.64

A **1.** water **2.** butter **3.** love
5. bread **6.** milk **8.** oil

B
1. juice
2. homework
3. bread
4. Winky
5. China
6. dinner
7. luck
8. milk
9. lunch
10. money

고유명사
추상명사
물질명사

C
1. glass, water
2. slices, cheese
3. glasses, milk
4. piece, cake
5. bottle, juice
6. pieces, pizza
7. sheets, paper
8. loaf, bread
9. can, corn
10. bottles, shampoo

D **1.** × **2.** □ **3.** × **4.** □ **5.** ×, ×

Quiz Time 기본 튼튼 p.66

A **1.** bread **2.** milk **3.** fruit
4. water **5.** soap **6.** toothpaste

B **1.** Ranchy **2.** America **3.** milk and cheese
4. Jane **5.** bread **6.** some butter

C **1.** loaves **2.** glasses **3.** bottles **4.** a little
5. slices **6.** some **7.** pieces **8.** slices

D **1.** pizza **2.** pieces **3.** bottles **4.** a lot of
5. water **6.** can

해설

A **6.** '치약'은 toothpaste로 셀 수 없는 명사이고, 복수로 나타낼 땐 two tubes of toothpaste처럼 쓴다.

Quiz Time 실력 쑥쑥 p.68

A **1.** Winky plays soccers with a man.
➲ Winky plays soccer with a man.
2. They need a lot of waters.
➲ They need a lot of water.
3. They drink two bottles of apple juices.
➲ They drink two bottles of apple juice.
4. They take four loaf of bread in a basket.
➲ They take four loaves of bread in a basket.
5. Winky eats lots of breads.
➲ Winky eats lots of bread.

B **1.** A farmer's wife puts a little flour into a bowl.
2. She makes some bread.
3. She adds a spoon of sugar into the bowl.
4. She bakes a lot of bread.
5. She cuts three pieces of bread.

C **1.** some butter **2.** two pieces
3. three slices

D **1.** bottle **2.** slices **3.** piece **4.** glass

Review Test Unit 5 꽉 잡기 p.70

1. ② **2.** ④ **3.** ③ **4.** ③
5. 1) loaves 2) glass 3) sheets 4) piece
6. ① **7.** ④ **8.** ② **9.** ④
10. 1) water 2) juice 3) pie 4) bread

해설

2. water, money는 셀 수 없는 명사이다.
3. snack, help는 셀 수 없는 명사이다.
4. 셀 수 없는 명사는 some, much, a lot of, a little과 조각의 수(a piece of), 잔의 수(a glass of) 등으로 수량을 나타낸다.
6. a glass of water라고 해야 옳다.
7. ①, ②는 물질명사, ③은 추상명사, ④의 Korea는 고유명사, cup은 셀 수 있는 명사이다.
8. sugar는 셀 수 없는 명사이므로 -s를 붙이지 않는다.
9. ①, ②, ③은 고유명사이고, ④는 추상명사이다.

Unit 6 인칭대명사와 지시대명사

인칭대명사의 주격과 목적격 Check p.74

He likes me. I take him outside of the school.

인칭대명사의 소유격과 소유대명사 Check p.75

1. mine **2.** yours

지시대명사의 종류와 쓰임 Check p.75

1. 대　2. 형

Story Grammar

1. We, They, I, My, my, yours
2. This, that

우리는 오늘 5교시 수업이 있어요. 그것들은 수학, 음악, 체육, 미술 그리고 마법 수업이에요. 나는 마법 수업을 최고로 좋아해요. 내 친구 앨리스가 "봐! 이게 내 마법 지팡이야. 저것은 네 것이니?"라고 말해요.

Quiz Time 기초 탄탄 p.76

A 1. I　2. He　3. I　4. me
5. She　6. her　7. it　8. us

B 1. 소　2. 소　3. 소　4. 소
5. 대　6. 대　7. 대　8. 대

C 1. I　2. My　3. us　4. We
5. him　6. his　7. me

D 1. 형　2. 대　3. 형　4. 형
5. 대　6. 대　7. 대　8. 형

해설

A 인칭대명사의 격은 대명사의 위치에 따라 달라진다. 주어 위치에 있으면 주격, 목적어 위치에 있으면 목적격을 쓴다.

B 뒤에 명사가 왔으면 인칭대명사의 소유격으로 쓰였고, 뒤에 명사가 없으면 소유대명사로 쓰였음을 알 수 있다.

D 뒤에 명사가 오는 경우 지시형용사로 쓰였으며, 명사가 오지 않는 경우는 지시대명사로 쓰인 것이다.

Quiz Time 기본 튼튼 p.78

A 1. His　2. her　3. She　4. He
5. her　6. them　7. They　8. He

B 1. I go to Pinky's classroom.
2. They take an English test.
3. We are not good at English.
4. Pinky looks at me.
5. I use magic on her.
6. I tell her the answer.
7. She gets a perfect score.

C 1. My　2. She　3. him　4. you
5. them　6. my　7. my　8. my

D 1. that　2. That　3. This
4. Those　5. this

해설

D 가까이 있는 것을 가리킬 때는 this, 멀리 있는 것을 가리킬 때는 that을 쓴다. 지시하는 명사가 두 개 이상인 경우에는 these / those를 쓴다.

Quiz Time 실력 쑥쑥 p.80

A 1. I　2. us　3. me　4. We
5. my　6. We　7. him

B 1. My friends say, "Play with we!"
→ My friends say, "Play with us!"
2. I like to play with their.
→ I like to play with them.
3. "Winky, please wait for my."
→ "Winky, please wait for me."
4. Her looks at the clock.
→ She looks at the clock.
5. Pinky calls she dad.
→ Pinky calls her dad.
6. Dad tells hers to come early.
→ Dad tells her to come early.
7. Pinky says, "Okay, Dad! Me will come."
→ Pinky says, "Okay, Dad! I will come."

C 1. our　2. It　3. my　4. Mine
5. their　6. Ours

D 1. This　2. These　3. those
4. that

해설

D 뒤에 오는 동사가 단수일 경우에는 this / that, 복수인 경우에는 these / those를 쓴다.

Review Test Unit 6 꽉 잡기 p.82

1. ④　2. ③　3. ②　4. ①　5. ①
6. ④　7. ②　8. ③　9. ③　10. ④

Unit 7 be동사

be동사의 형태와 긍정문, 부정문 Check p.86

1. I am not hungry.(I'm not hungry.)
2. He is not a cook.(He isn't a cook.)

be동사의 의문문 Check p.87

1. Is she a scientist?
2. Are they good students?

Story Grammar

1. are, is, is, is
2. Their dad isn't a good cook.
3. Is he nervous?

윙키와 핑키는 부엌에 있어요. 그들의 아빠는 좋은 요리사에요. 아빠는 요리하느라고 바빠요. 접시, 냄비, 컵들이 테이블 위로 날아다녀요. 그는 불안해져요. 윙키가 말해요. "날지 마." 그것들은 날아다니지 않아요.

Quiz Time 기초 탄탄 p.88

A

1. I am	They're
2. You are	It's
3. We are	She's
4. He is	We're
5. She is	I'm
6. It is	You're
7. They are	He's

B 1. are 2. is 3. am 4. isn't

C 1. is 2. Is 3. are 4. are
5. is 6. is 7. is 8. is

D 1. Yes, it is. 2. No, she isn't.
3. Yes, she is. 4. No, she isn't.
5. Yes, he is. 6. No, she isn't.
7. No, she isn't. 8. Yes, they are.

Quiz Time 기본 튼튼 p.90

A 1. are 2. are 3. are 4. is
5. Is 6. is 7. is 8. is
9. are 10. am

B
1. Pinky and Winky (am) in the museum at night.
   ➲ Pinky and Winky are in the museum at night.
2. They (is) scared.
   ➲ They are scared.
3. That (are) not a real statue.
   ➲ That is not a real statue.
4. It (are) a secret.
   ➲ It is a secret.
5. The statues (is) alive every night.
   ➲ The statues are alive every night.

C
1. ➲ (부정문) They aren't on the second floor.
   ➲ (의문문) Are they on the second floor?
2. ➲ (부정문) There isn't a stage.
   ➲ (의문문) Is there a stage?
3. ➲ (부정문) Winky isn't a reporter.
   ➲ (의문문) Is Winky a reporter?

D
1. The actors are on the stage.
2. The bus driver is not on the bus.
3. Is the firefighter in the fire station?
4. The doctors are in the clinic.

해설

C
1. They aren't = They are not
2. There isn't = There is not
3. Winky isn't = Winky is not

Quiz Time 실력 쑥쑥 p.92

A
1. These are hair salons.
2. There are gowns and mirrors.
3. We are hairdressers.
4. You are wonderful.
5. They are happy.

B 1. is 2. is 3. is 4. are
5. are 6. aren't 7. Are
8. Are 9. aren't 10. are

C
1. Is Dad in the kitchen?
2. Is the heat on the stove strong?
3. Is breakfast ready?
4. Are they full?

D
1. Yes, they are.
2. No, she isn't.
3. Yes, he is.
4. Yes, she is.
5. No, they aren't.

Review Test Unit 7 꽉 잡기 p.94

1. ② 2. ② 3. ① 4. ①
5. ④ 6. ③ 7. ④
8. aren't
9. A: Is they in a market? B: Yes, they're.
   ➲ A: Are they in a market? B: Yes, they are.
10. ②

해설

2. be동사의 의문문은 「be동사+주어 ~?」의 형태이며, 주어에 알맞은 be동사가 쓰여진 문장은 ②이다.
   ① Is she a housewife?, ③ Are we tired?, ④ Are you a cook?가 되어야 한다.
3. plates가 복수이므로 be동사 are를 쓴다.
4. 의문문에 대한 긍정의 대답이 be동사로 끝날 때 줄임말을 쓸 수 없다.
6. a cap, a birthday present에 알맞은 be동사는 단수형인 is이다.
7. men은 복수명사이므로 that이 아닌 those와 is가 아닌 are가 와야 한다.
10. Am I ~?에 대한 대답은 you are ~로 한다.

Unit 8 일반동사

일반동사의 쓰임과 형태 Check p.98

1. Winky and Dad have a snowball fight.
2. Pinky wants to make a snowman.

일반동사의 부정문과 의문문 Check p.99

1. Do 2. does

Story Grammar

1. Minky sleeps on the sofa.
   의문문: Does Minky sleep on the sofa?
   대답: Yes, it(she) does.
2. They ski.
   의문문: Do they ski?
   대답: Yes, they do.

해 밍키는 소파에서 자요. 그녀는 꿈을 꿔요. 핑키는 분홍색 스키복을 입고 있어요. 윙키는 자주색 스키복을 입고 있어요. 그들은 스키를 타요. 밍키는 그들을 봐요. 밍키는 스키복이 없어요. 밍키는 스키를 타고 싶어해요.

Quiz Time 기초 탄탄 p.100

A 1. 동작동사 2. 상태동사 3. 동작동사
4. 상태동사 5. 동작동사 6. 상태동사
7. 동작동사 8. 동작동사

B 1. × 2. ○ 3. × 4. ○
5. ○ 6. × 7. × 8. ○

C 1. don't 2. don't 3. doesn't
4. doesn't 5. don't 6. don't
7. doesn't 8. don't

D 1. Do, do 2. Do, do 3. Does, doesn't
4. Do, do 5. Do, don't 6. Do, don't

Quiz Time 기본 튼튼 p.102

A 상태동사: want, feel
동작동사: go, open, start

B 1. goes 2. pack 3. makes 4. run
5. looks 6. takes 7. check

C 1. doesn't arrive 2. don't get
3. doesn't hold 4. doesn't get
5. don't carry

D 1. Does, bring 2. Does, make
3. Do, sit 4. Do, feel

Quiz Time 실력 쑥쑥 p.104

A 1. takes 2. puts on 3. has
4. lie 5. watch 6. puts

B 1. They all take the ski lift together.
2. Mom and Dad ski fast.
3. Winky follows them down slowly.
4. Pinky falls down.

C 1. We take showers.
   부정문: We don't take showers.
2. Dad makes bulgogi.
   부정문: Dad doesn't make bulgogi.
3. Pinky sets the table.
   부정문: Pinky doesn't set the table.
4. Mom washes the dishes.
   부정문: Mom doesn't wash the dishes.
5. They lie on the sofa.
   부정문: They don't lie on the sofa.

D 1. Do Mom and Dad sit on the sofa?
   ➲ Yes, they do.
2. Does Mom play the guitar?
   ➲ Yes, she does.
3. Do Pinky and Winky watch TV?
   ➲ No, they don't.
4. Does Dinky dance with Minky?
   ➲ Yes, it(he) does.
5. Do they have food in the living room?
   ➲ No, they don't.

해설

D **4.** Dinky와 같은 동물은 대명사 it을 사용하여 답할 수 있다.

Review Test Unit 8 꽉 잡기 p.106

1. ③ **2.** ④ **3.** ③

4. 1) make 2) goes 3)study

5. ① **6.** ②

7. 1) study 2) doesn't go 3) like

8. 1) Does Emma like apples? — No, she doesn't.
2) Do you go on a trip? — Yes, I do.
3) Do they watch television? — Yes, they do.

9. 1) Does she have a spot on her face?
2) They don't eat dinner.
3) Does he like cooking?
4) Dad reads the newspaper.

10. 1) I like chocolate.
2) Does she only speak English?
3) Dad doesn't do the dishes.

해설

1. want는 '~을 원한다'라는 뜻으로 마음을 나타내는 상태동사이다.

3. 「자음+y」로 끝나는 일반동사는 y를 i로 바꾸고 그 뒤에 -es를 붙인다. 하지만 「모음+y」로 끝나는 일반동사는 끝에 -s를 붙인다.

6. ② Tom and Sue는 복수주어이므로 조동사는 do를 쓴다.

9. 부정문과 의문문의 경우, 주어에 따라 조동사를 do 또는 does로 바꿔주고, 일반동사는 동사원형을 그대로 쓴다.

WOW! Smart Grammar

와~스마트한 그래머 책이 나왔대!
우 리들이 문법 공부 하기에 딱인 걸! (한승연, 성남송현초)
스 르르 빠져드는
마 법 같은 문법책
트 집 잡을 곳이 하나도 없는 멋진 책! (김다희, 성남송현초)
그 래 그래 바로 이 책이야~
래 (레)몬처럼 상큼하고
머 리가 시원해지는 문법책이다! (김혜준, 신월초)

와 우! 문법을 이야기로 공부하는 책이 나온다면
우 리가 쏜살같이 달려가서 사버려야지!! (백원종, 판교초)
스 마트한 그래머 책이 나왔다고?
마 법처럼 머리에 쏙 쏙 들어오네!
트 랄랄라 신나게 공부하자! (김한영, 판교초)
그 래머 책은 학생의 미
래 실력이 튼튼하도록
머 슴처럼 도와 줍니다. (김규빈, 성남송현초)

와 이 책은 이야기 문법책이잖아!
우 리 집에 있는 재미없는 문법책보다 훨씬 재미있네. (민규원, 내정중)
스 스로 공부하려면 작심삼일
마 음 먹은 대로 공부하게 해주는 이 책으로
트 러블투성이 빵점 짜리 시험지 앞에 10 하나 그려 넣자. (김지민, 내정중)
그 래! 할 수 있어
래 (내) 미래를 펼쳐 줄 WOW Smart Grammar!
머 어~스지게 도전해 보자! (조유진, 판교초)

Wow!

Smart Grammar

김미희, E • Next 영어연구회

1

단어장

다락원

WOW! Smart Grammar

단어장

문장의 단위와 종류

 다음 단어들을 모두 알고 있나요? 확인해 보세요.

1. ☐ amusement park — 명 놀이공원
2. ☐ ride — 동 타다 명 놀이기구
3. ☐ height — 명 키, 신장
4. ☐ shout — 동 소리지르다
5. ☐ in a line — 구 줄을 서서, 한 줄로
6. ☐ gift shop — 명 선물 가게
7. ☐ excited — 형 흥분한, 신이 난
8. ☐ cute — 형 귀여운
9. ☐ awesome — 형 굉장한
10. ☐ decide — 동 결심하다, 결정하다
11. ☐ wave — 동 (손을) 흔들다
12. ☐ fasten — 동 고정시키다, 붙들어 매다
13. ☐ spin — 동 회전하다

14.	☐ dangerous	형 위험한
15.	☐ next time	구 다음에
16.	☐ a slice of pizza	구 피자 한 조각
17.	☐ delicious	형 맛있는
18.	☐ for dessert	구 후식으로
19.	☐ cafeteria	명 구내식당
20.	☐ line up	구 줄을 서다
21.	☐ for a bit	구 잠시
22.	☐ have fun	구 재미있다
23.	☐ there is(are) ~	구 ~이 있다
24.	☐ scared	형 무서워하는
25.	☐ run out of	구 ~로부터 도망 나오다
26.	☐ talent	명 재능, 재주
27.	☐ amazing	형 놀라운
28.	☐ unbelievable	형 믿을 수 없는
29.	☐ magician	명 마법사
30.	☐ get off	구 (차에서) 내리다

 우리말과 같은 뜻이 되도록 빈칸을 채워 영어 문장을 완성하세요.

1. 놀이공원에 가자.	Let's go to the .
2. 윙키와 핑키는 롤러코스터 타는 것을 좋아한다.	Winky and Pinky like to on the roller coaster.
3. 너의 키는 몇이니?	What is your ?
4. 윙키와 핑키는 소리지른다.	Winky and Pinky .
5. 사람들은 줄을 서서 기다린다.	People wait .
6. 핑키는 선물 가게에 들어간다.	Pinky enters the .
7. 그녀는 매우 신이 난다.	She is very .
8. 얼마나 귀여운 용 인형인가!	How the dragon doll is!
9. 굉장한 하루야!	What an day!
10. 핑키는 회전목마를 타기로 결심한다.	Pinky to ride on the merry-go-round.
11. 회전목마 위의 소년이 손을 흔들고 있다.	A boy on the merry-go-round is .
12. 안전벨트를 붙들어 매라.	your seatbelt.
13. 정말 빨리 회전하는구나!	How fast it !
14. 회전목마는 위험하지 않다.	The merry-go-round is not .

15. 다음에 또 타자.	Let's ride on it again .
16. 윙키는 피자 한 조각을 먹는다.	Winky eats .
17. 얼마나 맛있는 피자인가!	What a pizza!
18. 그녀는 후식으로 아이스크림을 먹는다.	She eats ice cream .
19. 사람들이 구내식당에서 기다린다.	People wait in the .
20. 여기서 줄을 서라.	here.
21. 여기서 잠깐 쉬자.	Let's rest here.
22. 핑키야, 재미있었니?	Pinky, did you ?
23. 귀신의 집에 귀신이 있니?	a ghost in the ghost house?
24. 그녀는 매우 무서워한다.	She is very .
25. 그녀는 귀신의 집 밖으로 뛰어 나온다.	She the ghost house.
26. 와서 펭귄의 재능을 봐.	Come and watch the penguin's .
27. 정말 놀라운 버스구나!	What an bus!
28. 믿을 수 없어!	How !
29. 우리는 이제 마법사들이야.	We are now .
30. 버스에서 내리자.	Let's the bus.

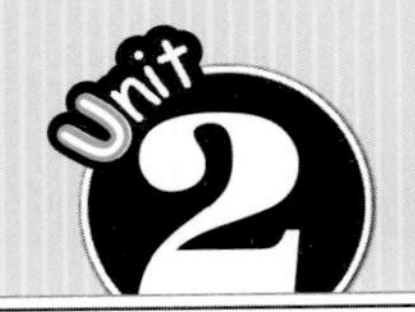

품사와 문장의 구성요소

영단어 부분은 가리고,
한글 뜻만 보면서 빈칸에
알맞은 영단어를 써 보세요.

다음 단어들을 모두 알고 있나요? 확인해 보세요.

1.	☐ go out for a walk	구 산책 나가다
2.	☐ search for	구 ~을 찾다
3.	☐ come back	구 돌아오다
4.	☐ lie down	구 눕다
5.	☐ fur	명 털
6.	☐ race	동 달리기 경주하다
7.	☐ fall	동 넘어지다
8.	☐ toward	전 ~을 향하여
9.	☐ eyeglasses	명 안경
10.	☐ wash	동 씻다
11.	☐ turn off	구 ~을 끄다
12.	☐ under	전 ~ 아래에
13.	☐ listen	동 듣다

14.	pet	동 쓰다듬다 명 애완동물
15.	slowly	부 천천히, 느리게
16.	neatly	부 깨끗하게
17.	do the dishes	구 설거지하다
18.	take a rest	구 휴식을 취하다
19.	have a good time	구 좋은 시간을 가지다
20.	together	부 함께, 같이
21.	brush one's teeth	구 이를 닦다
22.	sleep	동 잠자다
23.	wake up	구 깨우다
24.	make dinner	구 저녁 식사를 준비하다
25.	bring	동 가지고 오다
26.	sandcastle	명 모래성
27.	hide and seek	명 숨바꼭질
28.	behind	전 ~ 뒤에
29.	tightly	부 단단히, 꽉
30.	hooray	감 만세

 우리말과 같은 뜻이 되도록 빈칸을 채워 영어 문장을 완성하세요.

1. 그는 개와 함께 산책하러 나간다.	He goes out ______ with his dog.
2. 그들은 작은 고양이를 찾는다.	They ______ a small cat.
3. 윙키와 핑키는 집에 돌아온다.	Winky and Pinky ______ home.
4. 핑키는 재빨리 침대에 눕는다.	Pinky quickly ______ on the bed.
5. 그는 갈색 털과 큰 귀를 가지고 있다.	He has brown ______ and big ears.
6. 그는 토끼와 달리기 경주하는 것을 좋아한다.	He likes to ______ with a rabbit.
7. 저런! 딩키가 잔디 위에서 넘어진다.	Oops! Dinky ______ on the grass.
8. 나는 딩키를 향해 빠르게 달린다.	I run fast ______ Dinky.
9. 그는 안경을 쓴다.	He wears ______.
10. 그녀는 그녀의 얼굴을 닦는다.	She ______ her face.
11. 아빠가 불을 끄신다.	Dad ______ the light.
12. 고양이가 의자 아래에 누워 있다.	A cat lies down ______ the chair.
13. 엄마는 거실에서 라디오를 들으신다.	Mom ______ to the radio in the living room.
14. 엄마가 고양이를 쓰다듬으신다.	Mom ______ the cat.

15. 고양이가 지붕 위에서 천천히 걷는다.	The cat walks on the roof.
16. 엄마가 식탁을 깨끗하게 치우신다.	Mom cleans the table .
17. 윙키와 핑키는 설거지를 한다.	Winky and Pinky .
18. 딩키는 휴식을 취한다.	Dinky takes a .
19. 우리는 오늘 좋은 시간을 보냈다.	We had a today.
20. 다음에 같이 가자.	Let's go next time.
21. 그는 이를 닦는다.	He his teeth.
22. 내 침대에서 같이 자자.	Let's together on my bed.
23. 딩키가 그를 깨운다.	Dinky him up.
24. 아빠는 저녁 식사를 준비하신다.	Dad dinner.
25. 핑키는 음식을 가져온다.	Pinky the food.
26. 나는 친구와 모래성을 만든다.	I make a with my friend.
27. 나는 친구들과 숨바꼭질을 한다.	I play with my friend.
28. 나는 벽 뒤에 숨는다.	I hide the wall.
29. 나는 딩키의 줄을 꽉 잡는다.	I hold Dinky's rope .
30. 만세! 내가 이겼다.	! I won.

다음 단어들을 모두 알고 있나요? 확인해 보세요.

영단어 부분은 가리고,
한글 뜻만 보면서 빈칸에
알맞은 영단어를 써 보세요.

1.	store	명 가게, 상점
2.	buy	동 사다
3.	take	동 타다, 가지고 가다
4.	parrot	명 앵무새
5.	stationery store	명 문구점
6.	clerk	명 점원
7.	beat	동 치다
8.	dinner	명 저녁, 만찬
9.	refrigerator	명 냉장고
10.	vegetable	명 채소
11.	dressing	명 드레싱, 소스
12.	in the air	구 공중에서
13.	container	명 그릇, 용기

14.	follow	동 따라가다, ~의 뒤에 오다
15.	two pieces of cake	구 케이크 2조각
16.	grocery store	명 식료품점
17.	floor	명 층, 바닥
18.	press	동 누르다
19.	weird	형 이상한
20.	over there	구 저쪽에
21.	have a sale	구 세일하다, 싸게 팔다
22.	pretty	형 예쁜
23.	magic	명 마법, 마술
24.	try on	구 입어보다, 신어보다
25.	experiment	명 실험 동 실험하다
26.	look at	구 ~을 (자세히) 보다
27.	fall in love	구 사랑에 빠지다
28.	just then	구 바로 그 때
29.	name	명 이름 동 이름을 붙이다
30.	inside	전 ~ 안에, ~의 내부에

 우리말과 같은 뜻이 되도록 빈칸을 채워 영어 문장을 완성하세요.

1. 핑키는 고양이와 가게에 간다.	Pinky goes to a ______ with her cat.
2. 그녀는 토마토와 우유를 산다.	She ______ some tomatoes and milk.
3. 엘리베이터를 타자.	Let's ______ the elevator.
4. 가게 안에는 앵무새가 있다.	There is a ______ in the shop.
5. 그 문구점은 크다.	The ______ is big.
6. 한 점원이 그에게로 온다.	A ______ comes to him.
7. 딩키는 지금 드럼을 친다.	Dinky ______ the drum now.
8. 아빠는 저녁 메뉴를 생각하신다.	Dad thinks about the ______ menu.
9. 아빠는 냉장고에서 우유와 치즈를 가져오신다.	Dad takes some milk and cheese out of the ______.
10. 그는 약간의 채소들을 산다.	He buys some ______.
11. 그는 샐러드 드레싱을 위해 토마토를 산다.	He buys some tomatoes for the salad ______.
12. 그는 공중에서 후추와 마요네즈를 섞는다.	He mixes pepper and mayonnaise ______.
13. 그는 새 소스를 그릇에 넣는다.	He puts the new sauce into a ______.
14. 강아지가 윙키의 아빠를 따라간다.	The puppy ______ Winky's dad.

15. 그는 접시 위에 케이크 2조각을 놓는다.	He puts two ________ of cake on a dish.
16. 식료품점이 어디에 있죠?	Where is a ________ ?
17. 그것은 1층에 있다.	It is the on the first ________ .
18. 저 버튼 좀 눌러주세요.	________ the button, please.
19. 그는 그 강아지가 이상하다고 생각한다.	He thinks the puppy is ________ .
20. 저쪽의 저 강아지를 봐라.	Look at the puppy ________ .
21. 핑키는 세일 중인 가게를 발견한다.	Pinky finds a store having a ________ .
22. 정말 예쁜 옷들이다!	What ________ clothes!
23. 핑키는 마법을 쓰고 싶어한다.	Pinky wants to use ________ .
24. 모든 옷을 입어보자.	Let's ________ all the clothes.
25. 그녀는 실험하는 것을 아주 좋아한다.	She loves to ________ .
26. 한 소년이 소녀를 보고 있다.	A boy is ________ a girl.
27. 그들은 사랑에 빠진다.	They ________ in love.
28. 바로 그 때, 그 강아지가 말한다.	Just ________ , the puppy talks.
29. 그 강아지의 이름은 딩키이다.	The puppy's ________ is Dinky.
30. 가방 안에 필통이 있다.	There is a pencil case ________ the bag.

셀 수 있는 명사

영단어 부분은 가리고, 한글 뜻만 보면서 빈칸에 알맞은 영단어를 써 보세요.

A 다음 단어들을 모두 알고 있나요? 확인해 보세요.

1.	☐ owl	명 올빼미
2.	☐ honest	형 정직한
3.	☐ huge	형 거대한, 아주 큰
4.	☐ magic store	명 마법 상점
5.	☐ pumpkin	명 호박
6.	☐ broom	명 빗자루, 비
7.	☐ hen	명 암탉
8.	☐ cape	명 망토
9.	☐ witch	명 마녀
10.	☐ spider	명 거미
11.	☐ mirror	명 거울
12.	☐ wand	명 지팡이
13.	☐ baby	명 아기 (복수–babies)

14.	☐ tooth	명 치아, 이 (복수–teeth)
15.	☐ balloon	명 풍선
16.	☐ sweep	동 쓸다
17.	☐ goose	명 거위 (복수–geese)
18.	☐ uniform	명 유니폼, 제복
19.	☐ umbrella	명 우산
20.	☐ ladybug	명 무당벌레
21.	☐ snowman	명 눈사람
22.	☐ butterfly	명 나비 (복수–butterflies)
23.	☐ fall off	구 ~에서 떨어져 내리다
24.	☐ come out of	구 ~에서 나오다
25.	☐ wolf	명 늑대 (복수–wolves)
26.	☐ cotton candy	명 솜사탕
27.	☐ monkey	명 원숭이 (복수–monkeys)
28.	☐ goods	명 상품, 물품
29.	☐ dwarf	명 난쟁이 (복수–dwarfs)
30.	☐ chat	동 잡담하다, 이야기하다

 우리말과 같은 뜻이 되도록 빈칸을 채워 영어 문장을 완성하세요.

1. 너는 그곳에서 올빼미를 볼 수 있다.	You can see an ______ there.
2. 소녀가 정직한 소년을 보고 있다.	A girl is looking at an ______ boy.
3. 못생긴 고양이가 아주 큰 사과를 먹고 있다.	An ugly cat is eating a ______ apple.
4. 윙키는 새로 생긴 마법 상점에 간다.	Winky goes to a new ______.
5. 큰 호박이 의자 위에 있다.	A big ______ is on the chair.
6. 빗자루가 선반 위에 있다.	A ______ is on the shelf.
7. 황금 암탉 두 마리가 있다.	There are two golden ______.
8. 소녀가 가발과 망토를 가지고 놀고 있다.	A girl plays with a wig and a ______.
9. 그는 늙은 마녀를 만난다.	He meets an old ______.
10. 윙키는 거미를 본다.	Winky sees a ______.
11. 그녀는 거울을 본다.	She looks at a ______.
12. 지팡이가 마루에서 춤춘다.	A ______ dances on the floor.
13. 장난감 가게에 많은 아기들이 있다.	There are many ______ at the toy store.
14. 상어는 날카로운 이빨을 가지고 있다.	A shark has sharp ______.

15. 아이들이 풍선들을 가지고 놀고 있다.	Children play with .
16. 한 남자가 나뭇잎을 쓴다.	A man leaves.
17. 거위들이 연못에서 헤엄친다.	swim in a pond.
18. 소녀가 방에서 유니폼을 입고 있다.	A girl wears a in the room.
19. 나이 든 숙녀가 우산을 가지고 있다.	An old lady has an .
20. 개미가 무당벌레와 춤춘다.	An ant dances with a .
21. 눈사람 눈이 파랗다.	A has a blue eye.
22. 한 아기가 나비 세 마리와 놀고 있다.	A baby plays with three .
23. 많은 나뭇잎들이 마술 나무에서 떨어진다.	Many leaves off the magic tree.
24. 양들이 마법 책에서 나온다.	Sheep come of the magic book.
25. 두 마리의 늑대가 토끼들을 보고 있다.	Two look at the rabbits.
26. 아이들이 솜사탕을 먹는다.	Children eat .
27. 두 마리의 원숭이가 카펫 위에서 뛴다.	Two jump on the carpet.
28. 우리는 당신을 위한 특별한 물건들을 많이 가지고 있다.	We have many special for you.
29. 가게에는 일곱 난쟁이들이 있다.	There are seven in the store.
30. 나는 그들과 떠들고 놀고 싶다.	I want to with them.

셀 수 없는 명사

영단어 부분은 가리고, 한글 뜻만 보면서 빈칸에 알맞은 영단어를 써 보세요.

A 다음 단어들을 모두 알고 있나요? 확인해 보세요.

1. ☐ lunch — 명 점심 식사
2. ☐ after — 전 ~ 후에
3. ☐ bakery — 명 빵집, 제과점
4. ☐ batter — 명 반죽
5. ☐ a lot of — 구 많은
6. ☐ order — 동 주문하다
7. ☐ milk — 동 (소의) 젖을 짜다 명 우유
8. ☐ top — 명 꼭대기, 정상
9. ☐ soap dish — 명 비눗갑
10. ☐ toothpaste — 명 치약
11. ☐ sell — 동 팔다
12. ☐ into — 전 ~ 안에, ~ 안으로
13. ☐ add — 동 첨가하다

14.	plate	명 접시
15.	meat	명 고기
16.	cut	동 자르다
17.	flour	명 밀가루
18.	a spoon of sugar	구 설탕 한 숟가락
19.	bake	동 (오븐으로) 굽다
20.	enter	동 들어가다
21.	corn	명 옥수수
22.	spread	동 펼치다, (얇게 펴서) 바르다
23.	grilled	형 구운
24.	decorate	동 장식하다
25.	thirsty	형 목마른
26.	hungry	형 배고픈
27.	snack	명 간식
28.	loaf	명 한 덩어리 (복수–loaves)
29.	hold	동 잡다, 쥐다
30.	how about ~?	구 ~은 어떤가?

B 우리말과 같은 뜻이 되도록 빈칸을 채워 영어 문장을 완성하세요.

1. 우리는 점심으로 빵과 우유를 먹는다.	We have bread and milk for ________.
2. 우리는 축구를 한 후에 물을 마신다.	We drink water ________ playing soccer.
3. 우리는 빵집에 가서 빵을 산다.	We go to the ________ and buy some bread.
4. 요리사가 빵 반죽에 약간의 버터를 넣는다.	A cook adds some butter to the bread ________.
5. 그는 많은 빵을 만든다.	He makes a ________ of bread.
6. 핑키는 피자 2조각과 우유 한 잔을 주문한다.	Pinky ________ two slices of pizza and a glass of milk.
7. 농부가 소의 젖을 짜고 있다.	A farmer is ________ a cow.
8. 버터는 빵 위에 있다.	Butter is on ________ of the bread.
9. 그는 비눗갑에 비누를 놓는다.	He puts some soap in the ________.
10. 그는 이를 닦기 위해 치약을 사용한다.	He uses ________ to brush his teeth.
11. 그는 우유와 치즈를 판다.	He ________ milk and cheese.
12. 그녀는 그릇 안에 약간의 버터를 놓는다.	She puts some butter ________ the bowl.
13. 그는 피자에 페페로니를 첨가한다.	He ________ pepperoni to the pizza.
14. 그녀는 접시에 버터를 놓는다.	She puts some butter on a ________.

15. 남자는 6조각의 고기를 굽는다.	A man grills six pieces of .
16. 윙키는 과일을 8조각으로 자른다.	Winky eight slices of fruit.
17. 농부의 아내는 그릇에 밀가루를 조금 넣는다.	A farmer's wife puts a little into a bowl.
18. 그녀는 그릇에 설탕 한 숟가락을 첨가한다.	She adds sugar into the bowl.
19. 그녀는 빵을 많이 굽는다.	She a lot of bread.
20. 윙키는 그 농장으로 들어간다.	Winky the farm.
21. 그는 옥수수 샐러드 캔 한 통을 연다.	He opens a can of salad.
22. 빵에 버터를 좀 발라.	some butter on the bread.
23. 빵에 구운 고기 2조각을 넣어라.	Put two pieces of meat on the bread.
24. 과일 3조각으로 장식을 해라.	with three slices of fruit.
25. 나는 목이 마르다. 물 한 병 마시고 싶다.	I'm . I want to drink a bottle of water.
26. 나는 배가 고프다. 빵 2조각을 먹고 싶다.	I'm . I want to eat two slices of bread.
27. 나는 간식을 좀 먹고 싶다.	I want to eat some .
28. 접시 위에 빵 3 덩어리가 있다.	There are three of bread on the dish.
29. 그는 종이 2장을 잡는다.	He two sheets of paper.
30. 초콜릿은 어때?	How some chocolate?

인칭대명사와 지시대명사

영단어 부분은 가리고, 한글 뜻만 보면서 빈칸에 알맞은 영단어를 써 보세요.

다음 단어들을 모두 알고 있나요? 확인해 보세요.

1.	outside	전 ~의 바깥쪽에, ~ 밖에
2.	school bag	명 책가방
3.	funny	형 재미있는
4.	class	명 수업, 학급
5.	P.E.	명 체육
6.	most	부 가장, 최고로
7.	open	동 열다
8.	lend	동 빌려주다
9.	understand	동 이해하다
10.	recorder	명 리코더
11.	point at	구 ~을 가리키다
12.	playground	명 운동장
13.	classmate	명 학급 친구

14.	☐ borrow	동 빌리다
15.	☐ scary	형 무서운
16.	☐ clay	명 찰흙
17.	☐ show	동 보여주다
18.	☐ compliment	동 칭찬하다 명 칭찬
19.	☐ take a test	구 시험을 보다
20.	☐ be good at	구 ~을 잘하다
21.	☐ perfect score	구 만점
22.	☐ vice principal	명 교감 선생님
23.	☐ suddenly	부 갑자기
24.	☐ happen	동 일어나다, 우연히 ~하다
25.	☐ experience	명 경험 동 경험하다
26.	☐ side dish	명 반찬
27.	☐ wait for	구 ~을 기다리다
28.	☐ always	부 항상, 언제나
29.	☐ sprinkle	동 흩뿌리다
30.	☐ wipe	동 먼지(물기)를 닦다

 우리말과 같은 뜻이 되도록 빈칸을 채워 영어 문장을 완성하세요.

1. 나는 그를 학교 밖으로 데리고 간다.	I take him of the school.
2. 이것은 나의 책가방이다.	This is my .
3. 저 학생들은 매우 재미있다.	Those students are very .
4. 우리는 오늘 5교시 수업이다.	We have 5 today.
5. 수학, 음악, 체육, 미술 그리고 마술 수업이다.	They are math, music, , art, and magic.
6. 나는 마술 시간을 가장 좋아한다.	I like magic class the .
7. 그는 우리에게 수학 책을 펴라고 요청한다.	He asks us to our math books.
8. 내 짝은 나에게 그녀의 책을 빌려준다.	My partner me her book.
9. 나는 그녀를 이해하지 못한다.	I don't her.
10. 내 리코더 줘.	Give me my .
11. 저 시계는 11시를 가리킨다.	That clock at 11.
12. 이곳이 우리 학교 운동장이다.	This is our school .
13. 저 사람들이 우리 반 학급 친구들이다.	Those people are my .
14. 윙키는 그녀의 새 축구공을 빌리고 싶어한다.	Winky wants to her new soccer ball.

15. 저 사람은 무서운 선생님이다.	That is our teacher.
16. 윙키의 미술 수업은 찰흙으로 얼굴을 만드는 것이다.	Winky's art class is making faces with .
17. 네 것을 보여 줄 수 있니?	Can you me yours?
18. 그의 친구들은 그의 작품을 칭찬한다.	His friends his work.
19. 그들은 영어시험을 본다.	They an English test.
20. 우리는 영어를 잘하지 못한다.	We are not at English.
21. 그녀는 만점을 받았다.	She gets a score.
22. 이것을 교감 선생님께 드려라.	Give this to the .
23. 갑자기 내 얼굴이 핑키의 얼굴로 바뀐다.	, my face changes into Pinky's face.
24. 내 얼굴에 무슨 일이 일어난 거지?	What to my face?
25. 이것은 나의 가장 신나는 경험이다.	This is my most exciting .
26. 저것들은 반찬이다.	Those are the dishes.
27. 나는 마술 수업을 기다린다.	I for the magic class.
28. 그는 항상 나를 행복하게 해준다.	He makes me happy.
29. 우리는 가면 위에 마술 가루를 뿌린다.	We magic powder on the mask.
30. 소녀들이 자기 자리를 닦는다.	The girls their places.

Unit 7 be동사

영단어 부분은 가리고, 한글 뜻만 보면서 빈칸에 알맞은 영단어를 써 보세요.

 다음 단어들을 모두 알고 있나요? 확인해 보세요.

1.	smart	형 영리한
2.	kitchen	명 부엌
3.	scientist	명 과학자
4.	cook	명 요리사
5.	be busy+동사원형-ing	구 ~하느라 바쁘다
6.	nervous	형 불안한, 초조한
7.	bowl	명 사발, 공기
8.	pot	명 냄비
9.	lab	명 실험실
10.	like	전 ~처럼, ~ 같은 동 좋아하다
11.	surprised	형 놀란
12.	theme park	명 테마 파크(공원)
13.	future	명 미래 형 미래의

14.	model	명 모델
15.	stage	명 무대
16.	museum	명 박물관
17.	statue	명 동상
18.	secret	명 비밀
19.	alive	형 살아 있는
20.	reporter	명 기자, 리포터
21.	firefighter	명 소방관
22.	clinic	명 병원
23.	hair salon	명 미용실
24.	hairdresser	명 미용사
25.	be over	구 끝나다, 지나다
26.	late	형 늦은
27.	sleepy	형 졸린
28.	ready	형 준비가 된
29.	already	부 이미, 벌써
30.	heat	명 열, 난방

 우리말과 같은 뜻이 되도록 빈칸을 채워 영어 문장을 완성하세요.

1. 나는 똑똑하다.	I am ________.
2. 그는 부엌에 있다.	He is in the ________.
3. 그녀는 과학자이다.	She is a ________.
4. 그들의 아빠는 좋은 요리사이다.	Their dad is a good ________.
5. 그는 요리를 하느라 바쁘다.	He is ________ cooking.
6. 그는 불안하다.	He is ________.
7. 밥은 공기 안에 있다.	Rice is in a ________.
8. 카레는 냄비 안에 있다.	Curry is in a ________.
9. 윙키와 핑키는 엄마의 실험실에 있다.	Winky and Pinky are in Mom's ________.
10. 나는 개미처럼 작다.	I am small ________ an ant.
11. 그녀는 놀라지 않는다.	She isn't ________.
12. 그들은 직업체험관에 있다.	They are in a job ________.
13. 그들은 미래의 직업전시관에 있다.	They are in a ________ job exhibit hall.
14. 많은 직업 모델들이 있다.	There are many job ________.

15. 나는 무대 위에 있다.	I am on a .
16. 핑키와 윙키는 밤에 박물관에 있다.	Pinky and Winky are in the at night.
17. 저것은 진짜 동상이 아니다.	That is not a real .
18. 그것은 비밀이다.	It's a .
19. 그것은 매일 밤 살아 있다.	It is every night.
20. 그는 리포터이다.	He is a .
21. 소방관은 소방서에 있니?	Is the in the fire station?
22. 의사들은 병원에 있다.	The doctors are in the .
23. 여기는 미용실이다.	This is a .
24. 나는 미용사이다.	I'm a .
25. 밤이 지났다.	The night is .
26. 우리는 너무 늦었다.	We are too .
27. 그들은 졸리지 않다.	They aren't .
28. 너는 집에 갈 준비가 됐니?	Are you to go home?
29. 그들은 벌써 집에 있다.	They are in a house.
30. 난로 열은 세니?	Is the on the stove strong?

일반동사

영단어 부분은 가리고,
한글 뜻만 보면서 빈칸에
알맞은 영단어를 써 보세요.

다음 단어들을 모두 알고 있나요? 확인해 보세요.

1.	☐	have a snowball fight	구 눈싸움 하다
2.	☐	make a snowman	구 눈사람을 만들다
3.	☐	pick	동 고르다
4.	☐	skiwear	명 스키복
5.	☐	push	동 밀다
6.	☐	restroom	명 화장실
7.	☐	take a nap	구 낮잠 자다
8.	☐	go back	구 돌아가다
9.	☐	living room	명 거실
10.	☐	ski resort	명 스키장
11.	☐	start a fire	구 불을 피우다
12.	☐	pack	동 (짐을) 꾸리다 명 꾸러미
13.	☐	look for	구 ~을 찾다

14.	check	동 확인하다
15.	arrive at	구 ~에 도착하다
16.	get out of	구 ~에서 내리다
17.	front desk	명 (호텔 등의) 프론트
18.	carry	동 (짐을) 옮기다, 나르다
19.	make a meal	구 식사를 만들다
20.	feel happy	구 행복하다
21.	put on	구 (옷을) 입다
22.	lie	동 눕다
23.	take out	구 꺼내다
24.	take the ski lift	구 리프트를 타다
25.	take a shower	구 샤워하다
26.	set the table	구 상 차리다
27.	play	동 연주하다, 놀다
28.	bark	동 짖다
29.	go on a trip	구 여행 가다
30.	spot	명 점

우리말과 같은 뜻이 되도록 빈칸을 채워 영어 문장을 완성하세요.

1. 윙키와 아빠는 눈싸움을 한다.	Winky and Dad have a fight.
2. 핑키는 눈사람을 만들고 싶어한다.	Pinky wants to make a .
3. 윙키는 장갑을 고른다.	Winky some gloves.
4. 그는 보라색 스키복을 사고 싶어한다.	He wants to buy some purple .
5. 윙키는 탈의실 문을 민다.	Winky the fitting room door.
6. 우리는 화장실에 가지 않는다.	We don't go to the .
7. 밍키는 낮잠을 자니?	Does Minky a ?
8. 우리는 집에 돌아가나요?	Do we go home?
9. 그들은 거실에 서 있니?	Do they stand in the ?
10. 밍키는 스키장에 가고 싶다.	Minky wants to go to a .
11. 윙키의 아빠는 벽난로에 불을 지핀다.	Winky's father a in the fireplace.
12. 윙키와 핑키는 짐을 꾸린다.	Winky and Pinky their luggage.
13. 윙키는 그의 장갑을 찾는다.	Winky for his gloves.
14. 그들은 부모님과 짐을 확인한다.	They their luggage with their parents.

15. 윙키의 가족은 스키장에 도착한다.	Winky's family ______ at the ski resort.
16. 그들은 차에서 내린다.	They ______ out of the car.
17. 엄마는 프론트에서 열쇠를 찾는다.	Mom gets the room key from the ______ .
18. 아빠와 윙키는 짐을 옮긴다.	Dad and Winky ______ their luggage.
19. 아빠는 식사를 차린다.	Dad ______ a meal.
20. 딩키와 밍키는 매우 행복하다.	Dinky and Minky ______ so ______ .
21. 그들은 스키복을 입는다.	They ______ their skiwear.
22. 윙키와 밍키는 소파에 눕는다.	Winky and Minky ______ on the sofa.
23. 윙키의 부모님은 가방에서 스키복을 꺼낸다.	Winky's parents ______ their skiwear from a bag.
24. 그들은 모두 함께 리프트를 탄다.	They all take the ______ together.
25. 우리는 샤워를 한다.	We take ______ .
26. 핑키는 식탁에 상을 차린다.	Pinky ______ the ______ .
27. 엄마는 기타를 연주하니?	Does Mom ______ the guitar?
28. 강아지가 짖는다.	A puppy ______ .
29. 넌 여행 가니?	Do you ______ on a ______ ?
30. 그녀는 얼굴에 점이 있니?	Does she have a ______ on her face?

Answers

Unit 1 문장의 단위와 종류

B

1. amusement park 2. ride 3. height 4. shout 5. in a line
6. gift shop 7. excited 8. cute 9. awesome 10. decides
11. waving 12. Fasten 13. spins 14. dangerous 15. next time
16. a slice of pizza 17. delicious 18. for dessert 19. cafeteria
20. Line up 21. for a bit 22. have fun 23. Is there 24. scared
25. runs out of 26. talent 27. amazing 28. unbelievable
29. magicians 30. get off

Unit 2 품사와 문장의 구성요소

B

1. for a walk 2. search for 3. come back 4. lies down 5. fur
6. race 7. falls 8. toward 9. eyeglasses 10. washes 11. turns off
12. under 13. listens 14. pets 15. slowly 16. neatly
17. do the dishes 18. rest 19. good time 20. together 21. brushes
22. sleep 23. wakes 24. makes 25. brings 26. sandcastle
27. hide and seek 28. behind 29. tightly 30. Hooray

Unit 3 명사와 관사

B

1. store 2. buys 3. take 4. parrot 5. stationery store 6. clerk
7. beats 8. dinner 9. refrigerator 10. vegetables 11. dressing
12. in the air 13. container 14. follows 15. pieces 16. grocery store
17. floor 18. Press 19. weird 20. over there 21. sale
22. pretty 23. magic 24. try on 25. experiment 26. looking at
27. fall 28. then 29. name 30. inside

Unit 4 셀 수 있는 명사

B 1. owl 2. honest 3. huge 4. magic store 5. pumpkin 6. broom
7. hens 8. cape 9. witch 10. spider 11. mirror 12. wand
13. babies 14. teeth 15. balloons 16. sweeps 17. Geese
18. uniform 19. umbrella 20. ladybug 21. snowman 22. butterflies
23. fall 24. out 25. wolves 26. cotton candy 27. monkeys
28. goods 29. dwarfs 30. chat

Unit 5 셀 수 없는 명사

B 1. lunch 2. after 3. bakery 4. batter 5. lot 6. orders 7. milking
8. top 9. soap dish 10. toothpaste 11. sells 12. into 13. adds
14. plate 15. meat 16. cuts 17. flour 18. a spoon of 19. bakes
20. enters 21. corn 22. Spread 23. grilled 24. Decorate
25. thirsty 26. hungry 27. snacks 28. loaves 29. holds
30. about

Unit 6 인칭대명사와 지시대명사

B 1. outside 2. school bag 3. funny 4. classes 5. P.E. 6. most
7. open 8. lends 9. understand 10. recorder 11. points
12. playground 13. classmates 14. borrow 15. scary
16. clay 17. show 18. compliment 19. take 20. good 21. perfect
22. vice principal 23. Suddenly 24. happened 25. experience
26. side 27. wait 28. always 29. sprinkle 30. wipe

Unit 7 be동사

B

1. smart **2.** kitchen **3.** scientist **4.** cook **5.** busy **6.** nervous
7. bowl **8.** pot **9.** lab **10.** like **11.** surprised **12.** theme park
13. future **14.** models **15.** stage **16.** museum **17.** statue
18. secret **19.** alive **20.** reporter **21.** firefighter **22.** clinic
23. hair salon **24.** hairdresser **25.** over **26.** late **27.** sleepy
28. ready **29.** already **30.** heat

Unit 8 일반동사

B

1. snowball **2.** snowman **3.** picks **4.** skiwear **5.** pushes
6. restroom **7.** take, nap **8.** back **9.** living room **10.** ski resort
11. starts, fire **12.** pack **13.** looks **14.** check **15.** arrives **16.** get
17. front desk **18.** carry **19.** makes **20.** feel, happy **21.** put on
22. lie **23.** take out **24.** ski lift **25.** showers **26.** sets, table
27. play **28.** barks **29.** go, trip **30.** spot

Wow! Smart
Grammar 1
단어장

Wow!

Smart Grammar

김미희, E • Next 영어연구회

1

워크북

다락원

Wow! Smart Grammar

1

워크북

문장의 단위와 종류

Point Check 1

1. 알파벳은 모음과 자음으로 이루어져 있다.
   모음 ______
   자음 ______

2. 자음과 모음이 만나서 ______ 를 만든다. 두 개 이상의 단어가 모여서 만든 주어와 동사가 없는 의미 덩어리는 ______, 주어와 동사가 있는 것은 ______ 이라고 한다.

3. 문장을 쓸 때는 항상 첫 글자를 ______ 로 시작하고 문장의 끝에 온점(.)이나 ______, ______ 를 붙인다.

4. 문장의 종류에는 평서문, ______, 명령문, 청유문, ______ 등이 있다.
   ______ 은 '…는 ~이다'로, ______ 은 '…는 ~이니?'라고 해석한다.

5. 명령문은 '~해라'라고 지시하는 문장으로 동사원형으로 시작한다. 청유문은 '~하자'라고 권유하는 문장으로 주로 ______ 로 시작하고, 감탄문은 감탄하는 문장으로 주로 ______ 이나 ______ 로 시작한다.

Point Check 2

모음으로 시작하는 단어를 찾아 동그라미 하세요.

umbrella dog enjoy cat bus family open ears
carry uncle give house joke king alligator young

같은 종류의 문장끼리 선으로 연결하세요.

1. I am a student. •	• What is your hobby?
2. Don't run in the hallway. •	• Wash your hands first.
3. Do you know him? •	• She doesn't like him.

Practice Test

A 문장을 찾아 동그라미 하고, 빈칸에 쓰세요.

1. We are very hungry. very hungry

   ➡ ....

2. to the restaurant Let's go to the restaurant.

   ➡ ....

3. Look at the menu. at the menu

   ➡ ....

4. order for lunch What should we order for lunch?

   ➡ ....

5. We order pizza and Coke. pizza and Coke

   ➡ ....

B 다음을 바르게 고쳐 다시 쓰세요.

1. my name is Tom. ➡
2. IS SHE YOUR MOM? ➡
3. i Read a book? ➡
4. what does your dad do ➡
5. How a beautiful flower! ➡
6. he plays soccer with his friend ➡
7. She likes to study english ➡

C 다음을 ▭ 안의 문장으로 바꾸어 다시 쓰세요.

1. The puppy is very cute. ➡ 의문문 ....
2. Does she wash the dishes? ➡ 명령문 ....
3. He wears a cap. ➡ 의문문 ....
4. She is very pretty. ➡ 감탄문 ....
5. You work hard all the time. ➡ 명령문 ....
6. Is this her book? ➡ 평서문 ....
7. They take a subway. ➡ 청유문 ....
8. She throws the ball. ➡ 명령문 ....
9. Do you have a blue pencil? ➡ 평서문 ....
10. It is very tall. ➡ 감탄문 ....

( ) 안의 단어를 이용해서 **Let's**로 시작하는 청유문을 완성하세요.

1. 음악 듣자. ➡ .... to music. (listen)
2. 노래를 하자. ➡ .... a song. (sing)
3. 집에 가자. ➡ .... home. (go)
4. 휴식을 취하자. ➡ .... a rest. (take)
5. 영어 공부를 하자. ➡ .... English. (study)

 보기에서 그림에 어울리는 명령문을 골라 쓰세요.

Clean the room.   Pick up the trash.   Wash your hands.   Run fast.

1 

....

2 

....

3 

....

4 

....

 다음 초대장을 읽고, 문제에 답하세요.

HAPPY BIRTHDAY!

(a) I am having a birthday party.
(b) Can you come to my birthday party?
(c) You will have a great time?
(d) Treats and games are ready.
(e) Join us on Saturday, July 11th.

1. (a)에서 단어를 찾아 동그라미 하세요.
2. (b)에서 구를 찾아 동그라미 하세요.
3. (c)가 잘못된 이유를 쓰세요. ➲ ....
4. (d)를 의문문으로 고쳐 쓰세요. ➲ ....
5. (e)의 문장 종류를 쓰세요. ➲ ....

Unit 2 품사와 문장의 구성요소

Point Check 1

1. 단어는 의미와 역할에 따라 8개의 품사로 나누는데, ______, 대명사, ______, ______, 부사, 접속사, 전치사, 감탄사가 여기에 속한다. ______는 명사를 대신해서 쓰며, ______는 동작이나 상태를 나타내는 말이다.

2. ______는 명사를 꾸며주고, ______는 단어와 단어, 구와 구 등을 연결하며, ______는 명사 앞에 와서 시간이나 장소, 방향 등을 나타낸다. ______는 놀람이나 느낌 등의 감정을 표현한다.

3. 문장은 크게 주부와 술부로 나눈다. ______란 문장의 주어가 포함되어 있는 부분을 말하고, ______란 주부의 동작이나 상태를 설명하는 부분을 말한다.

4. 문장을 구성하는 주요소에는 ______, 서술어, ______, 보어가 있다.

5. 주어는 문장의 주인이 되며, ______는 주어나 목적어를 보충 설명해 주는 역할을 한다. ______는 동사 뒤에 와서 '~을/를, ~에게'로 해석된다.

Point Check 2

명사는 동그라미, 대명사는 세모, 동사는 별표 하세요.

book she dog enjoy sing cat this it
teach grandfather they uncle eat have

주부와 술부 사이에 선(/)을 넣으세요.

1. A butterfly flies in the sky.
2. I eat lunch with my friends.
3. My older brother plays baseball.
4. A dog chases a rabbit.

Practice Test

보기에서 형용사와 부사를 찾아 쓰세요.

happy good carefully delicious happily
slowly sometimes nice bad easy very kind

형용사 ....

부사 ....

보기에서 접속사와 전치사를 찾아 쓰세요.

and at because in on or under from but

접속사 ....

전치사 ....

밑줄 친 단어 아래에 품사를 쓰세요.

1. Wow! Your teacher is really nice.
2. He likes soccer very much.
3. My teacher teaches us English.
4. Oops! I left my books and notebooks at home.
5. Be careful! It is dangerous.

D 다음에서 주부를 찾아 쓰세요.

1. Blue birds fly in the sky. ➡ ....
2. I and my sister have breakfast at 8:00 AM. ➡ ....
3. My younger sister plays the violin. ➡ ....
4. Susan and Tom go to school. ➡ ....
5. They like chocolate. ➡ ....
6. His father is a pilot. ➡ ....
7. My brother opens the window. ➡ ....

E 다음에서 주어와 서술어를 찾아 쓰세요.

1. I study English. ➡ 주어 .... 서술어 ....
2. Pinky is my sister. ➡ 주어 .... 서술어 ....
3. We run fast. ➡ 주어 .... 서술어 ....
4. She draws a picture. ➡ 주어 .... 서술어 ....
5. He helps his mom. ➡ 주어 .... 서술어 ....
6. They play basketball. ➡ 주어 .... 서술어 ....
7. Tom and Jane visit their uncle's house. ➡ 주어 .... 서술어 ....
8. An ant carries sugar. ➡ 주어 .... 서술어 ....

F 다음에서 보어와 목적어에 동그라미 하고, 보어에는 '보', 목적어에는 '목'이라고 쓰세요.

1. I'm playing a computer game. That game is fun. ....

2. Look at the children. They are happy. ....

3. He is a teacher. He looks tired. ....

4. This is my mom. She is busy. ....

5. I love my dad. He is a cook. ....

6. My older brother is a student. He likes soccer. ....

7. My pants are wet. I wash my pants. ....

8. Let's have dinner. It is delicious. ....

다음 이야기를 읽고, 문제에 답하세요.

(a) Jisung Park is a soccer player.
(b) He plays soccer very well.
(c) He runs in the field.
(d) He is a member of Manchester United in UK.
(e) He shoots the ball with his left foot and wins the game.

1. (a)에서 주부에 동그라미 하세요.

2. (b)에서 서술어에 세모표 하세요.

3. (c)에 fast를 넣어 문장을 다시 쓰세요.

   ➡ ....

4. (d)에서 동사를 찾아 쓰세요. ....

5. (e)에서 접속사를 찾아 쓰세요. ....

Unit 3 명사와 관사

Point Check 1

1. 사람이나 동물, 사물, 장소 등을 나타내는 이름을 ______ 라고 한다.
   사람: Pinky, boy, doctor　　______ : dog, cat, mouse, puppy
   ______ : ball, apple, hat　　______ : house, school, Korea

2. 명사는 하나, 둘 개수를 셀 수 있는 ______ 와 일정한 모양이 없거나 눈에 보이지 않는 것, 또는 이 세상에 하나 밖에 없는 ______ 로 나누어진다.

3. 명사 앞에 붙어서 '하나의'라는 의미를 나타내거나 또는 앞 문장에서 말했던 명사인지를 알려 주는 것을 ______ 라고 한다.

4. ______ 에는 a와 an이 있으며, 이것은 특별히 정해져 있지 않은 셀 수 있는 단수명사 앞에 와서 '하나의'라는 의미를 갖는다.

5. 정관사에는 ______ 가 있으며, 정해져 있는 특정한 것을 가리키는 명사 앞에 와서 '그'라는 의미로 해석된다.

Point Check 2

 다음 명사의 종류에 해당하는 것을 모두 찾아 동그라미 하세요.

1. 사람 ➲

 Pinky　school　 hat　 teacher

2. 사물 ➲

 orange　 flower　 hospital　 doctor

 알맞은 것을 선으로 연결하세요.

1. a ·　　　　· airplane
2. an ·　　　　· pencil

Practice Test

A 명사인 것을 찾아 상자 안에 쓰세요.

1. kite my is pretty but
2. are your ball beautiful very
3. doll you have nice see
4. dad see out are around
5. bike a tell no his
6. come bench smart on if
7. take at teacher his and

B 다음을 바르게 고쳐 다시 쓰세요.

1. I drink waters.
2. He is boy.
3. My country is a Korea.
4. She has an book.
5. A Winky is happy.
6. I have some sugars.
7. She lives in a New York.

C 알맞은 것을 찾아 동그라미 하세요.

1. I like (a / an / the / ×) apple.

2. They have (a / an / the / ×) breakfast.

3. Look at (a / an / the / ×) photo.

4. I play (a / an / the / ×) guitar.

5. She plays (a / an / the / ×) baseball.

D 잘못 영작한 부분에 ×표 하고, 바르게 고쳐 다시 쓰세요.

1. 나는 아침을 먹는다. ➲ I have the breakfast.

   ➲ ....

2. 저 문 좀 열어줘. ➲ Open door please.

   ➲ ....

3. 나는 모자 하나가 있다. ➲ I have an hat.

   ➲ ....

4. 나는 음악을 듣는다. ➲ I listen to the music.

   ➲ ....

5. 그들은 TV를 본다. ➲ They watch the TV.

   ➲ ....

6. 그는 축구를 한다. ➲ He plays the soccer.

   ➲ ....

7. 지구는 둥글다. ➲ An earth is round.

   ➲ ....

E 보기에서 그림에 어울리는 단어를 골라 빈칸에 쓰세요.

paper	towel	trash	bottle

1

Put the .... into a trash can.

2

Don't waste ....

3

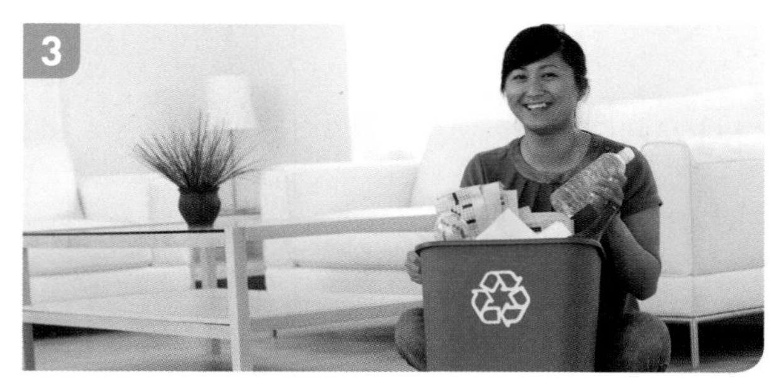

I recycle the ....

4

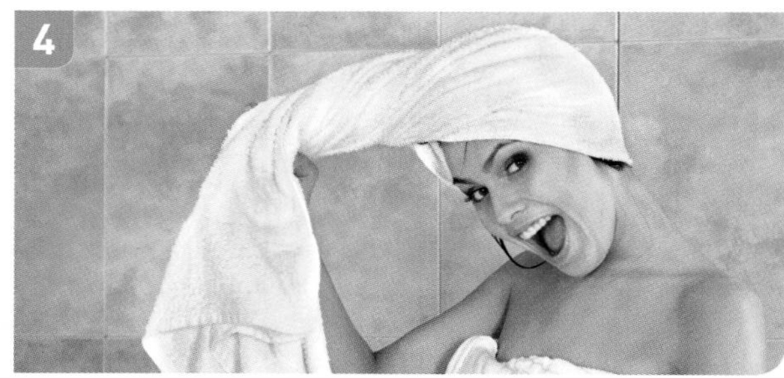

I use a ....

다음 이야기를 읽고, 문제에 답하세요.

She skates very well.

(a) She eats a breakfast every day.

(b) She is ______ athlete.

(c) She is my sister. I want to be ______ skater like her.

• **athlete** (운동)선수

1. 명사를 모두 찾아 쓰세요. ....
2. (a)에서 잘못된 곳을 찾아 동그라미 하고, 올바른 문장으로 고쳐 다시 쓰세요.

   ➲ ....
3. (b)의 빈칸에 알맞은 단어를 쓰세요. ....
4. (c)의 빈칸에 알맞은 단어를 쓰세요. ....

Unit 4 셀 수 있는 명사

Point Check 1

1. 셀 수 있는 명사는 개수가 한 개인 것을 의미하는 [   ] 와 두 개 이상의 것을 의미하는 [   ] 로 나뉘어진다.
2. 단수명사의 경우 대부분의 명사 앞에는 [   ] 또는 [   ] 을 쓴다.
3. 모음으로 시작하는 단수명사이지만 첫 음이 자음으로 소리나면 [   ] 을 쓰지 않고 [   ] 를 쓴다.
4. 규칙적으로 변하는 복수명사는 보통 명사 뒤에 [   ] 또는 [   ] 를 붙여 만든다.
5. 규칙적으로 변하는 복수명사 중에서 끝이 y로 끝나는 명사의 경우는 y를 [   ] 로 바꾸고, f나 fe로 끝나는 경우는 f나 fe를 [   ] 로 고친 후 -es를 붙인다.

Point Check 2

A 앞에 붙는 a나 an에 따라 다음의 명사나 구를 각각 분류해 쓰세요.

owl hen orange ant pumpkin dog animal broom
old witch tall boy honest mirror golden egg red apple

a

an

B 복수명사 중 바르지 않은 것을 골라 동그라미 하세요.

books snowmans cats buses boxs potatos babys boys
candies leafs knives foots teeth deers childs mouses

Practice Test

A 빈칸에 알맞은 a 또는 an을 쓰세요.

1. ________ animal → ________ wild animal
2. ________ owl → ________ white owl
3. ________ unicorn → ________ beautiful unicorn
4. ________ girl → ________ honest girl
5. ________ ant → ________ black ant
6. ________ cat → ________ ugly cat
7. ________ woman → ________ old woman

B 보기에서 알맞은 단수명사를 찾아 a 또는 an과 함께 빈칸에 쓰세요.

snowman	ant	apple	uniform	butterfly	dog	egg

1. I eat ________ ________ every day.
2. ________ ________ is flying.
3. My hen lays ________ ________ every morning.
4. A man walks with ________ ________.
5. There is ________ ________ in the closet.
6. A child makes ________ ________.
7. ________ ________ is crawling on the ground.

C 다음 명사구를 올바른 복수명사구로 고쳐 쓰세요.

1. a new puppy ➜ three ________ ________
2. a long bench ➜ two ________ ________
3. a pretty child ➜ four ________ ________
4. an old toy ➜ two ________ ________
5. a young wife ➜ three ________ ________
6. a fresh potato ➜ three ________ ________
7. a cute dog ➜ four ________ ________

D 보기에서 알맞은 단어를 찾아 복수명사로 바꾸어 빈칸에 쓰세요.

child	person	deer	leaf	mouse	bench	toy

1. There are a lot of ________ in the park.
2. Two cats chase two ________.
3. Some little ________ play hide and seek.
4. Three ________ eat grass over fence.
5. There are fallen ________ under the tree.
6. Boys eat apples on the ________.
7. A baby has ________ in his hands.

E 밑줄 친 부분이 단수명사면 「many+복수명사」로, 복수명사면 「a(an)+단수명사」로 고쳐 문장을 다시 쓰세요.

1. There is a monkey at the zoo.

   ➲ ______________________________

2. I have three ugly dolls in the room.

   ➲ ______________________________

3. I buy a spoon and my sister buys a knife.

   ➲ ______________________________

4. A baby plays with cute dogs.

   ➲ ______________________________

5. A tree has a yellow leaf.

   ➲ ______________________________

F 우리말의 색깔 글씨 부분에 유의하며 영어 문장을 완성하세요.

1. 나는 낡은 책을 한 권 가지고 있다.

   ➲ I have ______________.

2. 한 소녀가 사과 1개를 먹고 있다.

   ➲ A girl eats ______________.

3. 아이들이 운동장에서 축구를 한다.

   ➲ ______________ play soccer in the playground.

4. 나는 매일 아침 이를 닦는다.

   ➲ I brush my ______________ every morning.

5. 엄마는 접시들을 닦고 계신다.

   ➲ My mom washes the ______________.

Unit 5 셀 수 없는 명사

Point Check 1

1. 셀 수 없는 명사에는 이 세상에 단 하나뿐인 고유한 이름을 나타내는 [　　　] 와 일정한 형태가 없거나 쪼개도 그 성질이 변하지 않는 [　　　], 눈으로 볼 수 없는 [　　　] 가 있다.

2. 개수를 셀 수 없기 때문에 명사 앞에 [　　　] 또는 [　　　] 이 올 수 없고, 복수형을 나타내는 -s나 -es도 명사 뒤에 붙을 수 없다.

3. 셀 수 없는 명사 앞에 쓰이는 [　　　] 은 '약간의 ~'로 해석된다.

4. 셀 수 없는 명사의 '많은' 양을 나타낼 때는 [　　　] 나 a lot of, lots of를 쓰고, '적은' 양은 [　　　] 로 나타낼 수 있다.

5. 셀 수 없는 명사는 그릇에 담긴 수나 잘린 조각의 수로 수량을 표현할 수 있는데, 커피 한 잔은 a [　　　] of coffee, 피자 두 조각은 two [　　　] of pizza로 나타낼 수 있다.

Point Check 2

A 보기에서 고유명사, 물질명사, 추상명사를 찾아 쓰세요.

water　Japan　bread　love　breakfast　lunch
Seoul　homework　pizza　Tuesday　milk　Winky

고유명사 ....

물질명사 ....

추상명사 ....

B 그림을 보고, 알맞은 것에 동그라미 하세요.

1. two (loaf / loaves) of bread

2. three (glass / glasses) of juice

Practice Test

A 고유명사에 동그라미 하세요.

1. water, Korea, love
2. New York, gas, time
3. coffee, music, Sunday
4. milk, March, luck
5. Christmas, butter, soccer
6. homework, cheese, Seoul
7. soup, breakfast, January
8. dinner, China, jelly

B 추상명사에 동그라미 하세요.

1. water, Korea, love
2. New York, gas, time
3. coffee, music, Sunday
4. milk, March, luck
5. Christmas, butter, soccer
6. homework, cheese, Seoul
7. soup, breakfast, January
8. dinner, China, jelly

C 그림을 보고, 알맞은 단어에 동그라미 하세요.

1. a (cup / glass / bottle) of milk
2. a (cup / glass / bottle) of cocoa
3. a (cup / glass / bottle) of shampoo
4. a (sheet / piece / loaf) of pizza
5. a (cup / sheet / bottle) of green tea
6. a (sheet / piece / loaf) of cake
7. a (cup / glass / bottle) of juice
8. a (sheet / piece / loaf) of paper

D 밑줄 친 부분을 바르게 고쳐 쓰세요.

1. I drink two glass of milk. → ____________
2. I give a slices of cheese to a dog. → ____________
3. They eat eight pieces of pizzas. → ____________
4. She buys two loaf of bread at the bakery. → ____________
5. We bring three sheet of paper. → ____________
6. They eat two can of tuna. → ____________
7. She drinks a cup of coffees. → ____________
8. He eats a pieces of pie and a glass of orange juice. → ____________

E 빈칸에 a나 an, 또는 some을 골라 쓰세요.

1. Do you want __________ water?
2. I want __________ soup.
3. She buys __________ apple and __________ orange.
4. We drink __________ orange juice.
5. There is __________ bread on the table.
6. He wears __________ hat.

F 다음 이야기를 읽고, 문제에 답하세요.

(a) There is a slice of bread and a little butter on a plate.
(b) There are rice and three pieces of meat on the table.
(c) A piece of cake is for dessert.
(d) There is a glass of water on the table.

1. (a)에서 셀 수 없는 명사를 찾아 쓰세요.
   ➲ __________
2. (b)에서 셀 수 없는 명사의 수량을 표현한 것을 찾아 쓰세요.
   ➲ __________
3. (c)의 밑줄 친 '케이크 한 조각'을 '케이크 세 조각'으로 바꿔 쓰세요.
   ➲ __________
4. (d)의 밑줄 친 '물 한 잔'을 '물 두 잔'으로 바꿔 쓰세요.
   ➲ __________

Unit 6 인칭대명사와 지시대명사

Point Check 1

1. [ ] 는 주로 사람을 가리키는 대명사이다.
   [ ] 는 가까이 또는 멀리 있는 사람이나 사물을 가리키는 대명사이다.
2. 인칭대명사는 문장에서 주어 자리에 오면 [ ], 목적어 자리에 오면 [ ] 의 형태로 쓰인다.
3. 인칭대명사의 소유격은 '[ ]'로 해석하며, 뒤에 [ ] 가 온다.
4. 소유대명사는 '[ ]'으로 해석하며, 「[ ] + [ ]」를 대신하여 쓴다.
5. 가까이 있는 것에는 지시대명사 [ ] 와 [ ] 를 쓰고, 멀리 있는 것에는 지시대명사 [ ] 과 [ ] 를 쓴다.

Point Check 2

빈칸에 알맞은 인칭대명사를 넣어 표를 완성하세요.

	1인칭	2인칭	3인칭
주격	I, ________	you	he, she, they
소유격	________, our	________	his, ________, ________
목적격	me, us	you	________, her, them
소유대명사	________, ours	________	his, ________, theirs

빈칸에 알맞은 지시대명사를 바르게 쓰세요.

1. 이것들은 책상들이다. ➲ ________ are desks.
2. 저것은 책상이다. ➲ ________ is a desk.
3. 이것은 책상이다. ➲ ________ is a desk.
4. 저것들은 책상들이다. ➲ ________ are desks.

Practice Test

A 보기의 대명사를 각각 알맞은 상자 안에 쓰세요.

hers	him	he	theirs	my	they	your
their	me	them	she	mine	his	I

1. 주격

2. 소유격

3. 목적격

4. 소유대명사

B (　　) 안의 대명사를 문장에 알맞은 형태로 바꾸어 빈칸에 쓰세요.

1. Mr. Jones gives ______ an eraser. (I)

2. Winky and I go to ______ school. (we)

3. We play baseball with ______ bat. (he)

4. They like ______ very much. (she)

5. Pinky is ______ friend. (they)

6. That dog is ______. (I)

7. Those books are ______. (we)

8. Our home is close to ______. (he)

9. This pencil is ______. (she)

10. That green ball is ______. (they)

우리말 해석에 유의하며 빈칸에 알맞은 지시대명사를 쓰세요.

1. 저것은 핑키의 공이다. ➔ ______ is Pinky's ball.

2. 이것은 새 공책이다. ➔ ______ is a new notebook.

3. 저들은 윙키의 선생님들이다. ➔ ______ are Winky's teachers.

4. 이것들은 나의 교과서들이다. ➔ ______ are my textbooks.

5. 이것은 핑키의 고양이이다. ➔ ______ is Pinky's cat.

D ( ) 안에서 알맞은 지시대명사를 골라 동그라미 하세요.

1. (That / Those) chair is mine.

2. I love (this / these) yellow bag.

3. (Those / That) are my friends.

4. (These / This) are Winky's magic books.

5. (This / These) is my classroom.

6. (That / These) are Pinky's teachers.

7. We draw pictures with (this / those) pens.

8. (That / These) ball is his.

9. (This / Those) is my pencil case.

10. Our classroom is on (this / these) floor.

보기에서 그림에 어울리는 인칭대명사 또는 지시대명사를 찾아 빈칸에 쓰세요.

his	your	my	That	yours	It

be동사

Point Check 1

1. be동사의 현재형은 '[　　　], [　　　]'라는 뜻을 가지고, 문장의 주어에 따라 [　　　], [　　　], [　　　]로 달라진다.

2. 주어가 I일 때는 be동사 [　　　], 주어가 you일 때는 be동사 [　　　], 주어가 he, she, it, 단수명사일 경우에는 be동사 [　　　], 주어가 we, you, they, 복수명사일 경우에는 be동사 [　　　]를 쓴다.

3. 「주어+be동사」를 줄임말로 쓰면 I am은 [　　　]으로, you are는 [　　　], he is, she is, it is는 각각 [　　　], [　　　], [　　　]로 쓰고, we are, they are는 각각 [　　　], [　　　]가 된다.

4. be동사의 부정은 「be동사+ [　　　]」의 형태가 된다.

5. be동사의 의문문은 「[　　　] + [　　　] ~?」의 순서가 된다.

Point Check 2

A 알맞은 것을 골라 동그라미 하세요.

1. They (am / are / is) in the living room.
2. Jisu and Jane (am / are / is) friends.
3. The carrots (am / are / is) fresh.
4. He (am / are / is) very excited.

B 밑줄 친 부분을 줄임말로 바꾸어 쓰세요.

1. I am not sick. ➲ ____________
2. No, they are not. ➲ ____________
3. It is on the table. ➲ ____________
4. She is not a nurse. ➲ ____________

Practice Test

A 괄호 안에서 알맞은 것을 골라 동그라미 하세요.

1. (This table is / This tables are) too heavy.
2. (The bread is / The bread are) delicious.
3. (The rabbit is / The rabbit are) white.
4. (Those sheeps are / Those sheep are) in the fence.
5. (This book / These books) are in the bookcase.
6. It (is a nice restaurant / are nice restaurants).
7. My brothers (is a student / are students).
8. He and she (is a police officer / are police officers).

B 다음을 줄임말을 사용한 부정문으로 바꾸어 다시 쓰세요.

1. I am an engineer. ➡
2. Your homework is very good. ➡
3. He is Chinese. ➡
4. These knives are sharp. ➡
5. The jacket is dirty. ➡
6. My hands are clean. ➡
7. Yes, we are. ➡
8. They are expensive. ➡

C 단수형 문장은 복수형 문장으로, 복수형 문장은 단수형 문장으로 바꾸어 다시 쓰세요.

1. We are in the classroom.
2. The star is bright.
3. That dog is smart.
4. This is yours.
5. The movies are interesting.
6. Those books are on the floor.
7. This computer is very expensive.
8. The fish is beautiful.

D 단어나 구를 바르게 배열하여 의문문을 완성하세요.

1. mine / they / Are / ?
2. he and you / ? / Are / brothers
3. Tom / Is / name / ? / your
4. green / those / Are / chairs / ?
5. cheap / ? / it / Is
6. he / in / Is / kitchen / the / ?
7. you / at / ? / mathematics / good / Are
8. we / Are / doctors / ? / good

E 틀린 부분을 찾아 밑줄을 긋고, 바르게 바꾸어 문장을 다시 쓰세요.

1. These is spoons.
2. Jason and Susie is great teachers.
3. She are very sleepy.
4. The women is bus drivers.
5. She and he not are my parents.
6. Is this your eraser? Yes, this is.
7. Are you pianists? No, we am not.
8. Am I in the car? Yes, I am.

F 다음을 의문문으로 고치고, 알맞은 대답을 완성하세요

1. It is different.

   긍정

2. They are from Vietnam.

   부정

3. Those calendars are hers.

   긍정

4. Jerry is on the 6th floor.

   부정

5. Your father is a good scientist.

   긍정

Unit 8 일반동사

Point Check 1

1. 일반동사는 be동사와 조동사를 제외한 모든 동사를 말한다. 일반동사는 주어의 ______ 와 ______ 을 나타낸다.
2. 주어가 3인칭 단수인 경우, 뒤에 오는 일반동사는 ______ 가 달라진다.
   대부분의 일반동사는 맨 뒤에 ______ 를 붙여 3인칭 주어 뒤에 오지만, -o -s, -x, -sh, -ch로 끝나는 일반동사는 맨 뒤에 ______ 를 붙인다. 「자음+y」로 끝나는 일반동사는 y를 i로 바꾸고 ______ 를 붙인다. 단, 「모음+y」로 끝나는 일반동사는 뒤에 그냥 ______ 를 붙인다. 그러나 have → ______ 처럼 예외도 있다.
3. 일반동사의 부정은 ______ 이나 ______ 을 일반동사 바로 앞에 붙이면 된다.
4. 일반동사의 의문문은 주어 앞에 ______ 나 ______ 를 붙이고, 주어 뒤에 ______ 을 쓴다.

Point Check 2

A 일반동사를 찾아 동그라미 하고, 동사원형을 쓰세요.

1. The dog follows me. ______
2. Mom goes to the market. ______
3. Mike listens to the radio. ______
4. He drinks some water. ______

B 다음 표를 완성하세요.

	부정문	의문문
I read a book.	I don't read a book.	Do I read a book?
He reads a book.	He ______ read a book.	______ he read a book?
They read a book.	They ______ read a book.	______ they read a book?

Practice Test

A 다음에서 일반동사를 찾아 동사원형을 쓰고, 상태동사는 '상', 동작동사는 '동'에 동그라미 하세요.

1. She draws a flower. __________ (상 / 동)
2. I eat snacks. __________ (상 / 동)
3. My brother likes apples. __________ (상 / 동)
4. Tan loves his parents. __________ (상 / 동)
5. They go shopping. __________ (상 / 동)
6. Ms. Brown opens the window. __________ (상 / 동)
7. We want chocolate. __________ (상 / 동)

B 보기에서 알맞은 동사를 골라 주어에 맞게 바꾸어 빈칸에 쓰세요.

help	fly	go	get up	have	mix	learn

1. I __________ __________ at 7 o'clock every morning.
2. He __________ breakfast at 8 o'clock.
3. Tom __________ to school every day.
4. She __________ her mother.
5. Tan and Sue __________ English in the school.
6. My mom __________ a salad.
7. A bird __________ high in the sky.

C 빈칸에 do not(don't)나 does not(doesn't)을 골라 쓰세요.

1. We ______ play a computer game.
2. The sun ______ rise in the west.
3. You ______ run fast.
4. He ______ do his homework.
5. My younger brother ______ write a letter.
6. Plants ______ grow well in this soil.
7. All the leaves ______ fall off of the tree.
8. My friend ______ like swimming.
9. They ______ go to bed.

D 빈칸에 Do 또는 Does를 골라 쓰세요.

1. ______ you eat bread every day?
2. ______ he go to the park?
3. ______ Kevin take a shower?
4. ______ her mom use your computer?
5. ______ they clean the classroom?
6. ______ she take care of her children?
7. ______ the soup taste good?
8. ______ your parents change the plan?
9. ______ children play on the ground?

 그림을 보고, (   ) 안의 단어를 이용해서 문장을 완성하세요.

1. He ______ in the swimming pool. (swim)

2. ______ you ______ to ski every winter? (go)
   ➲ Yes, ______ ______.

3. She ______ ______ hamburgers. (like)

4. My mom ______ green tea every day. (drink)

5. ______ they ______ baseball? (play)
   ➲ No, ______ ______.

F 다음을 [ ] 안의 문장으로 바꾸어 다시 쓰세요.

1. Does he read the newspaper?
   ➲ 긍정문 ______________________

2. My family likes kimchi.
   ➲ 부정문 ______________________

3. Your sister does not do her homework hard.
   ➲ 긍정문 ______________________

4. Cats eat milk every morning.
   ➲ 의문문 ______________________

5. My grandmother watches TV every evening.
   ➲ 의문문 ______________________

정답 및 해설

Unit 1 문장의 단위와 종류

Point Check 1 p.3

1. 모음: a, e, i, o, u
   자음: b, c, d, f, g, h, j, k, l, m, n, p, q, r, s, t, v, w, x, y, z
2. 단어, 구, 문장
3. 대문자, 물음표(?), 느낌표(!)
4. 의문문, 감탄문, 평서문, 의문문
5. Let's, What, How

Point Check 2 p.3

A umbrella, enjoy, open, ears, uncle, alligator

B
1. I am a student. — Wash your hands first.
2. Don't run in the hallway. — What is your hobby?
3. Do you know him? — She doesn't like him.

해설

B 긍정문과 부정문은 모두 평서문이다. 명령문에는 긍정의 명령문, 부정의 명령문(Don't+동사원형 ~.)이 있다.

Practice Test p.4

A
1. We are very hungry.
2. Let's go to the restaurant.
3. Look at the menu.
4. What should we order for lunch?
5. We order pizza and Coke.

B
1. My name is Tom.
2. Is she your mom?
3. I read a book.
4. What does your dad do?
5. What a beautiful flower!
6. He plays soccer with his friend.
7. She likes to study English.

C
1. Is the puppy very cute?
2. Wash the dishes.
3. Does he wear a cap?
4. How pretty she is!
5. Work hard all the time.
6. This is her book.
7. Let's take a subway.
8. Throw the ball.
9. You have a blue pencil.
10. How tall it is!

D
1. Let's listen to music.
2. Let's sing a song.
3. Let's go home.
4. Let's take a rest.
5. Let's study English.

E
1. Wash your hands.
2. Run fast.
3. Clean the room.
4. Pick up the trash.

F
1. I am having a birthday party.
2. Can you come to my birthday party?
3. 평서문이므로 물음표(?) 대신에 온점(.)을 붙여야 한다.
4. Are treats and games ready?
5. 명령문

해설

B 5. 감탄문은 주어와 동사가 생략이 가능하므로 What a beautiful flower (it is)!에서 it is가 생략된 문장이다.

F 2. (b)에서 구는 to my birthday party(나의 생일파티에)이다. 두 개 이상의 단어가 모여있고, 주어와 동사가 없으므로 구에 해당한다.

Unit 2 품사와 문장의 구성요소

Point Check 1 p.7

1. 명사, 동사, 형용사, 대명사, 동사
2. 형용사, 접속사, 전치사, 감탄사
3. 주부, 술부
4. 주어, 목적어
5. 보어, 목적어

Point Check 2 p.7

A 동그라미: book, dog, cat, grandfather, uncle
세모: she, this, it, they
별표: enjoy, sing, teach, eat, have

B
1. A butterfly / flies in the sky.
2. I / eat lunch with my friends.

3. My older brother / plays baseball.
4. A dog / chases a rabbit.

Practice Test p.8

A 형용사: happy, good, delicious, nice, bad, easy, kind
부사: carefully, happily, slowly, sometimes, very

B 접속사: and, because, or, but
전치사: at, in, on, under, from

C 1. Wow! Your teacher is really nice.
감탄사 명사 부사 형용사
2. He likes soccer very much.
대명사 동사 부사 부사
3. My teacher teaches us English.
대명사 동사 대명사
4. Oops! I left my books and notebooks at home.
감탄사 명사 접속사 전치사
5. Be careful! It is dangerous.
동사 형용사 형용사

D 1. Blue birds 2. I and my sister
3. My younger sister 4. Susan and Tom
5. They 6. His father
7. My brother

E 1. 주어: I 서술어: study
2. 주어: Pinky 서술어: is
3. 주어: We 서술어: run
4. 주어: She 서술어: draws
5. 주어: He 서술어: helps
6. 주어: They 서술어: play
7. 주어: Tom and Jane 서술어: visit
8. 주어: An ant 서술어: carries

F 1. I'm playing a computer game. That game is fun. / computer game(목), fun(보)
2. Look at the children. They are happy. / children(목), happy(보)
3. He is a teacher. He looks tired. / teacher(보), tired(보)
4. This is my mom. She is busy. / my mom(보), busy(보)
5. I love my dad. He is a cook. / my dad(목), cook(보)
6. My older brother is a student. He likes soccer. / student(보), soccer(목)
7. My pants are wet. I wash my pants. / wet(보), my pants(목)
8. Let's have dinner. It is delicious. / dinner(목), delicious(보)

G 1. Jisung Park is a soccer player.
2. He plays soccer very well.
3. He runs fast in the field.
4. is
5. and

Unit 3 명사와 관사

Point Check 1 p.11

1. 명사, 동물, 사물, 장소
2. 셀 수 있는 명사, 셀 수 없는 명사
3. 관사 4. 부정관사 5. the

Point Check 2 p.11

A 1. Pinky, teacher 2. orange, flower

B 1. a — pencil
2. an — airplane

Practice Test p.12

A 1. kite 2. ball 3. doll 4. dad
5. bike 6. bench 7. teacher

B 1. I drink water.
2. He is a boy.
3. My country is Korea.
4. She has a book.
5. Winky is happy.
6. I have some sugar.
7. She lives in New York.

C 1. an 2. × 3. the
4. the 5. ×

D 1. I have the breakfast.
➊ I have breakfast.
2. Open door please.
➊ Open the door please.

3. I have an hat.
   ➲ I have a hat.
4. I listen to the music.
   ➲ I listen to music.
5. They watch the TV.
   ➲ They watch TV.
6. He plays the soccer.
   ➲ He plays soccer.
7. An earth is round.
   ➲ The earth is round.

E 1. trash 2. paper 3. bottle 4. towel

F 1. breakfast, day, athlete, sister, skater
2. She eats (a) breakfast every day.
   ➲ She eats breakfast every day.
3. an 4. a

해설

C 식사, 운동 앞에는 관사를 붙이지 않는다.

D 보통 셀 수 없는 명사나 운동 앞에는 관사를 붙이지 않는다.

F 2. 식사 앞에는 관사를 붙이지 않는다.

4 셀 수 있는 명사

Point Check 1 p.15

1. 단수명사, 복수명사 2. a, an 3. an, a
4. -s, -es 5. i, v

Point Check 2 p.15

A

a: hen, pumpkin, dog, broom, tall boy, golden egg, red apple

an: owl, orange, ant, animal, old witch, honest mirror

B snowmans, boxs, potatos, babys, leafs, foots, deers, childs, mouses

해설

B 각 단어의 복수형은 다음과 같다.
snowman → snowmen, box → boxes,
potato → potatoes, baby → babies,
leaf → leaves, foot → feet, deer → deer,
child → children, mouse → mice

Practice Test p.16

A 1. an → a 2. an → a
3. a → a 4. a → an
5. an → a 6. a → an
7. a → an

B 1. an apple 2. A butterfly
3. an egg 4. a dog
5. a uniform 6. a snowman
7. An ant

C 1. new puppies 2. long benches
3. pretty children 4. old toys
5. young wives 6. fresh potatoes
7. cute dogs

D 1. people 2. mice 3. children
4. deer 5. leaves 6. benches
7. toys

E 1. There are many monkeys at the zoo.
2. I have an ugly doll in the room.
3. I buy many spoons and my sister buys many knives.
4. Many babies play with cute dogs.
5. A tree has many yellow leaves.

F 1. I have an old book.
2. A girl eats an apple.
3. Children play soccer in the playground.
4. I brush my teeth every morning.
5. My mom washes the dishes.

해설

D 1. 불특정한 person의 복수형은 people인데, 특정한 집단의 복수형으로는 persons도 쓰인다.

Unit 5 셀 수 없는 명사

Point Check 1 p.19

1. 고유명사, 물질명사, 추상명사 2. a, an 3. some
4. much, a little 5. cup, pieces(slices)

Point Check 2 p.19

A 고유명사: Japan, Seoul, Tuesday, Winky
물질명사: water, bread, pizza, milk

추상명사: love, breakfast, lunch, homework

B **1.** loaves **2.** glasses

Practice Test p.20

A **1.** Korea **2.** New York **3.** Sunday
4. March **5.** Christmas **6.** Seoul
7. January **8.** China

B **1.** love **2.** time **3.** music
4. luck **5.** soccer **6.** homework
7. breakfast **8.** dinner

C **1.** glass **2.** cup **3.** bottle **4.** piece
5. cup **6.** piece **7.** glass **8.** sheet

D **1.** glasses of milk **2.** slice of cheese
3. pieces of pizza **4.** loaves of bread
5. sheets of paper **6.** cans of tuna
7. cup of coffee **8.** piece of pie

E **1.** some **2.** some **3.** an, an **4.** some
5. some **6.** a

F **1.** bread, butter
2. three pieces of
3. three pieces of cake
4. two glasses of water

Unit 6 인칭대명사와 지시대명사

Point Check 1 p.23

1. 인칭대명사, 지시대명사
2. 주격, 목적격
3. ~의, 명사
4. ~의 것, 소유격, 명사
5. this, these, that, those

Point Check 2 p.23

A 1인칭: we, my, mine
2인칭: your, yours
3인칭: her, their, him, hers

B **1.** These **2.** That **3.** This **4.** Those

Practice Test p.24

A **1.** he, they, she, I
2. my, your, their, his
3. him, me, them
4. hers, theirs, mine, his

B **1.** me **2.** our **3.** his **4.** her
5. their **6.** mine **7.** ours **8.** his
9. hers **10.** theirs

C **1.** That **2.** This **3.** Those
4. These **5.** This

D **1.** That **2.** this **3.** Those **4.** These
5. This **6.** These **7.** those **8.** That
9. This **10.** this

E **1.** your **2.** my **3.** that(it) **4.** his
5. yours **6.** it(that)

해설
E **3, 6.** 정답이 that 또는 it 둘 다 가능하다.

Unit 7 be동사

Point Check 1 p.27

1. ~이다, ~있다, am, are, is
2. am, are, is, are
3. I'm, you're, he's, she's, it's, we're, they're
4. not
5. be동사, 주어

Point Check 2 p.27

A **1.** are **2.** are **3.** are **4.** is

B **1.** I'm **2.** aren't **3.** It's **4.** isn't

Practice Test p.28

A **1.** This table is **2.** The bread is
3. The rabbit is **4.** Those sheep are
5. These books **6.** is a nice restaurant
7. are students **8.** are police officers

B **1.** I'm not an engineer.
2. Your homework isn't very good.

3. He isn't Chinese.
4. These knives aren't sharp.
5. The jacket isn't dirty.
6. My hands aren't clean.
7. No, we aren't.
8. They aren't expensive.

C 1. I am in the classroom.
2. The stars are bright.
3. Those dogs are smart.
4. These are yours.
5. The movie is interesting.
6. That book is on the floor.
7. These computers are very expensive.
8. The fish are beautiful.

D 1. Are they mine?
2. Are he and you brothers?
3. Is Tom your name?(Is your name Tom?)
4. Are those chairs green?
5. Is it cheap?
6. Is he in the kitchen?
7. Are you good at mathematics?
8. Are we good doctors?

E 1. is → These are spoons.
2. is → Jason and Susie are great teachers.
3. are → She is very sleepy.
4. is → The women are bus drivers.
5. not are → She and he are not my parents.
6. this → Is this your eraser? Yes, it is.
7. am not → Are you pianists? No, we aren't.
8. I am → Am I in the car? Yes, you are.

F 1. Is it different? 긍정: Yes, it is.
2. Are they from Vietnam? 부정: No, they aren't.
3. Are those calendars hers?
긍정: Yes, they are.
4. Is Jerry on the 6th floor? 부정: No, he isn't.
5. Is your father a good scientist?
긍정: Yes, he is.

해설

A 2. bread는 셀 수 없는 명사이므로 be동사 is를 쓴다.
4. sheep은 단수와 복수의 형태가 같다.

C 8. fish의 단수형과 복수형은 같다.

D 3. 주어를 your name으로 해서 Is your name Tom?이라고 써도 된다.

Unit 8 일반동사

Point Check 1 p.31

1. 상태, 동작 2. 형태, -s, -es, -es, -s, has
3. do not(don't), does not(doesn't)
4. Do, Does, 동사원형

Point Check 2 p.31

A 1. The dog follows me. → follow
2. Mom goes to the market. → go
3. Mike listens to the radio. → listen
4. He drinks some water. → drink

B 부정문: does not(doesn't), do not(don't)
의문문: Does, Do

Practice Test p.32

A 1. draw, 동 2. eat, 동 3. like, 상 4. love, 상
5. go, 동 6. open, 동 7. want, 상

B 1. get up 2. has 3. goes 4. helps
5. learn 6. mixes 7. flies

C 1. do not(don't) 2. does not(doesn't)
3. do not(don't) 4. does not(doesn't)
5. does not(doesn't) 6. do not(don't)
7. do not(don't) 8. does not(doesn't)
9. do not(don't)

D 1. Do 2. Does 3. Does 4. Does
5. Do 6. Does 7. Does 8. Do
9. Do

E 1. swims 2. Do, go, I do
3. doesn't like 4. drinks
5. Do, play, they don't

F 1. He reads the newspaper.
2. My family doesn't like kimchi.
3. Your sister does her homework hard.
4. Do cats eat milk every morning?
5. Does my grandmother watch TV every evening?

해설

A 3, 4, 7. 상태동사는 주어의 상태를 표현한다.

Wow! Smart Grammar 1